MATIÈRE ET PSYCHÉ

« Bibliothèque jungienne »

MARIE-LOUISE VON FRANZ

MATIÈRE ET PSYCHÉ

Traduit de l'allemand
par Ilke Angela Maréchal
et Étienne Perrot

Version française revue
par Alexandra Tondat

Ouvrage traduit avec le concours
du Centre national du Livre

Albin Michel

« Bibliothèque jungienne »
Collection dirigée par Michel Cazenave

Édition originale allemande :

PSYCHE UND MATERIE

Traduction française :

— Le chapitre « Quelques réflexions sur la synchronicité », écrit en français, est tiré de *La Synchronicité, l'âme et la science*, coll. « Espaces libres », Albin Michel, 1985
— Le chapitre « Symboles de l'*unus mundus* » est tiré de *Jung*, éd. Présence/Puyraimond, Genève, 1977-1978, © La Fontaine de Pierre, Bois-le-Roi, 1980

www.albin-michel.fr

ISBN 2-226-13486-7

Sommaire

Introduction

Parmi les plus proches collaborateurs ou collaboratrices de Jung à la fin de sa vie (elle est même l'auteur du troisième tome du *Mysterium conjunctionis* : « Aurora consurgens — le lever de l'aurore »), Marie-Louise von Franz est aussi celle qui aura sans doute étudié au plus près le thème de la *synchronicité* dont on sait comme il trouve sa place définitive dans l'œuvre de Jung au cours de ses dernières années.

C'est en 1952, en effet, que paraît l'œuvre princeps en la matière du psychologue de Zurich, *La Synchronicité, principe des relations acausales,* publié en français par Albin Michel (1988) dans le volume *Synchronicité et Paracelsica.*

Pourtant, le sujet n'était pas épuisé, et Jung en personne raconte dans son autobiographie, *Ma vie,* et dans une veine clairement néo-pythagoricienne, comme il était hanté par le mystère des *nombres,* ponts entre la matière et l'esprit, c'est-à-dire, à ses yeux, et pour reprendre l'expression de Wolfgang Pauli avec qui il échangeait couramment sur ce sujet, *possibilités primaires de l'inconscient* dans leur double aspect quantitatif et numineux.

On sait que, dans un livre aujourd'hui devenu classique, *Nombre et temps,* Marie-Louise von Franz avait déjà repris ce problème là où Jung, sous l'effet de l'âge, avait dû le laisser — en y menant une vaste enquête et toute une réflexion en profondeur, tant du point de vue scientifique que psychologique, sur la notion d'*unus mundus* — autrement dit d'un monde en deçà et au-delà de notre monde sensible régi par la dualité, où l'esprit et la matière seraient encore conjoints dans l'espace médiateur de l'âme.

C'est ce même thème qui est ici repris et, à beaucoup d'égards, encore approfondi. Recueil systématique de tous les articles de Marie-Louise von Franz et de toutes ses contributions à des volumes collectifs sur ce sujet, on peut y suivre les développements et donc, en même temps, le *tempo* de sa pensée, sa profonde logique interne, la dynamique qui la sous-tend et lui permet à maints égards de s'avancer avec tant d'intrépidité dans un domaine limite de la connaissance.

Michel CAZENAVE

NOTE

Sauf les chapitres 2 et 10, tous les textes ont été traduits par Ilke Angela Maréchal, et révisés par Alexandra Tondat. Nous leur exprimons ici notre gratitude pour la rigueur de leur travail. Par ailleurs, le chapitre 2 avait déjà été publié en français dans *Jung* (éd. Présence/Puyraimond, Genève, 1977-1978 ; La Fontaine de Pierre, Bois-le-Roi), et le chapitre 10, écrit en français par Marie-Louise von Franz et revu par Michel Cazenave, dans le collectif *La Synchronicité, l'âme et la science* (dir. M. Cazenave, éd. Poiesis, 1984 ; 3e éd. Albin Michel, « Espaces libres », 1995). Dans ces deux chapitres, les notes renvoient parfois à d'autres éditions des ouvrages cités ; nous n'avons pas jugé nécessaire de les corriger.

1.

Matière et psyché du point de vue de la psychologie de C.G. Jung*

L'archétype comme catégorie d'expérience

Il est bien connu que la découverte de l'inconscient est le fait de deux hommes, Sigmund Freud et C.G. Jung. Ils ont redécouvert un fait qui, s'il avait longtemps été matière de discussion, n'avait encore jamais donné lieu à la moindre recherche empirique visant à prouver l'existence d'une telle réalité située hors de la conscience du moi. Cependant, si Freud voyait d'abord dans l'inconscient une zone destinée au refoulement des instincts sexuels, Jung le regardait avant tout comme un domaine où viendraient se consteller les perceptions situées en deçà du seuil de la conscience, les processus psychiques du développement en cours, qui représentent en fait une anticipation des processus de la conscience future, et en général tous les contenus *créatifs*. À vrai dire, une troisième personne est également impliquée dans cette découverte : il s'agit du mathématicien français Henri Poincaré, à qui son expérience personnelle fit également présumer l'existence de l'inconscient. À l'époque où ses recherches consistaient à chercher une explication à ce que l'on appelle les fonctions automorphes, et alors qu'il ne parvenait pas à trouver de formule

---

* Conférence au congrès de l'Académie protestante de Baden à Bad Herrenalb du 11 au 13 octobre 1974. La présente publication, vérifiée et retravaillée par l'auteur, se base sur les enregistrements protocolaires.

satisfaisante, il eut un jour, au cours d'un demi-sommeil, une sorte de vision qui lui procura la solution intuitive au problème qu'il cherchait en vain à résoudre. Cet événement le conduisit à conclure à l'existence en l'homme d'une deuxième personnalité, inconsciente, dont il jugea à sa grande surprise qu'elle était même capable d'émettre un jugement valable dans le domaine des mathématiques.

Dans la mesure où Freud s'intéressait principalement à la part instinctive de l'inconscient, il a toujours cherché à établir un lien entre cette donnée et le savoir médical de son époque concernant la physiologie du cerveau, l'endocrinologie et la recherche sur les processus biologiques en général. Jung s'est très vite opposé à cette tentative, jugée hâtive, de mise en relation de l'inconscient avec des mécanismes corporels ou matériels. Non qu'il n'ait pas cru à la possibilité d'une telle relation, mais il avait la conviction qu'il était surtout nécessaire d'entreprendre une recherche complète et approfondie sur le psychisme lui-même avant de chercher à établir ses éventuels effets somatiques. Il se trouvait ainsi en totale contradiction avec les préjugés matérialistes de son époque, qui ne voyaient dans la psyché qu'un épiphénomène des processus physiologiques. Jung pensait que la relation entre la psyché et les processus somatiques s'affirmerait d'elle-même lorsque les recherches portant sur les deux domaines auraient complètement abouti. L'existence d'une telle relation semble même encore maintenant s'imposer à nous, même si nous n'en discernons toujours pas tous les mécanismes, dans un domaine inattendu qui est celui de la physique subatomique. Cela démontre, selon moi, la sagesse de la réserve exercée par Jung.

Jung est reconnu comme celui qui a découvert l'expérience dite « des associations ». Lors de ce test, on établit une liste de cent mots. Parmi ces mots, on en choisit d'abord dont on suppose qu'ils concernent relativement peu le sujet de l'expérience (comme « table », « chaise », « eau », « verre », etc.), puis d'autres qui peuvent éventuellement toucher à quelque représentation émotionnelle du sujet. Le sujet doit alors rapidement produire une association pour chaque mot ; par exemple : table-chaise, verreeau, lumière-sombre, etc. Mais dès que l'on aborde un complexe, on peut constater que le temps de réponse se ralentit considérablement. S'il s'agit d'un complexe important, les réponses se ralentiront même pour les mots suivants, c'est le phénomène dit de « persévération ». On combine ensuite ce test avec une expérience psychogalvanique. On mesure dans le même moment la courbe de respiration du sujet ou bien celle de la conductivité électrique de sa peau. On peut alors constater la chose suivante : au moment où le phénomène de « persévération » apparaît, on voit les courbes s'amplifier. Ces courbes ne mesurent bien évidemment pas le phénomène psychique en lui-même, mais bien le phénomène physiologique provoqué par l'excitation émotionnelle. Jung était encore jeune assistant au Burghölzli lorsque le docteur Riklin père y introduisit l'expérience des associations, inventée par le médecin allemand Aschaffenbourg afin de trouver de nouvelles informations sur la physiologie du cerveau, qui lui permettraient d'améliorer le diagnostic de certaines altérations cérébrales. Il reprit cette expérience à son compte en lui donnant un tout autre tour, c'est-à-dire en faisant complètement abstraction des possibilités physiologiques du cerveau. Il s'efforça d'abord de trouver l'explication de certains retards dans les réponses. Il découvrit ainsi l'existence des « complexes » — un mot maintenant bien connu —, c'est-à-dire des personnalités partielles, des paquets de représentations émotionnelles associées à un élément central et qui ont tendance à susciter toujours plus de matériel d'association. Comme je l'ai indiqué, chaque fois qu'un complexe est abordé, cela se traduit aussi par des modifications corporelles. Cela démontre que Jung avait tout à fait raison de ne pas se précipiter dans la voie du rapprochement entre le psychisme et les mécanismes cérébraux, puisqu'il s'est avéré plus tard que les complexes n'affectaient pas seulement le cerveau mais bien plutôt le corps dans sa globalité. Cette notion relève même aujourd'hui de l'évidence. On parlera par exemple, en médecine psychosomatique, de névrose cardiaque, certaines névroses pouvant en effet affecter de façon caractéristique l'activité cardiaque. De la même façon que certains complexes névrotiques peuvent perturber les fonctions de la digestion, du foie ou encore de la bile. Si la psyché inconsciente semble liée au corps, il est facile de concevoir qu'elle le soit non seulement avec les processus cérébraux mais avec le corps dans son *entier*. Aujourd'hui on considère plutôt le cerveau comme n'étant qu'UN appareil différencié servant à ordonner les perceptions sensorielles venues de l'extérieur.

La médecine populaire, intuitive, et essentiellement celle de l'Extrême-Orient, associe depuis toujours certains complexes à certaines parties du corps. En Chine, il existe trois cent soixante-cinq divinités du corps. Chaque partie du corps, chaque fonction corporelle, chaque organe interne, chaque centre nerveux possède sa « divinité ». On pourrait dire que ces divinités du corps représentent les perceptions intuitives internes de certaines sensations endosomatiques. L'existence d'une relation entre les complexes et les processus corporels est donc indubitable, mais nous ne devons pas pour autant en tirer des conclusions hâtives.

Jung a d'abord concentré ses recherches sur les effets des complexes inconscients sur la personnalité globale, et leur rôle comme composants du destin au sein de la personnalité individuelle.

Dans ce contexte, il faut avant tout définir ce que Jung entend par « psyché ». D'abord la totalité de la conscience, c'est-à-dire tout ce qui se trouve associé en nous au complexe du moi. Quand je sais quelque chose, je dis : « Je le sais. » Lorsque l'association d'un contenu est faite avec le complexe du moi, on dit : « J'en suis conscient. » La psyché se compose en outre de ce que l'on nomme l'inconscient, c'est-à-dire l'inconnu psychique. Mais dès que l'inconscient franchit le seuil de la conscience, on peut l'assimiler aux contenus conscients, ce qui arrive par exemple souvent au cours du sommeil. On y voit se dérouler des processus de représentation, appelés rêves, qui peuvent, si on les examine correctement et selon leur signification, franchir le seuil de la conscience. Je peux rêver de quelque chose et ensuite tenter de comprendre ce rêve. Ce qui était d'abord le contenu inconscient d'un rêve franchit le seuil de la conscience pour devenir un contenu conscient. Enfin, Jung assimile à la psyché ce qu'il nomme le système psychoïde. Il entend désigner par ce terme toute cette partie de notre psyché qui nous reste parfaitement inconnue, que l'on pourrait aussi définir comme la part inconnue de la psyché qui ne franchira jamais le seuil de la conscience, comme l'inconnu véritable et absolu, l'Inconnu en tant que tel. Jung n'utilise cependant ce terme que dans un contexte bien spécifique. Selon lui, le système psychoïde serait ce domaine du psychisme où le psychisme semble se mêler aux manifestations matérielles.

Bien que les complexes, en tant que contenus de l'inconscient, soient par définition inconscients, ils peuvent néanmoins se manifester en nous sous la forme de contenus « conscients » ou encore prendre la forme de « personnalités » autres. On doit cette découverte à Pierre Janet. Il obtint d'une patiente hystérique et très dissociée qu'elle décrive à son médecin ses processus conscients tout en écrivant de la main gauche ce que son inconscient lui dictait dans le même moment. Elle se trouvait ainsi en mesure de fournir une possibilité d'expression à une deuxième personnalité consciente qui représentait son complexe. Janet put alors constater que la manifestation de cette deuxième personnalité, qui n'était dans ce cas que la simple expression d'un complexe très dissocié, possédait également une certaine conscience, une certaine rationalité, une certaine capacité d'évaluation, des affects aussi, etc. Afin de bien établir la différence entre ce phénomène et la conscience du moi, Jung désigne la « conscience » des complexes inconscients par le terme de *louménosité*. Les complexes possèdent une sorte de conscience diffuse et non claire. Cela apparaît très nettement lorsque le complexe conscient élabore ce que l'on appelle un « arrangement », phénomène que l'on peut observer chez certaines personnalités fortement dissociées. C'est pour éclairer cette notion que Jung a publié le cas de cette femme amoureuse du mari de sa meilleure amie. Pour des raisons morales bien compréhensibles, elle se refusait à envisager l'éventualité d'une liaison avec lui. Cependant, après avoir réussi à convaincre son amie de partir seule en vacances, elle s'arrangea pour faire dès le lendemain de ce départ une chute sous une voiture à cheval devant la porte de ce même homme. À la suite de cet accident, elle fut bien évidemment transportée chez lui. L'analyse de cette femme a par la suite clairement démontré que toute cette mise en scène avait bien été parfaitement orchestrée par un complexe. Il fallait cependant admettre que le sujet lui-même n'avait aucunement conscience de cet « arrangement », et qu'on ne pouvait en aucun cas associer ces événements au complexe du moi. Pourtant le complexe lui-même s'était comporté de façon relativement consciente (si nous définissons la conscience comme étant, entre autres, un outil permettant de mettre en œuvre certains moyens).

La deuxième grande innovation de Jung fut que, ne concevant pas uniquement les complexes comme des phénomènes pathologiques, ainsi qu'il était d'usage en psychiatrie et aussi dans la psychologie freudienne, il mit au contraire l'accent sur le caractère de normalité de certains d'entre eux. Ainsi considérait-il comme normal que notre système psychique se compose de différents complexes, dont le complexe du moi ne représenterait qu'un parmi d'autres. Chaque être humain possède des complexes. Et ces complexes ne sont pas facteurs de maladie *en tant que tels*, mais seulement dans des circonstances données. Ils font partie intégrante de la constitution psychique. Ces complexes normaux, connus de tous, sont ce que Jung appelle les archétypes. Les archétypes sont en quelque sorte des complexes innés, présents en chacun de nous. C'est pourquoi Jung définit comme archétypes toutes les dispositions innées et structures psychiques évidentes qui, dans des situations caractéristiques et répétées, produisent des représentations, des pensées, des émotions et des motifs imaginaires similaires dans leur structure. On a souvent comparé les archétypes de Jung aux « idées » de Platon. Il convient cependant de rappeler ici que la différence essentielle entre une représentation archétypique et une idée platonicienne tient à ce que l'idée platonicienne est un contenu purement abstrait alors que l'archétype peut s'exprimer aussi bien par le biais d'un sentiment ou d'une émotion que par celui d'un imaginaire mythique. C'est en cela que l'archétype de Jung est une notion plus large que l'idée platonicienne. Il convient en outre de faire la différence entre l'archétype en tant que tel et l'image, la représentation, l'idée ou l'imaginaire archétypique. Autrement dit, les archétypes en tant que tels sont des structures intangibles ; ce n'est que lors de leur stimulation par une situation critique, intérieure ou extérieure (qui peut se traduire soit par un processus interne de compensation soit par un stimulus externe), c'est-à-dire à un moment décisif, qu'ils vont produire une image archétypique, un imaginaire archétypique, une pensée, une intuition ou une émotion. On reconnaît la nature archétypique de ces phénomènes tant à leur présence qu'à leur ressemblance dans toutes les cultures et chez tous les peuples de la terre. Toute cette formulation semble bien abstraite, mais il n'en reste pas moins que, si nous lisons un recueil de chansons d'amour ou de guerre de n'importe quel pays, nous pouvons constater que tous les hommes, dès lors qu'ils se voient confrontés à une situation archétypique, expriment toujours des émotions, des représentations et un imaginaire similaires. On ne peut donc douter du caractère héréditaire des *structures* archétypiques, ce qui ne vaut en revanche pas pour les *images*. On a toujours critiqué la thèse de Jung selon laquelle les images de nos représentations pouvaient être héritées. Il n'a cependant jamais rien affirmé de tel. Ce qui se transmet par l'hérédité, ce sont seulement les *dispositions* et les structures qui ensuite permettront la création incessante d'images identiques ou ressemblantes. Au moment où une structure archétypique, innée, se manifeste sous la forme d'une image ou d'un imaginaire archétypique, c'est la psyché qui met en œuvre les impressions reçues de l'environnement pour en faire des moyens d'expression. C'est pour cela que les images ne sont pas toutes identiques mais seulement analogues dans leur structure. Par exemple, si l'angoisse écrasante d'un enfant africain veut former une image, on verra ce dernier rêver d'un crocodile ou d'un lion, alors que l'enfant européen rêvera plutôt d'un camion qui fonce sur lui, menaçant de l'écraser. Dans ce cas, seule la structure de la menace écrasante est similaire. Il est bien entendu que l'image s'enrichit des impressions venues du monde extérieur.

Il faut encore fixer les limites qui séparent l'archétype d'un modèle de comportement instinctif. Aujourd'hui, dans leurs recherches sur les animaux, les éthologues étudient principalement certaines formes de réaction typiques comme l'évolution de la couvée, ou encore les formes de salutation au partenaire, etc. Il s'agit là, on le sait, de modèles communs à toute l'espèce et qui se transmettent de génération en génération. Irenäus Eibl-Eibesfeld, dans son livre *Contre l'agression*[1]*, a étendu cela à l'homme en établissant, grâce à la photographie, une moyenne de toutes les formes de salutations de l'homme et a démontré que chez nous il se passe la même chose : nous nous saluons avec certains gestes de tendresse ressemblant fortement à ceux des primates. Il convient cependant de garder à l'esprit que les chercheurs en comportementalisme considèrent leur matière d'un point de vue externe (c'est-à-dire en observant l'homme de l'extérieur), sur le mode du behaviourisme américain. Après avoir ainsi étudié l'homme de façon statistique, ils ont pu constater qu'il obéit, à l'instar des animaux, à certains modèles de comportement qui semblent toutefois être un peu plus flexibles que par exemple chez les singes. Et si chez les primates les modèles comportementaux restent encore relativement flexibles, on peut constater qu'au fur et à mesure que l'on descend dans l'échelle de l'évolution ces modèles se font de plus en plus mécaniques et automatiques. C'est l'augmentation de la capacité d'assimilation chez les animaux supérieurs qui leur autorise une certaine souplesse de comportement.

On peut dire que Jung est parti du point de vue inverse de celui des « behaviouristes », c'est-à-dire sans se poser de questions sur notre manière de nous comporter ou de nous saluer, de nous accoupler ou encore d'élever nos petits. Ses recherches se concentraient plutôt sur la question de savoir quels étaient nos sentiments et notre imaginaire au moment où nous agissons ainsi. Il s'agit là d'un domaine où la recherche sur les animaux ne peut mener à rien. Nous n'avons aucun moyen de savoir si un merle,

---

* Les notes sont situées en fin de volume, p. 317.

quand il construit son nid, possède un imaginaire créatif concernant la structure de ce nid. Il nous est même impossible de savoir si un tel processus imaginatif existe en lui, s'il peut penser ou avoir des représentations, ou être esthétiquement satisfait de la manière dont il a construit son nid. De prime abord, l'observation des comportements animaux ne nous apporte rien sur leurs éventuels processus intérieurs, à moins que de nouvelles recherches, actuellement en cours en Amérique et qui ont pour objet l'étude du langage utilisé par les primates supérieurs ou les dauphins, ne se voient couronnées de succès en apportant de nouvelles informations sur cette question.

Tout cela en est encore au premier stade de l'expérimentation. Je suis persuadée pour ma part que des processus intérieurs analogues aux nôtres existent bien chez les animaux supérieurs à sang chaud — d'une manière peut-être plus diffuse mais cela reste à prouver.

Grâce à sa faculté de communication, nous pouvons établir que l'homme (par exemple quand il « tombe amoureux ») possède toujours des représentations intérieures, de l'imagination, des sentiments, des émotions et des représentations de l'imaginaire qui, tout comme le comportement extérieur, se révèlent être typiques. Nous pouvons constater que notre réaction à une situation donnée suit toujours une structure analogue. On peut même considérer l'absence de cette réaction commune comme inquiétante. C'est par sa similitude structurelle que la disposition archétypique chez l'être humain se révèle le plus clairement (et c'est pour cela que Jung s'y réfère), ce que l'on peut facilement démontrer par l'observation que les systèmes religieux et les mythes, les coutumes mythiques et les contes populaires possèdent une structure identique dans toute l'humanité, malgré tous les détails qui les différencient.

Comme on le sait, l'ethnologue Adolf Bastian établissait déjà une différence dans l'humain entre ce qu'il appelait la pensée élémentaire et la « pensée communautaire », la pensée élémentaire étant une structure fondamentale que l'on peut rencontrer chez tout être humain, la « pensée communautaire » n'étant propre qu'à une seule ethnie.

Jung pourrait se déclarer en complet accord avec Bastian, à cette *seule* différence près que Bastian parle de *pensées*, alors que pour Jung les archétypes ne sont pas seulement des pensées élémentaires mais aussi des sentiments élémentaires, des imaginaires élémentaires ou des visions élémentaires.

Aujourd'hui nous pourrions aller plus loin encore et explorer la relation entre la notion de l'archétype chez Jung et les différentes notions du structuralisme. Prenons des auteurs comme Lévi-Strauss [2] et Durand [3] — autant que je puisse connaître cette littérature. Leurs explications, hélas, ne me convainquent pas tout à fait, parce que les archétypes se contaminent mutuellement — problème que l'on retrouve aussi en psychologie. Les archétypes ne sont pas tels qu'on se représentait autrefois les électrons, comme de petites particules séparées. Ils se chevauchent et s'emboîtent comme, dans le langage des physiciens, des « electronsmear ». On pourrait les comparer à un nuage effiloché qui déborde d'effets secondaires. Il arrive souvent que l'on ne puisse dire avec certitude d'une image archétypique si elle dérive de tel ou tel archétype. Par exemple : dans la tombe du roi Seth Ier on peut voir la représentation d'un tamaris et d'un sein que le roi suce. S'agit-il ici d'une représentation de l'archétype de la Grande Mère ou de l'archétype de l'Arbre de Vie ? La réponse est : des deux. Il est impossible de fixer une limite entre les archétypes. Or c'est bien ce que font les structuralistes. Lévi-Strauss, par exemple, différencie le cuit du cru, la vie de la mort, et établit ainsi des catégories apparemment absolues. Mais on pourrait aussi bien se référer à d'autres catégories. Les archétypes ne nagent pas dans l'inconscient collectif comme des miettes de pain dans la soupe. Ils forment eux-même la soupe, en n'importe quel endroit, aboutissant ainsi à des mélanges spécifiques. C'est pourquoi il est aussi difficile de les décrire clairement, hors du contexte psychologique individuel.

Jung a pu réunir dans un seul modèle la relation entre l'archétype et les modes de comportement instinctifs :

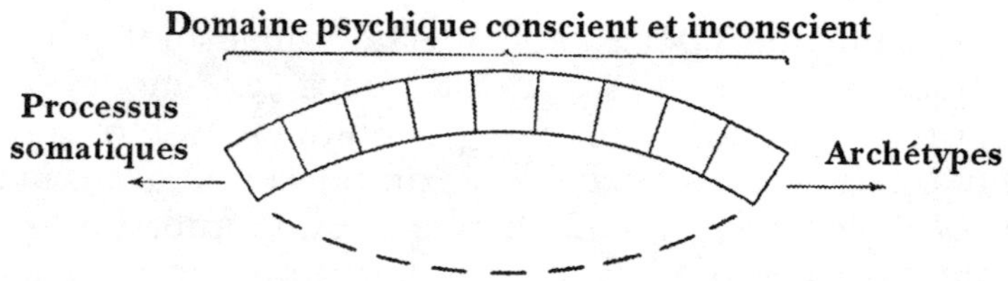

On suppose une extrémité « ultraviolette » à droite et une extrémité « infrarouge » à gauche. Il ne faut bien sûr voir dans ce schéma qu'une parabole ou un modèle de pensée. Dans ce schéma, la bande spectrale représenterait l'étendue du psychisme. Dans le pôle infrarouge, les processus psychiques se transforment en processus corporels. Comment et où précisément, voilà qui n'apparaît pas encore très clairement.

Nous sommes cependant certains qu'il existe une corrélation entre ces deux ordres de grandeur. C'est dans le pôle archétypique qu'apparaissent les modes de réaction mentale, et c'est là que devraient se trouver ces structures obscures et imposantes que sont les images archétypiques, les représentations et les pensées de la psyché. Ce serait le pôle à partir duquel l'inspiration mentale se développe. Comme par exemple dans le cas de Poincaré qui, s'étant allongé sur un lit après avoir bu beaucoup de café, eut la vision soudaine et intuitive de toute la structure des fonctions automorphes. Il le raconte ainsi : « Je voyais des pensées vagabonder comme des atomes sous le plafond pour former des combinaisons, et tout d'un coup je vis la bonne combinaison. » Après cela, il ne lui fallut qu'une demi-heure pour établir la suite logique de cette démonstration, dont il avait pu embrasser la structure d'un seul regard. Voilà un exemple d'inspiration issue du pôle archétypique. On pourrait caractériser ces deux pôles comme formant l'opposition esprit/matière.

Cette polarité devient évidente chez un sujet possédé par son instinct, comme dans le cas d'une femme nymphomane, possédée par la sexualité, ou d'un individu possédé par la gloutonnerie ou par tout autre instinct. On peut aussi voir un individu tomber sous la domination d'un pôle mental, par exemple possédé par une idée. Ces deux pôles n'offrent aucune liberté, mais des automatismes. Plus les processus psychiques se transforment en modèles de comportement et en processus physiologiques, moins il y a de liberté, les réactions se faisant de plus en plus automatiques et prévisibles. Le même phénomène intervient dans le pôle ultraviolet de l'esprit. Les personnes possédées par une idée ne sont plus à même de l'examiner de manière critique. L'extrême est atteint chez le malade mental qui pense être le sauveur du monde. Il se révèle alors impossible d'amener le faible complexe du moi à critiquer cette conviction qui l'a assailli un jour, lors d'une vision. Bien entendu, on peut toujours dire avec bon sens : « Bon, écoutez, vous êtes M. Meier. Où se trouve donc le sauveur ? », etc. Tout psychothérapeute sait bien que cela ne constitue pas un argument valable aux yeux du malade et que l'on ne pourra rien obtenir de cette façon. Cependant, si on a étudié l'archétype du sauveur dans la mythologie, il devient possible de prédire ce que le malade va faire ou dire, car il se trouve en quelque sorte emprisonné dans un automatisme archétypique, dans un sentiment de fanatisme et de conviction absolue. Ce n'est que dans la sphère centrale du spectre psychique, dans le domaine de la conscience de l'ego que règne une certaine liberté. C'est seulement là que nous trouverons ces élans de volonté que Jung définit comme une énergie psychique mise à la disposition du « complexe du moi ». Dès que l'on atteint aux pôles, l'énergie psychique est absorbée par les autres complexes inconscients.

Mais où se situerait la relation de la psyché à la matière indiquée dans le modèle ? Elle est, ou paraît être, dans le pôle « infrarouge ». C'est là en effet que les fonctions psychiques se transforment en processus corporels. Il arrive cependant que la matière se manifeste aussi dans l'autre pôle, sous la forme de phénomènes *parapsychologiques.* On peut donc supposer que la séparation que nous établissons entre l'esprit et la matière, entre l'observation extérieure et la perception intérieure, ne serait en réalité qu'une distinction fictive ou une polarisation fictive imposées par notre structure consciente mais qui, à proprement parler, ne correspondent pas à l'être réel, transpsychique. On suppose plutôt que ces deux pôles forment une réalité unique. Dans le complément pointillé du cercle, j'ai représenté cette notion sur l'arrière. On part du principe que psyché et matière forment une seule et même réalité. Cette notion se situe cependant hors de portée de l'observation directe.

Situés en amont de toutes les représentations religieuses et mythiques de l'humanité, partout similaires, les archétypes ne représentent pas seulement les fondements de l'imaginaire humain, mais ils se trouvent aussi bien sûr à la base des sciences naturelles et de leurs conditions préalables aux processus de la pensée. Dans son excellent livre intitulé *Das physikalische Weltbild in der Antike*[4], S. Sambursky a démontré de façon détaillée que tous les thèmes fondamentaux des sciences naturelles occidentales contemporaines sont issus des représentations originelles et intuitives de la philosophie grecque de la nature. C'est de là que nous tenons l'idée d'une seule substance primordiale à partir de laquelle, en quelque sorte, tout le cosmos visible se serait formé, et aussi l'idée de la conservation de cette substance première ou, pour le dire autrement, la notion d'une forme d'énergie universelle. Ce qui se traduit par exemple par le *pneuma* du feu de la Stoa ou le feu-*logos* dans la philosophie d'Héraclite. Nous y trouvons aussi déjà l'idée d'une permutation des substances matérielles de l'une en l'autre (comme chez Aristote). De même que la notion de continu et de discontinu, dans les Apories de Zénon. L'idée du *pneuma* chez les stoïciens est aussi une première intuition de l'idée moderne du champ de forces ou de l'onde stationnaire. Comme on le sait, les stoïciens pensaient que le monde entier est soutenu par une sorte de tension d'énergie, le *tonos* — une onde supposée stationnaire.

L'idée de la relation d'incertitude se trouve également déjà en germe dans la théorie de l'atomiste grec Leucippe, qui enseignait que les atomes font preuve d'un certain libre arbitre. Ce sont les conceptions qui touchent à l'espace-temps qui sont les plus intéressantes, car elles se fondent sur l'image archétypique d'une omniprésence de la divinité ou sur l'omniprésence d'un pneuma divin. Platon y faisait déjà allusion, tandis que Plotin en parlait de manière explicite : « Dieu est une boule d'esprit dont la circonférence est partout et le centre nulle part. » Nous trouvons déjà là la conception physique d'un point omniprésent. Parmi ces idées, il en est une qui prend encore aujourd'hui une importance grandissante, au point de constituer un modèle de base dans la pensée physique moderne et qui est l'idée qu'en fin de compte nous avons affaire à des structures mathématiques, ce qui avait déjà été avancé par les pythagoriciens. Ceux-ci considéraient en effet les nombres naturels et certaines relations naturelles des nombres entre eux comme une constante de la nature. À quatre-vingt-quinze pour cent (je n'y connais pas d'exception, mais je dis quatre-vingt-quinze pour cent par précaution), toutes les théories fondatrices des sciences naturelles modernes sont issues d'images liées au divin. Ce qui explique leur faculté à déclencher des polémiques passionnées, toute la question étant de savoir à quelle conception du divin se référer.

Les paradoxes de la relation d'incertitude contraignent les physiciens à tenir compte des processus mentaux de l'observateur, car il est impossible de procéder à l'observation d'un objet sans prendre en compte l'influence de l'observateur. Les physiciens modernes devraient donc s'interroger à nouveau : que faisons-nous vraiment ? Avec nos moyens d'observation, nous forçons la nature à répondre d'une certaine manière. Une réponse qu'elle ne donnerait pas si nous ne l'observions pas ainsi. Cette question devient cruciale dans la recherche fondamentale de la physique moderne. Wolfgang Pauli définissait la connaissance physique comme la concordance de représentations internes avec des faits extérieurs[5]. Rudolf Carnap affine encore ce propos en disant que la physique se constitue d'images qui ont été apurées en formules mathématiques[6]. Les représentations sont toutes devenues des formulations abstraites. Le but ultime de la physique serait, selon Carnap, la *prédiction* d'événements extérieurs fondée sur certaines formules mathématiques. Ainsi Max Jammer disait-il : « En physique, il s'agit d'un isomorphisme de structures[7]. » Cette phrase évoque ici le fait que les structures mentales des physiciens connaissent un certain isomorphisme avec les structures de la matière. L'expérience concrète elle-même se trouve déjà influencée, préjugée par les représentations mentales de l'observateur. Les formules mathématiques d'aujourd'hui, à l'encontre des conceptions pythagoriciennes antiques, ne sont que des formulations algébriques et, dans la plupart des cas, des développements affinés et corrigés du calcul de probabilité. Hélas, ce dernier peut nous informer sur la moyenne et la régularité, mais non sur le *cas unique occasionnel.* La raison s'en trouve dans la structure même du calcul de probabilité. C'est pourquoi la plupart des physiciens disent que le singulier occasionnel n'entre pas dans le domaine de la recherche physique. Ils écartent simplement l'aléatoire de la recherche parce que les instruments mathématiques qui sont à notre disposition ne sont pas capables de le prendre en compte. Toute information sur un événement unique est donc mise entre parenthèses.

Si nous voulions creuser davantage, nous devrions maintenant nous plonger dans les bases mathématiques, car les mathématiques, et l'algèbre en particulier, constituent l'instrument principal de la physique moderne. On en arrive très vite à constater (ce qu'aucun mathématicien n'aime à admettre, tout en ne pouvant le nier) que toute la construction des mathématiques se fonde sur une donnée irrationnelle, sur le « c'est comme ça », notamment en ce qui concerne la suite des nombres naturels. Ici, les avis divergent ; les uns disent : les nombres ne sont rien d'autre que des noms conventionnels, je pose simplement des signes les uns après les autres et je les appelle conventionnellement 1, 2, 3, 4, je pourrais tout aussi bien les nommer X, Y, Z ou encore autrement. Le nom n'a aucune importance, il n'est qu'une dénomination conventionnelle établie par la conscience quand elle veut énumérer des unités. Mais, pour une raison très simple, ce raisonnement est faux. Imaginons que nous voulions appliquer ce formalisme rationnel à des petits pois. Cela donnera la chose suivante : cela, je l'appelle 1 et le prochain 2 et le suivant 3. Nous nous trouvons alors devant un état de fait transparent et simple, que nous-mêmes (notre esprit) avons créé. Que se passe-t-il maintenant ? Quand nous observons cette suite de nombres alignant des petits pois, il se produit quelque chose de terrible : nous arrivons à des nombres pairs et impairs, des nombres premiers dont la suite, jusqu'à aujourd'hui, n'a toujours pas été déterminée. À l'époque de Leibniz, le mathématicien Goldbach a établi un théorème : chaque nombre pair serait la somme de deux nombres premiers. Aujourd'hui, et avec l'aide des ordinateurs, on a pu vérifier ce raisonnement jusqu'au nombre de dix mille, mais la loi qui le régit n'a toujours pas pu être formulée. Comment se fait-il que, tout en effectuant une opération complètement transparente (consistant simplement à ajouter des unités et à leur donner un nom), nous agissions de façon incompréhensible, même encore aujourd'hui, et que nous y introduisions des complications que les mathématiques modernes ne peuvent expliquer ? Sans compter le fait qu'on découvre soudain à tous les nombres naturels des propriétés individuelles. Ils sont triangulaires, carrés, ou corrélés d'une certaine manière. Tout cela n'était pas posé, mais on le découvre seulement *a posteriori*. Si cela avait été posé par nous-mêmes, nous devrions le savoir. Or nous ne connaissons qu'*a posteriori* la machine que nous avons construite. L'irrationnel n'y prend aucune part. Mais il se trouve que nous stipulons avec des nombres une chose que nous sommes ensuite incapables d'expliquer. Cela nous conduit à penser (en rapport avec la découverte faite par Kurt Gödel en 1931) que, comme le dit Hermann Weyl, *tout espoir de la part des mathématiciens de pouvoir expliquer les fondements mathématiques de manière rationnelle* a été anéanti une fois pour toutes[8]. J'ai découvert, à ma grande déception, que les mathématiciens vivants se désintéressent très souvent de cette question. Comme le dit Weyl, ils se sont résignés, car nous nous trouvons ici devant l'inexplicable. Il est intéressant de noter que Weyl, en homme réaliste, a dit : « Il est surprenant qu'une chose créée par l'esprit [il considère que nous aurions, à un moment donné, inventé les nombres], et notamment la suite des nombres entiers, aussi simple et transparente soit-elle pour l'esprit constructif, prenne un aspect insondable et non maîtrisable dès qu'on la considère d'un point de vue axiomatique. »

Ailleurs il ajoute : « La méthode qui consiste à introduire

le formalisme (algébrique ou autre) en arithmétique, si simple soit-elle, conduit toutefois à une compréhension d'un intérêt philosophique considérable, notamment parce que les nombres naturels forment avec leurs lois de relations un champ si vaste que n'importe quelle théorie, dès qu'elle se trouve formalisée complètement, peut y trouver sa place [9]. » Autrement dit, tout ce qu'on a découvert jusqu'ici en matière de formalisme mathématique — et les formalismes ne sont que des constructions de l'esprit humain — est représentable dans le champ des nombres naturels. Mais il y reste encore infiniment plus à découvrir.

Nous revenons ainsi — Werner Heisenberg l'avait déjà souligné — à une forme de pensée pythagoricienne. Tout d'abord, il est essentiel de souligner qu'il n'existe pas une *seule* idée scientifique importante qui ne soit fondée sur une intuition archétypique primaire. C'est une pensée préexistante à la conscience du moi qui est à l'origine des grands thèmes des sciences naturelles occidentales. C'est l'inconscient qui révèle ensuite ces intuitions primordiales, sous la forme de pensées qui apparaissent aux chercheurs. Dans ce sens, la notion même de matière ne serait qu'une simple représentation archétypique parmi d'autres, dérivée de l'archétype de la Grande Mère. Jung a regroupé les aspects les plus importants de l'archétype de la Grande Mère suivant des représentations typiques comme, au niveau personnel, celles de la mère, de la grand-mère, de la belle-mère, de la nourrice, de la bonne d'enfants, de l'aïeule, de la déesse, de la Vierge Marie, de la Sophia. Elle est la fin du désir de délivrance. Elle est le paradis, le royaume de Dieu, l'Église, le morceau de terre, le ciel, la terre, la forêt, la mer et les eaux stagnantes, la matière, les enfers, la lune, le champ, le jardin, la roche, la grotte, l'arbre, le jaillissement de la source, les fonts baptismaux, la fleur, le mandala, le four, l'âtre, la vache, le lièvre et les animaux domestiques en général. Psychologiquement, elle représente un principe bienveillant, choyant, qui donne support, qui active la croissance, qui fertilise et qui nourrit. C'est le lieu de la transformation, de la renaissance, du secret, du caché, du sombre, du monde des morts, de ce qui dévore, empoisonne, angoisse, et de l'inévitable. Toutes ces représentations procèdent de l'archétype de la Mère primordiale.

Dans le pôle opposé, c'est-à-dire l'archétype du Père qui représente l'esprit, nous trouvons les associations mythologiques suivantes : l'air qui se meut, le vent, le souffle des fantômes, ce qui excite la folie, les apparitions d'esprits défunts ; on pense au *pneuma,* à la psyché, aux lutins, aux esprits, aux diables, aux démons, aux anges, aux vieillards secourables. Au niveau personnel, on associe cet archétype à la figure du père, du vieux professeur, de l'autorité, du prêtre. L'esprit est l'élément de la psyché qui active, qui donne des ailes, qui meut, ravive, stimule, excite, allume, inspire et dynamise. Il excite l'enthousiasme et l'inspiration. C'est pourquoi Jung a défini l'esprit comme un principe de mouvement spontané et d'activité qui possède la qualité intrinsèque de produire des images libres et situées au-delà de la perception sensorielle, et la capacité de les manipuler de manière autonome et souveraine. Comme on peut facilement le constater, et il en va ainsi de tous les archétypes, certains aspects de ces deux archétypes se chevauchent. C'est la raison pour laquelle Jung insiste sur le caractère intangible tant de l'esprit que de la matière, qui représentent les formes ultimes de manifestation de l'être, en lui-même transcendantal et transphysique. Alors que l'Occident a souvent tendance à vouloir tout faire dériver de la matière, les tantristes orientaux pensent plutôt que la matière n'est rien d'autre que la manifestation de la pensée de Dieu. Mais il est impossible d'apporter une preuve empirique à de telles affirmations métaphysiques. En effet, seule la réalité psychique est une réalité immédiatement explorable, car elle est formée de nos contenus conscients, auxquels nous affectons, pour ainsi dire *a posteriori,* soit une origine matérielle, soit une origine spirituelle.

Pour résumer, ce que nous appelons communément matière ou énergie ne serait qu'une représentation archétypique, de même que ce que nous appelons l'esprit, c'est-à-dire ce qui, en tant que pensée inspirée ou sens, est issu d'une représentation archétypique. Par conséquent, ce qui intéresse d'abord le psychologue est de savoir comment ces deux forces archétypiques se manifestent dans notre conscience, et de connaître le déroulement de ces processus intérieurs qui nous obligent à prendre conscience de leur existence. Tout se passe comme si ces deux forces, à l'instar de tous les opposés dans la nature, semblaient vouloir s'unir en l'homme dans un *mysterium conjunctionis.* Le plus grand des secrets, pour nous autres psychologues, ne réside justement pas dans la matière, ni dans l'esprit, que nous ne pouvons pas, à proprement parler, explorer dans leur être en tant que tel, mais plutôt dans cet étrange processus psychique qui permet à ces forces de s'actualiser dans l'homme comme expérience des sens tout en cherchant à devenir conscientes dans le miroir de sa psyché. Dans ce contexte, Jung parlait d'une signification cosmogonique de la conscience humaine.

Mais il y a encore une autre difficulté. Elle concerne le problème de la recherche fondamentale dans la psychologie des profondeurs. Jung voyait dans la psychologie une méthode d'action empirique et la rangeait de ce fait dans les sciences naturelles. Mais la problématique de cette méthode réside dans le fait que la psychologie décrit des événements psychiques avec des moyens psychiques, et qu'il n'existe pas d'autre moyen d'y accéder ou de l'expliquer. À cet égard, la physique possède un avantage certain, car, si sa représentation se fait par des moyens mentaux, c'est-à-dire psychiques, elle s'occupe de processus matériels. La physique reflète la matière dans les processus mentaux et psychiques du physicien. Le physicien reconstruit dans son esprit la matière du monde extérieur, ce que la psychologie ne peut pas faire. Elle se trouve dans la position du baron de Munchhausen quand il dut s'extraire d'un marécage à l'aide de sa propre tresse. Il lui manque un point d'appui hors d'elle-même. C'est ainsi qu'elle se voit définitivement limitée. Mais si la psychologie connaît des limites, la physique aussi qui, à cause de la découverte de la relation d'incertitude, a vu également se limiter ses possibilités de connaissance. C'est ici que la physique des particules et la psychologie des profondeurs jungienne se rejoignent. Maintenant, il devient clair que la réserve établie sur des conclusions hâtives concernant le rapport entre la matière et la psyché était bien la voie de la sagesse. Car ce n'est pas la biologie moléculaire, ni la psychologie et encore moins la recherche sur le cerveau, mais bien la physique quantique qui permet aujourd'hui aux physiciens d'établir des liens de parenté entre leur discipline et le domaine psychique. Pour Jung, c'est dans la physique, et notamment dans la physique subatomique de la matière, que réside la seule autre possibilité de pouvoir reconstruire les processus psychiques. Mais il souligne aussi que nous ne savons toujours pas de quelle façon cela pourrait se faire. *Cette reconstruction ne peut être entreprise que par la nature. Il est à supposer qu'elle s'opère aussi continuellement que la psyché perçoit le monde physique.* Ou, pour le dire autrement : c'est dans la physique que la psyché reflète la matière. Se pose alors la question de savoir si la matière peut également refléter la psyché ? En Chine, cette idée existe depuis toujours. Lorsque les Chinois veulent s'informer de leurs processus psychiques inconscients, ils se contentent simplement d'observer les manifestations matérielles environnantes, considérées comme le reflet de leurs processus intrapsychiques. Pour eux, cette notion relève de l'évidence.

Lors d'une conférence donnée à l'institut jungien et qui avait trait à la synchronicité et la causalité, un Japonais est venu me voir et m'a dit avec beaucoup d'enthousiasme : « Maintenant, je comprends ce qu'est la causalité. Quand je lisais des choses sur la physique occidentale, je pensais toujours que c'était de l'ordre de la synchronicité. Mais maintenant que vous vous êtes donné tant de mal pour tout démêler, j'ai enfin compris, pour la première fois, ce qu'est la causalité ! » La pensée orientale est si éloignée de la nôtre qu'il lui est impossible de raisonner comme nous à partir du principe de causalité. Les peuples de l'Extrême-Orient comprennent le processus matériel comme un reflet synchronistique de la psyché. Il existe une belle histoire à ce sujet, datant de l'époque des Tang. Après l'éruption d'un volcan, un lac s'était formé dans le cratère. Au

centre de ce lac, il y avait une montagne conique. L'impératrice qui régnait alors était une femme très despotique, qui avait mis son mari sous tutelle. Elle alla voir cette montagne et lui donna le nom de Montagne de la Chance. L'un de ses sujets lui écrivit alors une lettre polie : « Majesté, j'ai appris que le monde est troublé quand le souffle du ciel est troublé. Quand le souffle de la terre est troublé, c'est l'âme humaine qui est troublée. Votre Majesté s'est élevée de manière masculine au-dessus de sa condition féminine. Je voudrais conseiller à Votre Majesté de pratiquer le repentir et le retour sur soi, afin que n'advienne point de malheur à l'empire. » L'impératrice se mit fort en colère et bannit cet homme de la cour. En chinois, la montagne se dit *Gen* et représente le principe masculin. Le lac se dit *Dui* et représente le principe féminin. La formation de la montagne sur le lac est donc le reflet synchronistique de l'état d'âme de l'impératrice ou de la maison impériale. L'événement extérieur est bien considéré comme le reflet d'un événement psychique. S'il nous est désormais impossible de revenir à une telle vision du monde, nous l'avons cependant par trop rejetée, car cette vision du monde orientale contient bel et bien une part de vérité.

Les épiphénomènes du domaine archétypique et l'unité de l'être

L'exposé qui va suivre traite d'un sujet extraordinairement difficile qui rend la simplification impossible. Il s'agit d'un phénomène complexe et de réflexions complètement nouvelles dont nous ne mesurons pas encore toutes les conséquences.

Dans les pages précédentes, j'ai tenté de démontrer que les bases de presque toutes nos connaissances essentielles sont structurellement prédéterminées par les archétypes de l'inconscient collectif. Les archétypes constituent en quelque sorte les conditions psychiques de notre être global, et nous ne pouvons ni les omettre ni les contourner. Il nous est en revanche possible de les développer et de mieux les différencier. Nous n'en sommes donc pas prisonniers, en ce sens qu'une évolution reste toujours envisageable.

Jung n'a d'abord étudié les archétypes que sous leur forme manifestée, à savoir notamment leur apparition dans les rêves et dans la fantasmagorie spontanée inconsciente de ses patients et ses répercussions sur leur histoire et leur comportement. Les images et les pensées archétypiques, c'est-à-dire les pensées, les émotions et les impulsions à agir « révélées » se situent dans le côté « infrarouge » du schéma qui décrit l'éventail des processus psychiques aux processus physiologiques, c'est-à-dire matériels. Le pont qui relie ces processus est constitué par les émotions, dont il est possible de mesurer les effets physiques. La psyché et le corps s'influencent mutuellement. S'il est possible de transformer un état psychique au moyen d'éléments chimiques, certaines altérations psychiques sont également à même de modifier les processus chimiques du corps. Les archétypes possèdent certainement tous une base organique.

Néanmoins, nous avons vu que, dans le pôle ultraviolet du schéma qui précède, certains phénomènes matériels interviennent aussi. Il s'agit de ce que l'on appelle les phénomènes d'apparition de fantômes, dont l'étude relève de la parapsychologie. Je ne souhaite pas entrer ici dans la phénoménologie de tels événements, mais simplement dire que notre pratique nous permet d'observer divers phénomènes parapsychologiques assez souvent pour être certains de leur existence, même si pour l'instant aucune explication scientifique sérieuse n'a été avancée à leur sujet. À ces phénomènes d'apparitions, qui sont d'une certaine manière une forme d'expression de l'esprit, s'ajoute une autre catégorie spécifique de phénomènes parapsychologiques que Jung désignait par le terme de synchronicité. Dans notre exemple historique de l'époque Tang en Chine, l'émergence d'une montagne hors d'un lac est considérée comme un événement synchronistique coïncidant en quelque sorte avec l'état intrapsychique de la famille impériale. On attribue aujourd'hui certains de ces phénomènes à la télépathie. On se représente le plus souvent la télépathie comme un courant électrique ou électromagnétique, comme une onde ou quelque chose de similaire. Les expériences menées jusqu'ici (on a par exemple demandé à des médiums enfermés dans une chambre de plomb d'émettre des suggestions vers une autre personne, etc.) nous ont montré que nous ne pouvons associer à la télépathie aucun des phénomènes énergétiques matériels ou de rayonnement connus. Ce phénomène n'est pas explicable. Ce qu'il nous est donné de constater relève plutôt de l'ordre de la coïncidence, comme lorsque nous pensons à un événement qui est effectivement en train de se produire vingt kilomètres plus loin, sans qu'on puisse établir la moindre relation causale entre la pensée et l'événement. Un phénomène plus fréquent (cela est arrivé probablement au moins une fois à chacun d'entre nous) est de rêver d'une personne que l'on n'a pas revue depuis dix ans et à laquelle on ne pense jamais, et de trouver le lendemain dans la boîte aux lettres un courrier émanant de cette même personne. La coïncidence paraît étrange ! On a conversé toute la nuit avec cette personne, alors que sa lettre était déjà postée. Nous sommes tellement attachés à la causalité que nous finissons alors souvent par conclure que c'est bien la forte pensée de l'autre qui a transmis à notre inconscient une onde quelconque provoquant le rêve. Or, comme je l'ai déjà dit, on n'a pu relever l'existence d'aucun flux ni d'aucune onde qui pourrait expliquer le phénomène. Leur existence se montre de toute façon particulièrement improbable dans les cas de perceptions « télépathiques » se produisant *avant* l'événement. Lors des expériences de Rhine [10], on demanda au médium de deviner, à New York, quelles cartes à jouer une machine allait émettre le surlendemain à Budapest. Le résultat obtenu fut significatif. Des cartes prises au hasard ne peuvent certainement pas avoir émis des « ondes » informant le médium de leur ordre d'apparition. Dans ce cas, toute relation causale est non seulement impossible à prouver, *elle est logiquement impensable.* On ne peut cependant rejeter toute idée de coïncidence entre la succession des cartes prédite par le médium et ce qui s'est effectivement passé deux jours plus tard à Budapest. Il est difficile de parler des phénomènes de synchronicité parce que notre pratique nous les présente toujours insérés dans la problématique globale de l'individu concerné. Si nous voulons expliquer un de ces phénomènes, il nous faut d'abord élucider toute l'histoire du problème qui s'y rattache pour pouvoir le replacer dans son contexte. Par conséquent je voudrais demander au lecteur de se montrer bienveillant à cet égard et d'effectuer des observations par lui-même. Les phénomènes de synchronicité sont en effet fréquents, et quiconque veut bien y prêter attention pourra s'en apercevoir. La pensée des primitifs est, aujourd'hui encore, synchronistique. Pour eux, la notion même d'un hasard dépourvu de sens n'existe pas. S'il arrive par exemple qu'une femme soit attirée sous l'eau par un crocodile, ils s'interrogeront sur le sens de cet événement. Il leur serait impossible de l'imputer au hasard. Leur vision du monde ne connaît pas le hasard. Là où le scientifique moderne ne verrait qu'un hasard, les primitifs chercheront toujours à trouver un sens. Nous pouvons donc tout à fait nous tourner nous-même vers notre nature primitive et nous demander : Ce qui se passe maintenant ne tient pas du hasard, pourquoi cela m'arrive-t-il justement aujourd'hui ? Et nous pouvons alors souvent établir certaines connexions. Bien entendu, on peut toujours exagérer et voir des synchronicités là où il n'y en a pas. L'homme antique voyait dans le phénomène synchronistique un signe des dieux, comme un *noumen.* Le mot *numinosum* vient du verbe *nuere* : faire signe. Lorsque Zeus fait signe en fronçant les sourcils, il se passe alors un fait noumineux. Dans le monde entier et pour toute l'humanité, cette sorte de coïncidence a toujours été considérée comme un signe émanant du destin ou de la divinité. On a toujours tenté de trouver une science magique capable de les interpréter, que ce soit par l'observation du vol d'un oiseau ou de la constitution du foie d'un animal sacrifié, etc. Rien de tout cela en effet n'était attribué au hasard. La configuration d'un groupe d'oiseaux à un certain moment ou la disposition spécifique du foie d'une bête sacrifiée semblaient tout à fait significatives. Elles traduisaient le sens d'un moment précis — et, avant tout, constituaient une prédiction en vue de l'avenir.

Cependant, il n'est pas question pour nous de régresser au niveau de la pensée magique.

La pensée magique tient à l'idée d'une causalité magique. La science moderne a eu beaucoup de peine à s'en extraire. Il n'est donc nullement dans l'intention de Jung de revenir à cette forme de pensée. Toutefois, nous devons être conscients que la causalité, en tant que principe d'explication (ou de probabilité), n'est qu'*une* catégorie parmi d'autres qui sont à la disposition de la pensée pour décrire un certain groupe d'événements. Laquelle laisse de côté tout le domaine du hasard ou de la contingence, puisque toute possibilité de recherche en est exclue. Se pose alors la question suivante : Est-ce que la contingence n'est vraiment qu'une simple masse amorphe de hasards en apparence dénués de sens ? Ou bien peut-on établir des différences entre des coïncidences créatrices de sens ? Si par exemple je me mouche dans un aéroport et qu'un avion s'écrase ? Un tel événement est simplement le fait d'un hasard dépourvu de sens, et il n'y a rien d'autre à y voir. Mais si la nuit précédente j'avais rêvé de manière dramatique d'un avion qui s'écrase, puis que je suis venu à l'aéroport attendre quelqu'un et que je vois un avion s'écraser comme je l'avais rêvé, je ne peux m'empêcher de me dire que tout cela doit avoir un sens.

Ce qu'il est intéressant de noter, c'est que les événements synchronistiques sont presque toujours des événements uniques, et que pour cette raison ils ne sont pas validables. Mais leur valeur d'information est néanmoins réelle. Même l'événement unique, quand il se produit dans un contexte archétypique, peut signifier un gain d'information. Cela concerne justement *ceux* des éléments de synchronicité qui, comme on le sait, ne se répètent jamais et qu'il est impossible de reproduire par la mise en scène d'une expérience.

Les événements synchronistiques se distinguent par leur simultanéité, non pas absolue mais relative. Si je rêve au cours de la nuit qu'un avion s'écrase et que le jour suivant un avion s'écrase effectivement, quelques heures se sont quand même écoulées entre les deux événements. En général, il y a un petit intervalle entre les événements ; leur simultanéité est donc relative. L'essentiel réside plutôt dans l'*équivalence du sens.* La liaison entre les deux éléments se fonde non pas sur une quelconque relation causale, mais sur l'équivalence de sens. Par exemple, je vais dans un magasin pour y acheter une robe bleue que je me fais expédier. Le paquet arrive trois jours plus tard. Quand je le déballe, je constate que la robe est noire : il s'agit d'une erreur du magasin. À ce moment précis, je reçois un télégramme qui m'annonce le décès d'un membre de ma famille proche, et c'est donc à cela que va servir la robe noire. Je pense alors qu'il ne peut s'agir là d'un simple hasard, et que tout cela est bien « étrange ». Dans cet exemple, seule la couleur noire de la robe établit la relation de sens. Nous avons en effet coutume d'associer le noir au deuil. Selon moi, il s'agirait bien ici d'une synchronicité, même si l'image n'est pas la même — je n'ai pas vu l'image de la mort à proprement parler, mais il s'est produit quelque chose qui évoque en moi l'image de la mort. Dans son ouvrage sur la synchronicité [11], Jung cite l'exemple d'une femme observant un rassemblement d'oiseaux sur le toit de sa maison, ce qu'elle interprète aussitôt, en raison d'événements similaires survenus dans le passé, comme l'annonce d'un décès. De fait, on ramène peu après à la maison le corps de son mari qui vient de succomber en pleine rue à une attaque cardiaque. On retrouve là une liaison de sens — dans la mythologie, le rassemblement d'oiseaux signifie en effet que les âmes des défunts viennent chercher quelqu'un, ce qui correspond à une croyance commune à toute l'humanité. Si nous voulions formuler cela avec exactitude et de façon scientifique, nous dirions que la synchronicité n'est pas la simple coïncidence d'un état intérieur et d'un état extérieur car, comme je l'ai déjà dit, l'état extérieur, l'événement extérieur, ne peut être perçu en tant que tel. Il passe d'abord par le filtre de notre existence psychique. C'est pourquoi nous devons dire, si nous voulons le formuler scientifiquement : il s'agit, dans la synchronicité, de la coïncidence ou de la simultanéité de deux états psychiques, et notamment d'un état psychique normal, qu'on peut suffisamment expliquer, et d'un autre état, qui ne connaît aucune relation causale avec le premier, qui est un événement critique acausal et dont l'objectivité ne peut être vérifiée qu'*a posteriori*.

Je voudrais encore éclairer cela au moyen d'un autre exemple. J'ai eu en analyse une patiente particulièrement suicidaire. Avant mon départ pour les vacances d'été, je m'étais fait beaucoup de souci pour elle en songeant qu'elle devrait se passer de moi pendant tout ce laps de temps. Néanmoins, me voici en vacances et ne pensant plus à elle (elle m'avait promis de m'écrire en cas de détresse).

Et voilà qu'un beau matin, en cassant du bois, je me fais la réflexion suivante (plus tard, j'ai pu reconstituer exactement mes pensées) : « Ce bois est encore humide. Je vais l'empiler plus au fond afin qu'il ne soit pas utilisé en premier et qu'il puisse sécher. » C'était une suite de pensées assez longue, en relation causale directe avec mon activité du moment. Soudain, je vois en pensée ma patiente se tenir devant moi, ce qui interrompt brutalement le cours de mes réflexions ; je sentais nettement que quelque chose s'interposait. Je pense : Que vient-elle chercher chez moi, pourquoi penser à elle ? Je me demande alors si c'est le bois qui a dirigé mes pensées vers elle. Mais je ne trouve aucune association à faire entre le bois et elle. Je me remets à fendre mon bois, et de nouveau l'image se présente à moi, mais cette fois avec un sentiment de danger imminent. Alors je pose ma hache et pense à prendre ma voiture pour me rendre immédiatement chez elle. Et je ressens exactement ceci : Non, ce n'est pas si urgent. Alors je lui envoie un télégramme avec ces seuls mots : « Ne faites pas de bêtise », et ma signature. Le télégramme a mis deux heures pour lui parvenir. C'est au moment même où elle se rendait dans la cuisine pour y ouvrir le robinet du gaz que le facteur a sonné pour le lui remettre. Cette coïncidence l'a tellement impressionnée qu'elle a refermé le robinet. Et elle est — Dieu merci — toujours en vie. J'ai mentionné cet exemple comme une illustration de la simultanéité de deux états psychiques, l'un normal, suffisamment explicable par la causalité (mes pensées concernant le bois) et un autre, critique et ne dépendant pas du premier, dont l'objectivité ne pouvait être vérifiée qu'*a posteriori* et s'étant manifesté par l'intrusion d'une image. Je n'ai appris ce qu'il s'était passé que deux jours plus tard. C'est pour cela que Jung ne considérerait pas cet événement comme synchrone, c'est-à-dire simultané dans le temps, mais comme *synchronistique* puisqu'il y a un certain décalage. En de tels moments, il paraît que le continuum normal de l'espace-temps et toute la grille des corrélations causales soient abolis. Ces éléments semblent ne constituer des grandeurs constantes que lorsqu'on les mesure indépendamment des états psychiques.

L'existence d'un *savoir* sous forme d'images symboliques est également liée aux archétypes. Il s'agit d'une sorte de luminosité ou de conscience partielle des archétypes, d'un savoir dont seul le domaine archétypique est conscient *mais non le moi*, et qui fait soudainement intrusion dans la conscience du moi. Ainsi on pourrait dire qu'une intuition de l'ordre de l'archétype a eu connaissance en moi de ce suicide et a subitement fait intrusion dans le champ de ma conscience normale.

Voici ce qui, selon Jung, distingue la synchronicité : d'une part l'émergence d'une image inconsciente, directement ou indirectement, comme image d'un rêve, comme idée ou comme pressentiment ; et d'autre part, un état de fait objectif coïncidant avec ce contenu temporel. Dans son travail sur la synchronicité, il montre comment la notion chinoise du *Tao* reflète exactement la pensée de la synchronicité. Comme je l'ai déjà indiqué, ma propre expérience m'a appris que pour les Orientaux — et cela doit avoir trait à leur langue — les liaisons ont du sens non pas du point de vue de la *causalité* mais de la synchronicité. On pourrait alors dire que l'homme peut légitimement poser *deux* questions à la nature. Il peut lui demander : Pourquoi arrive-t-il ceci quand je fais cela ? Ce qui mène au postulat du principe de causalité mais relativisé en probabilité. Ou bien : Dans la nature, quels sont les événements qui ont tendance à se produire en même temps ? Cela aussi constitue une interrogation légitime chez les peuples orientaux. Cette idée vient du Tao. Le Tao est en quelque sorte le sens global, le sens présenté en terme de temps. On devrait alors dire : Ce qui sous-tend toute manifestation est ce moment du temps qui globalise le sens ; c'est cela le Tao. Lao-tseu dit : « On tend l'oreille et on ne l'entend pas, on le nomme fluidité, on fait un geste pour le saisir et on ne le saisit pas, on le nomme le sans-corps, la forme sans forme, l'image sans objet, le vague nébuleux. Allant à sa rencontre on ne voit point son visage, en le suivant on ne voit point son dos, tellement vagues et nébuleuses sont les choses en lui. Pourtant tout se fait par lui. Le filet du ciel a les mailles larges mais pourtant rien ne se perd[12]. » La pensée chinoise présuppose que la nature entière est une unité psycho-physique ou possède une cohérence globale unitaire qui se dérobe toutefois à toute observation centrée sur le détail.

En Occident nous pouvons trouver l'ébauche d'une pensée similaire au Moyen Âge, principalement dans la doctrine de la « sympathie » et dans l'astrologie. On la retrouve également dans la philosophie de la Renaissance, qui évoque l'idée une corrélation globale symbolique et psychophysique de toute l'existence cosmique. Cette corrélation est fondée sur le postulat de l'existence d'une âme du monde ou du principe de sympathie.

Une des représentations de la synchronicité qui se rapproche le plus de celle de Jung est l'idée de Leibniz d'une harmonie préétablie[13]. Selon lui, Dieu, en tant que créateur de toutes choses et que monade première, a lancé hors de lui, tels des éclairs, les autres monades ou essences. Les âmes humaines sont des monades et il ne nous est pas donné, en tant qu'êtres humains, d'agir de façon causale les uns sur les autres, car les monades sont « sans fenêtres ». Que nous puissions communiquer entre nous et qu'il semble en résulter des relations tient à ce que toutes les monades ressemblent à des horloges synchronisées. Elles vivent toutes la même chose au même moment, de telle sorte qu'un contact causal semble avoir lieu. La seule différence entre l'idée de synchronicité de Jung et l'« harmonie préétablie » de Leibniz consiste en ce que l'harmonie préétablie postule les phénomènes de synchronicité comme généraux et réguliers, ce qui, d'après Jung, ne semble pas être le cas empiriquement. Par exemple, nous ne pouvons pas prédire des événements de synchronicité. Ils échappent à toute prédiction. S'ils arrivaient avec régularité nous le pourrions. Mais tout ce que l'on peut en dire est que tel événement pourrait se produire si tel archétype était constellé, et que, si cet événement se produisait, il aurait alors tel ou tel sens. Or, il n'existe aucune certitude dans ce domaine, la synchronicité peut se produire comme elle peut ne pas se produire.

Autrement dit, les phénomènes de synchronicité tels que nous les avons observés jusqu'ici et tels que nous les connaissons ne se produisent que de manière sporadique, ce qui va à l'encontre de l'idée d'« harmonie préétablie ».

Jung pense en outre que le contingent, c'est-à-dire le hasard, l'événement extérieur qui ne suit pas le nexus causal ne serait, du point de vue de la physique, qu'une substance sans forme. Mais il se révèle à l'introspection psychique comme un type qui se fonde non seulement sur l'événement psychique mais aussi sur l'événement psychophysique. La seule loi que l'on puisse établir au sujet de ces événements de synchronicité est qu'ils ont tendance à ne se produire que lorsqu'un archétype est intensivement constellé. C'est principalement le cas dans les états prépsychotiques, où le sujet fait montre d'une grande excitation qui précède le déclenchement du processus psychotique. C'est un moment où les couches fondamentales archétypiques de l'âme sont intensivement constellées. Ces phénomènes peuvent également surgir au cours de situations particulières. Des publications relatives à la parapsychologie ont montré qu'ils coïncident souvent avec le décès d'amis ou de membres de la famille. La mort constitue donc un terrain favorable à la survenue de ces phénomènes, de même que la naissance, un premier amour, etc., et généralement toute situation profondément bouleversante, qui s'accompagne toujours de la constellation d'un archétype ou d'une couche archétypique de l'inconscient. Ces phénomènes ne se produisent pas *forcément*, simplement ils « ont tendance » à le faire, et surviennent effectivement beaucoup plus souvent qu'on ne le pense. Chaque fois qu'il nous a été donné de pouvoir étudier un phénomène de synchronicité, nous avons toujours découvert en arrière-plan qu'un archétype avait été constellé. Il semble donc que quelque chose se manifeste dans le contingent qui, apparemment, conditionne ou fonde l'événement psychique mais aussi psychophysique. Si j'utilise maintenant l'expression « se fonde sur », il ne faut en aucun cas la comprendre dans son acception causale. Arthur Koestler a reproché à Jung de s'être exprimé, dans son essai sur la synchronicité, de façon terriblement tortueuse. Malheureusement il n'a pas compris qu'il était impossible de faire autrement, du fait que notre langue s'appuie tout entière sur la notion de causalité. Nous sommes enchaînés de façon tellement puissante à cette idée de cause à effet que notre pensée pas plus que notre langue ne nous permettent de nous en détacher. Nous devrions plutôt considérer les phénomènes de synchronicité comme un « c'est ainsi », le « c'est comme ça » d'un état contingent qu'il est impossible de réduire davantage ; en quelque sorte une modalité non causale. Cependant, un examen plus détaillé nous conduira à élargir cette notion. En effet, Jung a découvert dans la nature l'existence d'un certain aménagement acausal. En font partie toutes les données que la physique admet *a priori*, comme la demi-vie. Ces données ne possèdent pas non plus d'explication causale, on ne peut que les constater. C'est un aménagement qui fonctionne ainsi, sans que nous puissions trouver la cause de son mode d'action. En ce qui concerne le domaine psychique, cet arrangement acausal se manifesterait dans les propriétés attribuées à tous les nombres naturels. Ces derniers forment un contenu de représentation psychique qu'il faut accepter tel quel. Le « cinq » par exemple est un nombre premier — inutile de se demander pourquoi. C'est un nombre premier et tout le monde le considère comme tel. Autrement dit, nos processus psychiques de pensée sont disposés de telle manière qu'ils nous paraissent évidents. Nous sommes structurés de sorte que nous sommes obligés de les voir ainsi. Peut-être existe-t-il sur d'autres étoiles une autre structure psychique où cela n'est pas le cas. Mais chez nous c'est comme cela et il n'existe aucune explication causale. Les questions « pourquoi ? » ou « pour quelle raison ? » ou « quelle en est la conséquence ? » n'ont ici aucun sens. Les propriétés des nombres naturels tiendraient donc à une disposition psychique et la demi-vie à un ordre physique. Jung rassemble ces deux phénomènes dans la notion d'« ordre acausal ». Il entend désigner par ce terme un « étant ainsi *a priori* » qu'on ne peut expliquer ni par le lien de cause à effet ni par la probabilité.

Nous nous trouvons maintenant en présence de *deux* phénomènes : dans le domaine tant matériel que psychique, on peut constater d'une part l'existence d'une sorte « d'ordre acausal », et d'autre part la survenue irrégulière et sporadique d'événements de synchronicité. L'ordre acausal est régulier, généralement reconnaissable, valable partout et observable toujours. Ce qui ne vaut pas dans les cas de synchronicité, qui se caractérisent principalement par l'irrégularité et l'imprévisibilité de leur survenue. Ils obéissent cependant aussi à un ordre acausal. Jung retient ici l'hypothèse que les événements de synchronicité, ces miraculeux événements sporadiques, ne seraient qu'un cas particulier pris dans un ordre général dépourvu de cause, et notamment dans ces cas précis où l'observateur est en mesure de reconnaître le *tertium comparationis*, le sens intrinsèque de cette simultanéité d'événements psychiques et physiques. Il se peut néanmoins que nous ne soyons pas en mesure de trouver un quelconque sens à l'événement et que nous nous trouvions donc dans l'impossibilité de le comprendre comme un événement psychophysique de synchronicité.

Il ne faut pas non plus voir dans l'archétype une cause aux événements de synchronicité — ce serait encore une façon de penser causale. Il convient plutôt de présenter les choses ainsi : la synchronicité constitue un cas spécial dans un ordre sans cause. L'ordre acausal apparaît ou se manifeste dans de tels événements, mais ne les provoque pas. La définition suivante serait donc : l'archétype est la forme reconnaissable par l'introspection d'un ordre psychique *a priori*. Et Jung poursuit : si un événement de synchronicité s'ajoute à l'archétype, c'est-à-dire un événement extérieur dont le sens coïncide avec le sien, alors il en épouse le même dessin fondamental, à savoir qu'il est constellé de la même manière. Ce dernier ordre se distingue de celui des nombres entiers ou des discontinuités en physique en ce sens que ces derniers surviennent avec régularité. Les archétypes représentent plutôt des *actes de création dans le temps*. On en arrive alors à cette question brûlante : ces structures ont-elles toujours été, étaient-elles déjà contenues dans la matière première de l'univers, ou bien se sont-elles différenciées plus tard ? Pour Jung, les structures de base existent depuis toujours, mais elles donnent continuellement lieu à des actes de création. Il en est donc arrivé à la conclusion que l'archétype est quelque chose que nous ne dépasserons jamais, qu'il constitue le tout dernier échelon dans la structure de notre être psychique, une structure que nous garderons probablement toujours. Mais au cœur de cette structure existe une sorte de *creatio continua.* Cette expression se réfère à saint Augustin disant que Dieu existe éternellement hors du temps, et que pour cela il n'établit pas de relation temporelle entre tous les événements qui se produisent dans le monde, et que n'appartient qu'aux hommes, avec leur création du temps, l'expérience du déroulement en temps successifs. Dieu, en tant que Créateur, n'intervient qu'ici ou là dans cette création temporelle. Si nous voulons faire une petite digression théologique, souvenons-nous que la causalité correspond également à une image de Dieu. Descartes a justifié la causalité, dont il est le père, à savoir le déterminisme de tous les agissements de la nature, en disant que Dieu n'irait pas changer ses lois une fois celles-ci établies. Or nous savons par la Bible qu'il les a parfois changées, et en effet pourquoi interdire à Dieu de se montrer créatif ! Mais cela n'est pas venu à l'esprit de Descartes. Dieu a établi une règle et doit s'y conformer à tout jamais. On pourrait aussi bien dire : Dieu a pu faire des communications jusqu'à l'an 120 après Jésus-Christ, ensuite de quoi toute autre communication lui a été interdite.

Le phénomène de la synchronicité se fonderait donc sur des *actes de création dans le temps*, dont Jung disait enfin : « Il faut bien entendu se garder de considérer comme acausal tout ce que l'on voit se produire sans en connaître la cause. Ainsi que je l'ai souligné, il n'est correct de conclure à l'acausalité que dans les cas où l'existence d'une cause n'est même pas pensable. Assurément cette notion du pensable et de l'impensable doit être soumise à la critique la plus rigoureuse. Si par exemple l'atome était conforme à son concept philosophique originel, sa sécabilité serait impensable. Mais s'il se révèle être une grandeur mesurable, alors c'est son insécabilité qui le devient. Les coïncidences signifiantes sont pensables en tant que purs hasards ; mais à mesure qu'elles s'accumulent, que la correspondance devient plus exacte et plus poussée, leur probabilité décroît et elles deviennent de plus en plus impensables, c'est-à-dire qu'il n'est plus possible de les considérer comme de simples hasards, mais qu'en l'absence de toute possibilité d'explication causale il faut voir en elles les manifestations d'un ordre. J'ai déjà relevé que l'"impossibilité d'expliquer" ne réside pas dans le simple fait que la cause est inconnue, mais en ce qu'une cause quelconque n'est même pas pensable avec les moyens de notre entendement. C'est nécessairement le cas lorsque l'espace et le temps perdent leur sens, en d'autres termes quand ils sont devenus relatifs, car dans ces conditions il n'est plus possible d'établir l'existence d'une causalité ni même de penser celle-ci, puisqu'elle présuppose le temps et l'espace. Pour ces raisons il me paraît nécessaire qu'à côté de l'espace, du temps et de la causalité soit introduite une catégorie qui non seulement rende possible une description pertinente des phénomènes de synchronicité en tant que classe particulière de phénomènes naturels, mais encore permette de concevoir la contingence d'une part comme une donnée de portée générale et depuis toujours présente, d'autre part comme la somme d'un grand nombre d'actes de création ponctuels se produisant dans le temps[14]. »

Nous nous trouvons maintenant devant le grand problème qui consiste à savoir comment poursuivre la recherche sur la synchronicité en évitant de recourir à l'établissement d'un catalogue de cas vécus. C'est cela qui est tragique dans le domaine de la parapsychologie : il existe un nombre incalculable d'anecdotes qui semblent en grande partie avoir été rédigées par des personnes tout à fait crédibles et sincères, mais tout cela n'a donné lieu à l'élaboration d'aucune méthodologie capable de nous aider à mieux cerner ces phénomènes. Je considère pour ma part comme très peu probable qu'on puisse jamais arriver à prédire ces phénomènes sporadiques de synchronicité ni à établir une méthode de recherche à leur sujet. Il s'agit simplement d'actes de création, et comme tels ils ne sont pas susceptibles d'être prédits. La créativité même d'un individu ne peut être sujette à prédiction, et encore moins celle de la nature. Je ne serai jamais en mesure de prédire le sujet du prochain tableau d'un peintre en analyse avec moi. C'est seulement après, et jamais avant, que je pourrai dire : « Oui, bien sûr, étant donné l'arrangement des archétypes, il devait en être ainsi. » Il est donc sans aucun doute exclu que nous puissions jamais prédire avec méthode les événements de synchronicité. Il en va en revanche autrement de l'ordre acausal, que Jung considère comme un phénomène régulier. Peut-être pouvons-nous approcher ce phénomène ? Les moyens utilisés pour examiner de tels événements ou de tels ordres d'un sens psycho-physique consistaient chez les peuples primitifs en diverses méthodes de divination : l'examen de foies d'animaux, du vol des oiseaux, etc. Si nous recherchons le dénominateur commun à toutes ces méthodes non mathématiques, nous pouvons constater qu'elles possèdent le motif d'un dessin chaotique. On introduit ensuite des accents, et selon l'emplacement d'un accent on dira : cela signifie quelque chose. Tel est le principe de base, et peu importe que l'on étudie le vol des oiseaux ou la course d'une araignée. En Afrique, une forme d'oracle est très répandue : on jette du sable sur le sol pour y faire courir une araignée et on examine le dessin ainsi produit. Autre exemple, en Suisse, dans le canton d'Uri. Il y a là un petit pont qui relie le village au cimetière. C'est un chemin de terre qui, quand le temps est sec, présente des motifs fissurés. Lors des cortèges funéraires, les gens cherchent à déchiffrer dans l'arrangement des lignes de ce dessin qui sera le prochain dont le cercueil traversera le pont.

Le développement de la divination en Chine est intéressant. Dans les temps anciens, on avait développé le motif du chaos sous la forme d'une matrice représentée par le dos d'une tortue. Il s'agissait d'une matrice mathématique. On essayait de compter ses carrés, c'est-à-dire d'établir une relation avec le nombre. C'était la plus ancienne forme d'oracle dont plus tard a dérivé le fameux *Yi king*[15]. Avant la création du *Yi king*, on rendait l'oracle avec ces matrices de tortues. Le pas suivant dans le développement consista dans l'introduction du nombre. L'utilisation nouvelle du nombre dans les diverses méthodes de divination marquait aussi le passage de la culture à une étape supérieure. La nouvelle méthode consistait alors à demander par exemple si le lieu de l'événement se situait dans le carré du chiffre 2 ; ou alors on établissait que, si le « signe » se trouvait dans le carré 4 ou 5, cela aurait telle ou telle signification. La grande découverte dans la recherche sur la synchronicité est le fameux *Yi king*, le livre des mutations, le seul instrument arithmétique à être parvenu jusqu'à nous. Le *Yi king*, qu'il est impossible de dater historiquement, n'a trouvé sa forme définitive, que nous lui connaissons aujourd'hui, qu'au XIIe siècle, et se concevait alors comme un système philosophique doté d'une profonde psychologie apparaissant comme une cosmogonie. Avant cela, il ne servait que d'oracle.

Revenons maintenant sur le fait que notre manière de penser causale, à laquelle nous tenons tant, a continué, dans la physique moderne, à se développer à travers le calcul des probabilités et ses divers dérivés, qui se fonde sur la loi des grands nombres. Plus on répète l'expérience ou l'observation, et plus le calcul de probabilité devient précis. Le but est d'arriver, en quelque sorte, à l'élimination la plus large possible du hasard. Le cas isolé n'est pas contenu dans la notion de probabilité. À ce propos, le physicien D. Rivière dit : « Selon la mécanique quantique, deux sortes de transformations s'effectuent dans un système. La première est d'ordre classique et obéit à l'équation de Schrödinger, la deuxième est essentiellement contingente, hors du temps, peut-être même réversible. Cette transformation échappe totalement à la théorie. Un peu comme les circonstances qui amènent une cartomancienne honnête à tirer plutôt telle carte que telle autre échappent au calcul des probabilités, dont les règles sont toutefois applicables à tous les tirages de cartes [16]. » En nous fondant sur les règles de probabilité nous pouvons dire : le chiffre 6 doit être tiré dans un jeu selon un pourcentage X des cas. Même si nous répétons l'opération des milliards de fois. Si en revanche nous ne tirons qu'une seule carte, il nous sera impossible de dire si ce sera le 6 qui sera tiré plutôt que telle autre carte. Le calcul des probabilités ne prend pas en compte l'événement unique, issu du hasard, que cette sorte de raisonnement mathématique repousse à la limite de l'observable.

Les Chinois se fondent sur un tout autre point de vue, très intéressant, et qui emploie également les mathématiques ou les nombres à déduire des lois, mais selon une méthode contraire au calcul des probabilités. Ils se demandent en effet : que signifie maintenant l'émergence de ce *seul* chiffre ? Alors que notre calcul des probabilités repousse autant que possible le phénomène du hasard à la limite de l'observable et l'élimine le plus souvent par répétition, les Chinois placent le hasard au centre de leur observation et s'efforcent d'en tirer des lois. Cela présuppose évidemment que l'on considère la nature dans sa globalité et que, face à celui qui interroge, la nature psychique et physique, la nature intérieure et extérieure et toute la nature cosmique forment une ultime unité de sens. En jetant une pièce de monnaie par terre et en posant la question : pile ou face, oui ou non, on pose à la nature une question unique et le hasard donne la réponse. Ce n'est pas la régularité mais le hasard qui donne la réponse. Pendant dix ans, le roi Wen et le duc de Dschou restèrent en prison où un tyran les avait jetés. Chaque matin on leur annonçait : « Aujourd'hui vous allez être exécutés. » La proximité de la mort poussa les deux distingués érudits à mettre au point une interprétation du *Yi king*. Chaque jour ils jetaient une pièce de monnaie à terre ou partageaient les tiges d'achillée mille-feuille pour essayer de tirer du hasard une indication sur la situation globale dans le Tao. Ils supposaient que le même sens s'exprime à la fois dans l'état psychique et dans l'état physique. Une seule condition est nécessaire à la nature pour pouvoir rendre cet oracle, qui est de répondre par des nombres pairs ou impairs. Il est intéressant de constater que ce sont justement les nombres pairs ou impairs qui ont été choisis, ce qui correspond aux archétypes du Père et de la Mère. En Chine, « Esprit et Matière » se rapporte à la signification des nombres pairs et impairs, et le *tertium comparationis* est leur combinaison ; c'est de cette combinaison que l'on retire le sens. Tout cela a été apparemment produit intuitivement à partir de l'inconscient. Il est fascinant de constater que l'arithmétique du *Yi king* correspond exactement à celle du code génétique. Jusque dans le moindre détail, il s'agit du même jeu de nombres. Nous sommes ici en présence d'un fait étrange. Les Chinois finissent par se trouver en possession d'un système numérique uniquement grâce à l'introspection intuitive, parce que en somme ils font de l'expérimentation avec leur propre psychisme. Ce système numérique leur fournit une information dont ils tirent, par extension, un système philosophique. C'est ce même système numérique que la science occidentale regarde aujourd'hui comme le fondement physique de toute information.

À cela s'ajoute encore le problème du temps, incontournable quand il est question de synchronicité. L'interrogation chinoise est en quelque sorte : pourquoi la constellation est-elle ce qu'elle est à cet instant précis ? Jung a dit un jour qu'effectuer des recherches sur la synchronicité équivalait à consulter l'horloge universelle : de quelle nature est maintenant l'instant universel ? Et si la réponse est par exemple : l'instant universel est de nature « discordante » ou « déclinante » ou « amoureuse », etc., alors cela ne signifie pas que je suis seul concerné, mais l'instant dans l'univers entier. C'est pourquoi tout ce qui se passe à l'extérieur de moi concorde avec ce qui se passe à l'intérieur de moi. Voilà la pensée qui fonde le *Yi king*. Jeter des pièces par terre équivaut à consulter l'horloge universelle et à saisir la qualité de l'instant. Or cela introduit le facteur du temps sous un aspect bien spécifique. La physique occidentale considère le temps comme un cadre vide à l'intérieur duquel se déroulent des événements intérieurs et extérieurs. La conception chinoise, avec sa perception de la synchronicité, y ajoute la notion de la qualité. Le cours des événements dans le temps fait que chaque instant possède une qualité propre. Cela fut autrefois « prouvé » par l'astrologie. On croyait que l'instant précis de la naissance comportait une certaine qualité, et c'est pourquoi les astrologues, en examinant les constellations célestes (qui sont des projections de l'inconscient collectif), pensaient y découvrir les qualités du nouveau-né. Même si de notre point de vue rationaliste tout cela semble exagéré, il est néanmoins intéressant de se souvenir que partout dans le monde — sauf en ce qui regarde la plus récente théorie des nombres occidentale —, on a toujours attribué aux nombres une relation avec le temps. Dans les grandes mythologies chinoise, aztèque et de l'ancienne Babylone, tous les dieux apparaissaient comme des nombres-temps. Chaque dieu était un chiffre du calendrier. Chez les Aztèques, il y avait le « chasseur du un », le « chasseur du sept », etc. Cela pourrait nous permettre d'établir une corrélation entre le nombre et la représentation archétypique. Ou plus exactement on pourrait le présenter ainsi : les archétypes de l'inconscient collectif s'ordonnent à travers le temps selon un jeu temporel déterminé. Certains déroulements sont parfois prévisibles. C'est là un fait que je crois pouvoir fonder d'une manière empirique, je pense que c'est même assez facile. Dès lors que l'on possède une bonne connaissance des mythes et des contes, on finit par être en mesure de prévoir leur suite probable. Par exemple, si un conte ou un mythe commence par : « Un couple n'avait toujours pas d'enfants après de nombreuses années », il s'ensuit le plus souvent qu'un enfant, un futur héros, va leur naître. Nous pouvons donc établir que la phrase archétypique A appelle de manière conséquente la phrase archétypique B. Ainsi les archétypes ne seraient pas seulement des structures associatives nécessaires, mais également une séquence nécessaire de représentations. Si je me réfère à mes propres cas, je crois qu'il ne serait pas difficile d'en apporter la preuve, preuve qui, naturellement, serait susceptible de modifier complètement toute notre conception du temps.

Alors, qu'est-ce que le nombre vu sous cet angle ? J'ai essayé de montrer comment la conception rationnelle — représentée par Hermann Weyl — voit le nombre seulement comme une création de l'esprit humain. On donne un nom conventionnel à n'importe quelle unité, et tout n'est qu'une question de dénomination. Cette conception est cependant fausse. Comme je l'ai déjà mentionné, les nombres irrationnels ont des propriétés que nous ne leur avons pas attribuées, mais que nous pouvons seulement constater *a posteriori*. Dans son *Studium generale*, Gerd Müller insiste également sur ce problème lorsqu'il écrit que « le domaine des nombres naturels est un domaine de la réalité qui vaudrait la peine que nous l'examinions[17] » comme aussi la matière ou la psyché. Jung disait que, si nous voulions soustraire toutes ses propriétés à un objet intérieur ou extérieur, comme la taille, la consistance, la couleur, etc., il n'en resterait pour ainsi dire que le nombre, qui est une propriété élémentaire. C'est ainsi que le nombre constitue le meilleur moyen pour ordonner les éléments dans la multiplicité chaotique des apparences. Il est la condition de toute connaissance car, comme l'a dit également Jung, la connaissance ne devient possible que lorsque les réactions du système psychique qui affluent vers la conscience se plient à un ordre correspondant à la conduite des choses réelles ou métaphysiques. Le nombre est le seul instrument qui nous soit donné pour établir un tel ordre ou pour percevoir un ordre déjà existant. *Il est l'élément d'ordre le plus primitif de l'esprit humain.* Jung définit simplement le nombre comme *l'archétype de l'ordre monté à la conscience*. Il est intéressant de noter que le nombre apparaît à l'endroit le plus essentiel de la psyché, et notamment dans la structure des mandalas qui sont eux-mêmes des images du divin. Cet aménagement des nombres révèle un sens de l'être qui existe *a priori*, c'est pourquoi les anciens mathématiciens ont toujours mis l'accent sur la nature divine du nombre.

Jung suppose que la percée du tunnel qui relie les sciences physiques aux sciences psychologiques doit se faire à peu près à cet endroit, celui de l'archétype du nombre et du concept du temps. Il me semble en effet que l'étrange isomorphisme du code génétique et du *Yi king*, qui utilisent tous deux le même ordre numérique, constitue un net encouragement à avancer dans cette direction. Mais il reste que, selon moi, ces ordres numériques ne sont évidemment pas les seuls. Il existe aujourd'hui une école très répandue, fondée par Hans Kaiser et représentée à Vienne par le professeur Haase, qui s'occupe de la « symbolique des harmoniques ». Ces scientifiques s'avancent à mon avis dans une voie similaire à la nôtre. Ils pensent qu'on pourrait tout expliquer par le schéma pythagoricien des intervalles de notes, ce que je ne crois pas. Ce serait comme si je postulais maintenant qu'il faut tout interpréter à partir du *Yi king* ou du code génétique. Il existe probablement de nombreuses structures numériques qui, à certains moments, se répètent parallèlement dans le psychique et le physique. Je ne pense pas qu'on puisse réduire cela à une quelconque formulation universelle. Cette spéculation, outre qu'elle serait trop hasardeuse, ne pourrait de toute façon pas prendre en compte la multiplicité des possibilités. Mais c'est dans cette direction que la recherche devrait continuer. Quand Jung en est arrivé à ce point, il a dit : « J'ai maintenant le sentiment de buter contre un mur. Je n'avance plus. » C'était peu avant sa mort. J'ai ensuite essayé moi-même, non pas de créer des concepts nouveaux mais, avec mon livre *Nombre et temps*[18], de continuer à développer les idées qu'il avait encore indiquées, et de montrer que les nombres naturels possèdent bien dans le monde de la représentation psychique toutes les propriétés qu'ils ont en mathématique, en physique et dans le code génétique. Il y a donc vraiment là un isomorphisme absolu. Je me suis arrêtée au chiffre 4, car cela devenait ensuite trop compliqué. J'ai moi aussi buté contre un mur.

La recherche devrait selon moi se poursuivre d'abord par une transformation complète des mathématiques. On devrait se pencher davantage sur la théorie des nombres, beaucoup trop négligée. Comme l'a dit Poincaré, on ne fait que se heurter à des exceptions fâcheuses au lieu de trouver des règles. Mais ce sont bien ces exceptions qui sont fascinantes. En outre, il serait aussi utile de réviser tout le calcul des probabilités, et de mieux prendre conscience de la relativité de ses affirmations.

2.

Symboles de l'*unus mundus**

La question se pose aujourd'hui avec de plus en plus d'insistance de savoir sous quelle forme le domaine de la vie appelé par nous psyché inconsciente de l'homme est relié à la matière. Comme C.G. Jung l'a souligné plus d'une fois, il semble bien que nous n'ayons pas encore acquis des connaissances suffisantes de l'un et l'autre de ces domaines pour jeter entre eux un pont solide. On a toutefois vu apparaître de nombreux parallèles de modèles de pensée qui semblent suggérer la possibilité d'une relation étroite et là-dessus s'est greffée avec une insistance croissante, comme Jung l'a découvert, la question de savoir si l'archétype des nombres naturels ne pouvait pas être rattaché de façon essentielle à la relation entre la psyché et la matière. C'est là l'objet de la présente étude.

Le point de départ de mes réflexions est ce que Jung a désigné du nom de *principe de synchronicité.* En observant les couches profondes de la psyché inconsciente des individus, Jung s'est trouvé placé avec une certaine fréquence en face du fait que la constellation *(excited state)* d'un contenu archétypique s'accompagne volontiers d'événements extérieurs de même sens, de « hasards ». Ceux-ci sont « plus que des hasards » dans la mesure où ils montrent une équi-

---

* *Dialog über den Menschen, Eine Festschrift zum 75. Geburtstag von Wilhelm Bitter,* aux éditions Ernst Klett, Stuttgart, 1968, déjà publié en français dans *Jung,* aux éditions Présence/ Puyraimond, Genève, 1977/1978 ; La Fontaine de Pierre, Bois-le-Roi, 1980.

valence de sens avec le contenu psychique inconscient qui est activé. Jung a donné à cette catégorie d'événements le nom de phénomènes de synchronicité étant donné que leur relation réciproque ne paraît pas être causale, mais qu'elle est caractérisée par leur sens et leur simultanéité relative. On peut voir une synchronicité dans le fait qu'au moment précis où Jung commençait à observer ces phénomènes, il fit la connaissance de Richard Wilhelm et fut initié par lui aux mystères du *Yi king* qui paraît être intégralement construit sur le principe de synchronicité.

Cette découverte de Jung — plus encore que beaucoup d'autres indices allant dans le même sens — a suggéré l'hypothèse que toute la réalité que nous tentons de circonscrire introspectivement comme étant l'inconscient collectif pourrait être la réalité inconnue et inconnaissable que la physique nucléaire s'efforce de décrire de l'extérieur comme réalité « matérielle ». C'est pourquoi Jung a même affirmé[1] qu'il ne verrait pas d'objection à ce que l'on regarde la psyché comme une qualité de la matière et cette dernière comme l'aspect concret de la psyché, étant entendu que la psyché est alors comprise comme étant l'inconscient collectif. Ce dernier est simplement la nature, « la nature qui contient *tout*, et donc aussi l'inconnu... y compris la matière[2] ».

Grâce à cette notion de synchronicité Jung a créé une base permettant de contempler à la fois les domaines complémentaires de la psyché et de la matière, jusque-là séparés[3]. Lors de l'événement synchronistique, on voit se manifester le même sens dans la psyché et dans la disposition d'un événement extérieur simultané[4]. Celui-ci manifeste souvent « un savoir *a priori* concernant un état de fait qui n'était pas connaissable à ce moment », phénomène désigné par Jung du nom de « savoir absolu[5] ». Ce dernier consiste en une sorte de représentation d'images qui se ferait en l'absence de sujet[6]. Les phénomènes de synchronicité se réfèrent ainsi à un *aspect unitaire de l'être transcendant la conscience*, dénommé par Jung *unus mundus*[7]. La philosophie médiévale de la nature à laquelle remonte cette expression personnifiait ce monde unique comme la Sagesse divine « par laquelle Dieu se connaît lui-même »[8], comme l'âme du Christ, Marie, le Logos *(Verbum)* préexistant, et elle le définissait comme le modèle *(exemplar)* ou *le monde archétype* potentiel, ou encore comme la somme de tous les *typi* ou *causes primordiales* qui avaient pour siège l'Esprit de Dieu avant qu'il créât le monde d'après des modèles [9]. *Omnia creavit in pondere, mensura et numero* [10].

Gerhard Dorn, alchimiste disciple de Paracelse, identifie ultérieurement l'*unus mundus* avec la Pierre alchimique et le but ultime de la conjonction alchimique [11]. Alors que ces formulations constituent des concepts métaphysiques, Jung voyait pour la première fois dans le phénomène de synchronicité une indication *empirique* concernant l'existence d'un tel *unus mundus.*

Comme il s'agit d'un contenu transcendant la conscience, il a été représenté historiquement par des symboles, comme toujours dans de tels cas, et ces symboles ont presque exclusivement la forme d'un mandala simple ou double. Jung a déclaré à ce sujet de façon significative que le mandala est l'homologue psychique de l'*unus mundus* tandis que le phénomène synchronistique en est l'homologue parapsychologique [12]. C'est pourquoi l'histoire offre des tentatives variées en vue d'illustrer simultanément ces deux aspects (mandala et synchronicité) et d'inventer ainsi une sorte de machine cybernétique avec l'espoir de se mettre par elle en relation avec le « savoir absolu ». Le plus connu des symboles occidentaux de ce genre est l'horoscope astrologique. La structure de mandala qu'il présente a été également identifiée, depuis les débuts de l'alchimie, avec la *prima materia* et le résultat final du grand œuvre. Le traité de Comarios (du Iᵉʳ au IIIᵉ siècle) dit de la *prima materia* qu'elle est un homologue du firmament et de ses maisons, et qu'elle est une substance en forme de roue ou de tourbillon et qu'elle pénètre toutes choses [13]. La disposition circulaire et rotatoire du ciel a été introduite également par Dieu dès l'origine dans la matière. L'homme s'unifie avec cette substance en forme de roue ou de tourbillon dans le mystère de la résurrection [14].

D'autres domaines scientifiques de l'Antiquité présentent également des horoscopes transférés du ciel dans la matière ou des situations terrestres spéciales, comme la géomancie ou les « sphères » du Pseudo-Démocrite ou de Petosiris. Il y a là autant de mandalas servant, comme machines divinatoires, à connaître des choses susceptibles d'être connues à l'aide du « savoir absolu » : par exemple où se trouve un esclave fugitif, si un patient vivra ou mourra, etc.[15]. Frances Yates a montré dans un livre plein d'intérêt : *Giordano Bruno et la tradition hermétique*[16], qu'on avait assisté au cours de la Renaissance à une extraordinaire réapparition de ce symbolisme. Elle commença avec le livre de Marsile Ficin : *De vita coelitus comparanda.* Selon sa théorie l'univers est un être unique *(unus mundus)* qui se compose du cosmos, son corps, de l'âme du monde (reliée au corps par un esprit vital omnipénétrant) et de l'esprit divin du monde *(noûs).* Le corps contient les « espèces » de toutes choses, l'âme du monde leurs « raisons séminales », l'esprit du monde leurs « idées ». Espèces, raisons et idées sont reliées les unes aux autres par des concaténations magiques si bien qu'en assemblant des substances terrestres on peut consteller magiquement les idées correspondantes et même les influencer. La meilleure figure magique de ce genre est — selon Ficin — un mandala en forme d'horloge cosmique qui représente une image de l'univers entier[17]. On peut soit porter une telle image sur soi sous forme de médaillon, soit la suspendre au mur dans sa chambre et la prendre comme thème de contemplation. Cela permet, lorsqu'on doit sortir de chez soi et qu'on est submergé par la multiplicité des choses, de ramener celles-ci à l'unité par l'image d'une réalité supérieure qui est imprimée intérieurement. Pic de la Mirandole professait des idées semblables et se servait surtout de son mandala cosmique en vue du recueillement intérieur et de la relation avec Dieu[18]. Giordano Bruno, lui aussi, avait tracé un modèle cosmique en forme de mandala, mais de structure quaternaire. Celui-ci servait également avant tout à consteller positivement l'homme intérieur et à le transformer en un « mage » doté de pouvoirs religieux, mais il devait en outre permettre des effets directement parapsychologiques sur le monde extérieur. Le mandala de Bruno servait également de système mnémotechnique[19].

L'utilisation d'un mandala comme instrument de divination en vue d'explorer le « savoir absolu » se rencontre sous d'autres formes étranges : tout d'abord dans le célèbre « Grand Art » *(ars magna)* de Raymond Lulle de Majorque. Lulle construisit plusieurs formes circulaires en vue de produire une machine logique : par exemple, un cercle divisé en seize parties avec le mot « Dieu » au centre et seize attributs de Dieu à la périphérie, tels que « bon », « grand », ou un cercle avec au centre « l'âme raisonnable » et les propriétés correspondantes tout autour. Si l'on faisait tourner les cercles les uns dans les autres, on obtenait mécaniquement les réponses logiques à toutes les questions concernant ces thèmes. Lulle devait avoir fait cette découverte grâce à une inspiration directe de l'inconscient, ce qui lui valut le titre de *doctor illuminatus*[20]. Il avait vraisemblablement été influencé par certaines pratiques mnémotechniques de l'antiquité. Un grand nombre d'orateurs antiques, parmi lesquels Cicéron, se remémoraient les différentes parties de leurs discours en les mettant en relation avec des endroits déterminés de la salle où ils parlaient. En parcourant la salle d'un regard circulaire, ils retrouvaient les parties du discours. L'orateur Métrodore de Skepsis inventa le procédé consistant à rechercher le rapport, non avec les endroits *(loci)* de la salle, mais avec les maisons du zodiaque. Il en résultait un mandala mnémotechnique. Giordano Bruno vantait également son mandala cosmique comme système mnémotechnique. L'idée sous-jacente qu'une structuration archétypique de tous les contenus de la pensée aide à les conserver dans la mémoire apparaît comme évidente à la lumière de nos découvertes modernes[21] alors que par contre la machine de Lulle qu'il voulait employer notamment à amener les Arabes au christianisme fut bientôt tournée en dérision. Pourtant, quand certains cybernéticiens modernes rêvent de construire un ordinateur géant remplaçant le cerveau humain, ils offrent une variante du même thème et, vraisemblablement, avec autant d'absurdité.

Il est intéressant de noter que la recherche biologique est placée devant des faits qui font voir dans la construction absurde de Lulle un pressentiment de situations existantes. On sait aujourd'hui en effet que l'enregistrement et la transmission d'« informations » dans nos cellules corporelles et en particulier dans le substrat matériel de nos processus de mémoire se font par l'instrument d'ARN et de messagers ARN (acides ribonucléiques). Ces acides, de même que les ADN (acides désoxyribonucléiques), qui sont à la base de toutes les substances de transmission héréditaire, utilisent un code mathématique dont la structure numérique fondamentale correspond exactement à celle des hexagrammes du *Yi king*[22]. On sait que le nombre de ceux-ci est de 64. Il y a de même $4^3 = 64$ combinaisons possibles de signes pour la constitution des vingt acides aminés dans le code des ARN et des ADN[23]. La transmission des informations se fait à l'aide d'un code triple, de même que les signes du *Yi king* sont formés chaque fois de deux signes triples. La technique divinatoire de la géomancie repose sur les mêmes combinaisons numériques disposées de façon inverse. Lorsque Lulle pressentait la possibilité d'une structure numérique fondamentale derrière nos processus de mémoire, cela n'était pas une pure absurdité, même si les découvertes récentes n'ont plus aucun rapport avec ses constructions dépourvues de sens.

La leçon essentielle à tirer pour notre thème des exemples de mandalas présentés jusqu'à présent est la suivante : Ces mandalas représentent des tentatives en vue de juxtaposer l'homologue psychique de l'*unus mundus* (mandala) et son homologue parapsychologique (synchronicité) de manière à se rapprocher du « savoir absolu ». Certaines structures sont triadiques et statiques et servent surtout à mettre en ordre l'homme intérieur, d'autres sont mobiles et n'ont pour but que de parvenir à un savoir « parapsychologique » ou d'obtenir des effets magiques vers l'extérieur. Un grand nombre de ces modèles du monde, tels que le « calendrier de Guillaume de Digulleville » décrit par Jung dans *Psychologie et religion* et *Psychologie et alchimie*, contiennent une structure double faite de deux cercles, de même que la mystérieuse vision de l'horloge cosmique publiée par Jung dans *Psychologie et alchimie*. Il se peut que celle-ci représente, comme le dit Jung, une quintessence de l'espace-temps et de son origine, problème sur lequel je reviendrai ultérieurement. Les modèles doubles remontent sans doute tous, directement ou indirectement, au *Timée*. D'après Platon en effet le « corps idéal » sur le modèle duquel le monde visible est créé contient une simultanéité compacte *(sunekhes)* de formes mathématiques. Comme celles-ci ne pouvaient être transférées *ensemble* dans la réalité, le Démiurge créa une image dotée d'une faculté de rotation, de sorte que les différentes formes pouvaient se manifester dans une succession temporelle — *et cela suivant l'ordre de succession* des nombres naturels[24].

Je serais d'avis que la fameuse illumination de Descartes qu'il célébra lui-même comme découverte d'une *scientia mirabilis* fut la version d'un pareil modèle mathématique d'univers, car à partir de cette vision Descartes crut que toutes les disciplines, telles que les mathématiques, la géométrie, l'arithmétique, l'astronomie et la musique, reposaient sur une seule « mathématique universelle » ayant pour principes fondamentaux la sérialité des nombres et leurs relations proportionnelles. C'est également de cette expérience qu'est sortie la création de la géométrie analytique, le système cartésien de coordonnées, qui est un mandala simple[25]. La méthode de mesure de la physique classique qui consiste à inclure tous les phénomènes réels dans un tel système de coordonnées est née à ce moment et c'est seulement lorsque Albert Einstein a examiné la question de plus près en introduisant le facteur temps que sont apparus ce qu'il avait d'artificiel et son inutilité partielle[26]. Le modèle de structure universelle de Descartes est triadique et statique et il laisse de côté le quatrième élément, le temps.

La double structure que nous avons relevée dans un grand nombre des modèles cités possède aussi des parallèles chinois. Depuis les temps les plus lointains en effet les Chinois ont établi leur théorie des nombres sur certaines dispositions numériques fondamentales qui représentaient pour eux des modèles cosmiques[27]. Ce sont là, comme le montre Marcel Granet, des miroirs d'un plan mathématique fondamental qui est en définitive celui du cosmos tout entier. Il nous livre dans ses détails des symboles numériques classificateurs. Les nombres servent à illustrer les formes conditionnées par les circonstances ou formes particulières de la grande unité ou du tout[28].

L'un d'eux, le modèle *Lo-chou,* fut révélé, dit-on, au héros civilisateur Yu par le dieu du fleuve Jaune sous forme d'une écaille de tortue :

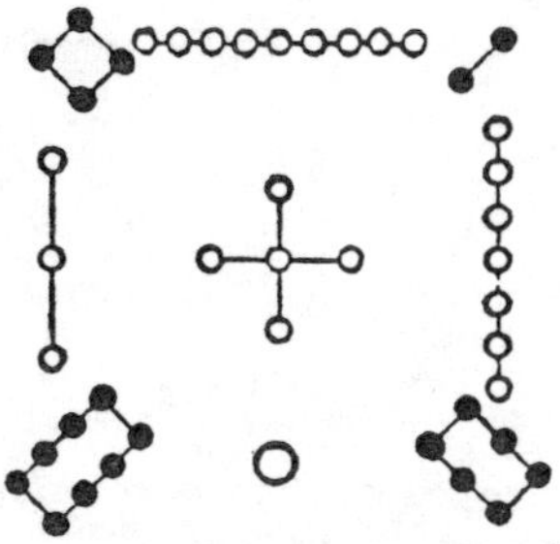

4	9	2
3	5	7
8	1	6

Le modèle Lo-chou (*Granet, op. cit.,* p. 131).

Un autre est appelé *Ho-t'ou.* D'après la légende il apparut sur le dos d'un cheval-dragon et il a la forme suivante :

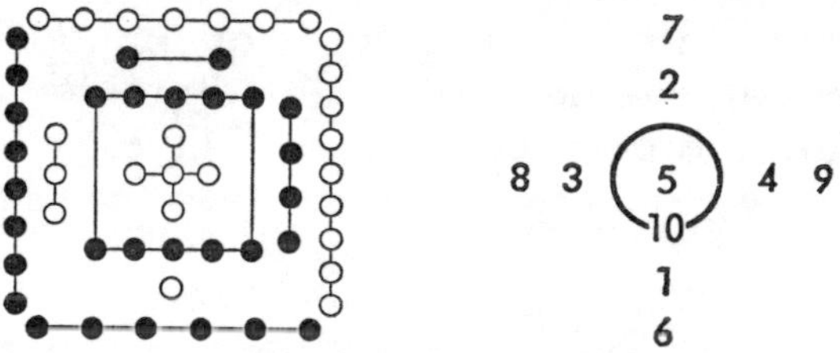

Le modèle Ho-t'ou (Granet, *op. cit.,* p. 130).

Le *Lo-chou* est également représenté comme un être humain qui se tient au centre dans le 5 et a le 9 sur son chapeau ; le 3 et le 7 sont à sa droite et à sa gauche, le 2 et le 4 sont sur ses épaules, le 8 et le 6 représentent ses jambes qui reposent sur le 1. Les mouvements de cette figure ont donné naissance aux quatre opérations : addition, soustraction, multiplication et division, tandis que la géométrie des triangles est tirée du *Ho-t'ou*[29]. Depuis les temps les plus reculés les trigammes du *Yi king* ont été également combinés avec ses plans numériques. Le patron de ce savoir légendaire est l'empereur Fou Hi dont le corps se terminait en serpent[30]. Il s'agit à nouveau de deux modèles. L'un est « l'ordre du ciel antérieur ou ordre antérieur du monde ». Il fut fondé avec les nombres du *Ho-t'ou* et se présente comme suit[31] :

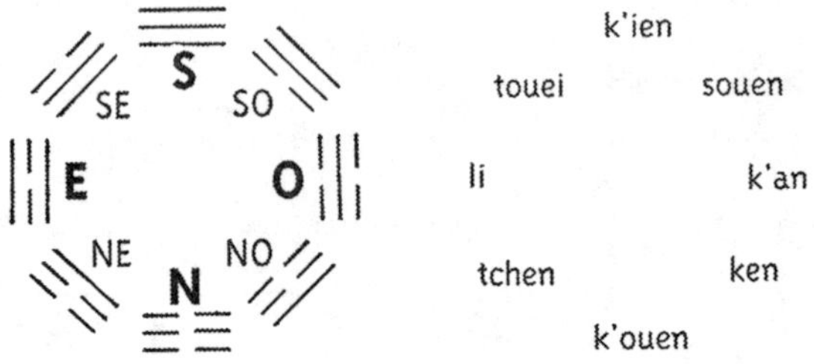

« L'ordre du ciel antérieur » mis en relation avec le Ho-t'ou
(Granet, op. cit., p. 137)

Comme le fait remarquer un texte ancien, dans cet « ordre antérieur au monde », les principes opposés (Li-K'an, Tchen-Souen, K'ouen-K'ien) se tiennent l'un en face de l'autre sans se combattre.

La deuxième disposition est celle qu'on appelle : « Ordre intérieur au monde » ou « Ordre du roi Wen » encore appelé « Ordre du ciel postérieur ». Elle est reliée au *Lo-chou* :

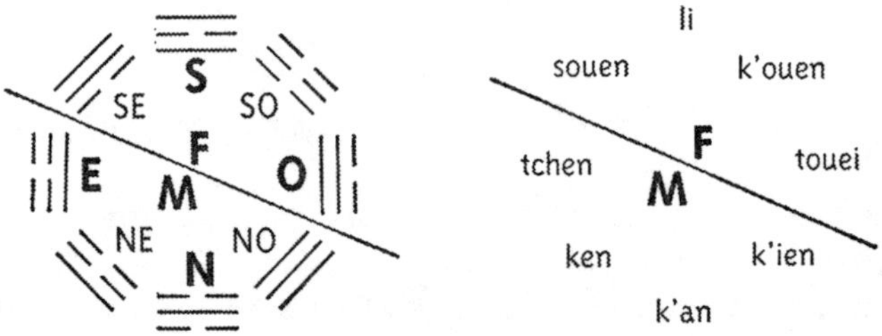

« L'ordre du ciel postérieur » relié au Lo-chou (Granet, op. cit., *p. 138)*
(L'axe transversal sépare les trigrammes masculins et les trigrammes féminins.)

Ces deux « plans du monde » ont été également représentés par deux planchettes tournant l'une sur l'autre, le plan « intérieur au monde » étant figuré sur la planchette inférieure carrée représentant la terre, le plan « antérieur au monde » étant tracé sur la planche supérieure ronde, celle du ciel. La rotation des deux en sens contraire donnait des réponses divinatoires. Il est vraisemblable que cette expérience fut utilisée dans le plus ancien chamanisme chinois [32].

Ces matrices numériques ne sont nullement, à l'inverse de celles des mathématiques et de la physique occidentales, des groupes ou des structures *(sets)* quantitatifs, mais, comme le fait observer M. Granet [33], des classifications numériques qualitatives et hiérarchiques qui aident à saisir des « ensembles d'objets » [34]. Ce sont, pourrait-on également dire, des « champs qualitatifs ». Ce sont vraisemblablement de tels présupposés qui ont conduit le philosophe chinois Wang Fou Tch'i (1619-1692) à élaborer une théorie remarquable de l'*unus mundus* à l'aide de laquelle il a tenté d'expliquer le fonctionnement du *Yi king* [35].

D'après lui tout ce qui existe est en définitive *un continuum embrassant toutes choses et régulièrement disposé en lui-même.* Toutefois ce continuum n'est pas manifesté et il n'est pas immédiatement accessible à une perception sensible. Pourtant, grâce à son dynamisme inné, des images qui participent de sa régularité sous le rapport de la structure et de la position se différencient de lui. Parce qu'elles sont disposées régulièrement, elles participent également du monde des nombres et peuvent pour cette raison être saisies à l'aide d'un processus numérique [36].

Selon Wang Fou Tch'i nous avons deux accès à ce continuum de l'*unus mundus* : l'expérience directe (qualitative), qui passe par les images, et l'expérience spéculative et théorique, qui passe par les nombres. L'une et l'autre nous permettent de saisir les constellations actuelles de l'arrière-plan de l'univers psychophysique.

Il me semble que les symboles de l'*unus mundus* qui reviennent sans cesse dans le dualisme présenté par ces exemples, que cette dualité d'un modèle relativement intemporel, absolu et d'un modèle mobile et lié au temps sont en relation avec les deux aspects de l'acausalité distingués par Jung dans son essai sur la synchronicité [37]. Jung y pose la question de savoir si le principe de synchronicité ne devrait pas être considéré simplement, dans sa singularité, comme le cas-limite d'un principe naturel formel beaucoup plus général. Ce dernier serait une « disposition acausale » normalement observable qui se manifeste dans la matière, par exemple dans les phénomènes de discontinuité (temps de demi-valeur), et, dans la psyché, dans les propriétés *a priori* des nombres naturels. Auprès de ces dispositions acausales significatives, qui se présentent normalement, il existe des événements rares, observables seulement de façon sporadique et proprement synchronistique. Dans le premier phénomène se trouve une existence formelle intemporelle, mais dans le second se manifestent pour ainsi dire *des actes de création dans le temps*, ce qui implique l'idée de *creatio continua*. Jung a toutefois souligné [38] que cette création continue n'est pas seulement une série d'actes de création successifs, mais qu'elle doit être comprise comme la présence éternelle d'un acte de création unique. Les mandalas cosmiques, intemporels et statiques, me paraissent avoir été plutôt destinés à refléter l'aspect « d'ordonnancement acausal » de l'arrière-plan de l'univers, et les appareils divinatoires mobiles, à tenter de saisir plutôt l'aspect parapsychologique des phénomènes spécifiques de synchronicité.

Cependant toutes ces techniques divinatoires ne pouvaient rechercher que des « champs de vraisemblance » à l'intérieur desquels pouvaient se produire des événements synchronistiques, sans jamais atteindre l'événement spécifique qui, en tant que création, demeure par définition imprévisible.

Certaines découvertes de la physique théorique moderne me paraissent atteindre également de façon intéressante de semblables formulations symboliques de l'*unus mundus* et du « savoir absolu ». Ainsi le physicien français Olivier Costa de Beauregard, étudiant le problème de l'entropie, en vient à la conclusion que l'univers exploré par la physique n'est pas le Tout, mais qu'il fait pressentir un univers psychique beaucoup plus originel dont l'univers matériel ne représente qu'un double de nature passive. Il considère l'univers psychique comme un infrapsychisme, un subconscient qui existe de façon coextensive par rapport à un corps de monde à quatre dimensions de Minkowski et d'Einstein *(block universe)*[39].

On sait que, d'après les relativistes, tout ce qui nous apparaît sous l'aspect spatio-temporel est en dernière analyse la réalisation des propriétés mathématiques d'une forme invisible dans laquelle non seulement le temps et l'espace mais aussi la substance et le dynamisme sont traduits en métrique[40]. L'espace est formé par la répartition de la matière et de l'énergie et la matière peut être saisie par le monnayage mathématique du continuum[41]. Ainsi, suivant l'expression de Hermann Weyl[42], elle « se détermine conceptuellement à l'aide de nombres ». Dans ce continuum géométrique à quatre dimensions, le temps devient une grandeur sujette à caution et la théorie relativiste, avec son déterminisme, s'oppose ainsi dans une certaine mesure à la physique des quantas dont les tenants admettent un certain indéterminisme sur la base de la relation d'incertitude d'Heisenberg. Ainsi le problème du temps revient aujourd'hui au premier plan de la discussion scientifique[43].

Pour réconcilier ces deux directions, le modèle du monde mathématique et statique d'Einstein et celui qui considère le devenir indéterminé de la physique quantique comme le véritable, le philosophe munichois Alois Wenzl a proposé de considérer le premier modèle du monde n'existant que de façon potentielle en tant que cadre mathématique à l'intérieur duquel s'actualise l'événement correspondant aux lois de la physique quantique[44]. Étant donné que l'*unus mundus* tel que nous le concevons ne possède, de son côté, qu'une réalité potentielle, cette formulation relativiste du modèle du monde se rapproche considérablement d'un symbole de l'*unus mundus*, en particulier lorsque Costa de Beauregard avance (sans connaître l'œuvre de Jung) l'affirmation audacieuse que l'inconscient est coextensif à ce modèle cosmique.

Pour résoudre le problème du temps qui se pose dans la théorie relativiste, certains physiciens comme A.S. Eddington, Wheeler et R.P. Feynmann proposent en outre de postuler deux dimensions temporelles, l'une pour le temps dirigé de la façon habituelle, à cause de l'entropie *(time arrow)*[45] et la seconde où le temps serait sans direction, dans ce sens que les données pourraient y suivre un déroulement dirigé aussi bien en avant qu'en arrière. Cette dimension serait mathématiquement imaginaire, c'est-à-dire que ses valeurs devraient être multipliées par $\sqrt{-1}$. Cette dimension temporelle « sans déroulement » placée auprès de la dimension habituelle rappelle l'*illud tempus*[46] ou la représentation primitive de l'Aljira et se rapporte vraisemblablement au même archétype[47]. Il ne m'appartient pas de porter un jugement sur des spéculations théoriques de ce genre et leur validité mais, si on les considère du point de vue psychologique, elles apparaissent comme symptomatiques, car l'idée d'une seconde dimension temporelle semble être une recherche menée à tâtons mais non sans succès par les physiciens en vue de découvrir des formulations de l'idée du temps qui peuvent être comparées à plus d'un titre au double principe jungien, d'un ordre acausal et de la synchronicité spécifique. Selon Eddington, en effet, les microévénements qui ont lieu dans la dimension temporelle de la mathématique imaginaire pourraient le cas échéant passer avec des macroeffets dans la dimension dirigée de la façon habituelle, de même que, selon Jung, les événements synchronistiques passent sporadiquement dans le continuum « habituel » assujetti aux lois statistiques.

La physique moderne cherche également à se rapprocher par d'étranges détours de l'idée de « savoir absolu ». La cybernétique, science de l'information technique et de ses bases mathématiques, se heurte inévitablement à des problèmes psychologiques[48]. Certains de ses théoriciens, comme R. Ruyer, L. Brillouin, D. Gabor et J. Rothstein ont même opté pour l'idée que la résonance psychique ne peut pas être laissée hors du champ d'examen. Et, dans ce contexte, Costa de Beauregard est parvenu aux conclusions suivantes : les prédictions de la physique reposent aujourd'hui sur le calcul des probabilités qui permet des prédictions mais non des rétrodictions (puisque certains processus naturels sont irréversibles ; entropie). D'après John von Neumann tout acte de mesure est également irréversible, ce qui veut dire que toute information est acquise au prix d'une augmentation de l'entropie de l'univers. Mais l'information signifie également la possibilité de diminuer l'état d'entropie d'un système individuel grâce à des interventions ordonnatrices. (L'information en elle-même consiste dans des représentations imagées qui sont présentes à la conscience.) Pour produire une intervention ordonnatrice (dimension d'entropie = néguentropie) la psyché doit passer de son état passif et cognitif à un état actif et volitif. Dans le premier état l'information est un gain de connaissance, dans le second, une possibilité d'organiser (néguentropie). Tandis que le pouvoir d'organisation opposé à l'entropie disparaît progressivement du cosmos, il circule un « ailleurs » psychique sous forme potentielle en tant qu'information. Cet « ailleurs » psychique de l'énergie est appelé « infrapsychisme » par Costa de Beauregard. L'auteur entend manifestement par là quelque chose de très analogue au facteur désigné par Jung comme aspect psychoïde de l'archétype ou de l'inconscient collectif. L'« infrapsychisme » de Costa de Beauregard contient également selon lui une « supraconscience » qui correspond exactement chez Jung à l'idée de « savoir absolu ». Ruyer l'appelle « survol absolu »[49] de la totalité de l'être. L'« infrapsychisme » cosmique de Costa de Beauregard est un univers antiphysique (anti-Carnot) régi par des lois non causales, mais finales et coexistant à la matière. Il se cristallise dans les psychés individuelles des humains et des animaux. Le savoir qui s'y trouve contenu se propage avec une vitesse supérieure à celle de la lumière et « synchronise » les êtres individuels puisque leurs psychés tirent toutes leur origine du même « réseau de télécommunications ». Le monde matériel tout entier est une sorte d'ordinateur géant qui sert à la réalisation de la conscience chez les individus[50]. Comme Roland Weitzenböck l'a montré de façon amusante dans son livre *L'Espace quadridimensionnel*[51], il y a toujours une bonne part de phantasme dans les grandeurs non observables de la physique moderne et le psychologue n'a aucune peine à reconnaître dans ces phantasmes des projections de l'inconscient collectif. Il me semble toutefois que les réflexions de Costa de Beauregard offrent plus de sérieux et de rigueur et peuvent contribuer plus que d'autres à créer une unité de vision entre la physique et la psychologie parce que l'auteur reconnaît ouvertement la présence d'un facteur psychique dans les « paramètres cachés ».

Jung a fait ressortir dans son étude sur le principe de synchronicité que les nombres naturels jouent un rôle important dans la plupart des expériences de divination de l'humanité. À la fin de sa vie il projetait même d'entreprendre un travail sur les aspects archétypiques des nombres pour mieux suivre cette piste conduisant à son idée d'*unus mundus*. Le nombre était pour Jung — comme il le souligna un jour dans une discussion — l'expression la plus primitive de l'esprit. Il entend par esprit un facteur d'ordre actif et dynamique à l'œuvre dans et sous le psychisme inconscient. Mais dans la mesure où le nombre représente également une propriété inhérente à la matière conformément à la nature quantique de toute énergie (voir par exemple les « nombres nucléons »), le nombre apparaît comme l'élément objectif et spirituel qui ordonne en même temps la psyché et la matière.

Nous le savons par les témoignages de mathématiciens comme Henri Poincaré, Frédéric Gauss, Félix Klein, Jacques Hadamard et d'autres encore, les nombres comme aussi des ordres compliqués de nombres peuvent « se révéler » directement à partir du psychisme inconscient[52]. L'affirmation des Chinois selon laquelle leur *Ho-t'ou* et leur *Lo-chou* ont été révélés par un cheval-dragon ou une tortue signifie pour nous la même chose sur le plan symbolique. Vu sous cet angle, le nombre naturel n'est pas « posé » seulement par un acte de conscience mais il constitue quelque chose de préexistant dans la nature, une structure dynamique ou, plus exactement, une configuration rythmique d'énergie qui apparaît de façon isomorphe dans les domaines de réalité psychique et physique[53].

Il est intéressant de noter que les nombres, lorsqu'ils doivent servir d'instruments divinatoires pour saisir la synchronicité, n'ont pas un aspect quantitatif mais un caractère de « champ » ou de continuum. Ils apparaissent en quelque sorte comme les « points excités » d'un champ. En d'autres termes on pourrait désigner les nombres naturels comme des centres virtuels spécifiquement répartis d'un champ de nombres continu, ce qui rendrait possible l'édification d'un isomorphisme entre la microstructure de la matière et la structure de l'inconscient collectif. On a en effet découvert récemment que les « particules élémentaires » sont encore divisibles. Wheeler déclare en conséquence qu'il n'y a en définitive que des sortes de champs électrodynamiques qui se trouveraient en fluctuation constante et que les particules sont des « fragments chargés énergétiquement de la géométrie fondamentale de l'espace »[54] — donc quelque chose comme des points excités énergétiquement dans un continuum. Lancelot Whyte avait déjà souligné[55] que l'idée de champ gouverne de plus en plus la science contemporaine, sous forme de « modèle de relation opérant dans toute situation ». Cela vaudrait spécialement pour les particules élémentaires qui manifestent la tendance à s'ordonner de façon régulière et même à se reformer quand elles sont endommagées, comme le cristal. Whyte définit même « la vie » en soi comme l'expansion de la poussée d'un modèle[56].

Tout cela me paraît nous conduire à l'idée que nous pourrions — sous l'angle psychologique tout au moins — voir les nombres sous deux aspects complémentaires : comme des quantités discontinues et comme un continuum unique. Ce dernier correspondrait à un symbole mathématique de l'*unus mundus*[57].

Dans son livre *La Physique moderne et la Psychologie des profondeurs*[58], Ernst Anrich déclare que l'être de la physique semble avoir un lien déterminé avec le nombre comme unité et totalité. Il entend par là la série des « nombres magiques » ou « nombres nucléons » découverte par Maria Goeppert et Adolf Jensen. Anrich dit à propos de ce « nombre relationnel » (qu'il propose de nommer nombre hiérarchique) que ce n'est pas un chiffre quantitatif appartenant à une série, mais qu'il possède la qualité de pouvoir créer des hiérarchies proportionnelles[59]. On pourrait à mon avis franchir un pas de plus et dire que le nombre est une quantité *et* une manifestation énergétiquement qualitative et spécifique du continuum unitaire, ce qui équivaut à l'*unus mundus.*

Tout nombre naturel posséderait ainsi quatre aspects principaux :

1. Relation avec l'espace-temps, possibilité d'une expression géométrique (topologie).
2. Quantité.
3. Raison positionnelle (*sequential order*, ordre de succession), théorie des groupes.
4. Qualité = configuration rythmique du continuum unitaire.

Cela donne le tableau suivant :

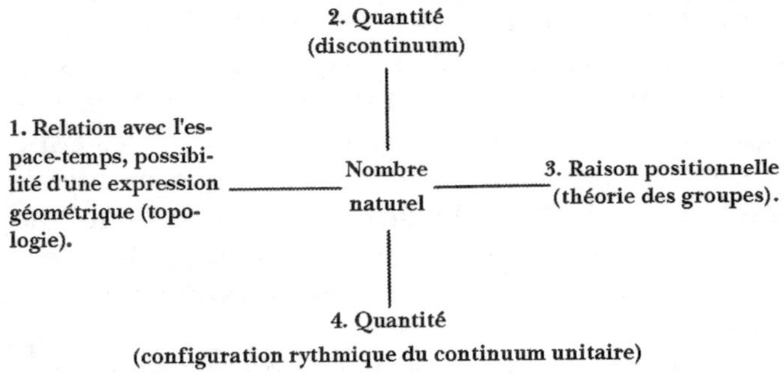

Il est possible de démontrer empiriquement que l'ensemble du domaine psychique que Jung désigne sous le nom d'inconscient collectif et qui est la couche la plus inférieure de l'inconscient psychique observable dans l'homme possède une structure de champ dont les points excités correspondent aux archétypes. Les déroulements énergétiques qui ont lieu dans ce champ suivent un cours linéaire irréversible par lequel ils sont assujettis au temps. De même la progression de la série naturelle des nombres n'est vraisemblablement rien d'autre qu'une séquence de tels déroulements typiques réalisés au moyen de rythmes ordonnateurs. C'est sur eux que repose notre sentiment du temps et peut-être également, comme Wolfang Pauli l'a supposé, la possibilité d'une précognition parapsychologique. Il est intéressant d'observer que, dans la Chine la plus ancienne déjà, les mathématiques étaient uniquement considérées comme la science visant à prédire l'avenir. (Malheureusement cet aspect de la théorie chinoise des nombres n'a même pas été exploré par la science chinoise elle-même ; quant à l'homme occidental, elle lui est totalement inaccessible.) L'idée de temps serait ainsi fondée sur celle de rythmes structurés numériquement, conception qui rejoint les faits observés d'un point de vue tout à fait différent par Jean Piaget et Paul Fraisse. Au lieu de définir le temps avec Thomas d'Aquin s'appuyant sur Aristote comme un *numerus movens* (un nombre qui se meut), il faudrait peut-être dire d'une façon plus complète que « les modèles communs de mouvement de l'énergie psychophysique sont les nombres ; dans leur rythme de progression ils fondent l'idée du temps et dans leur nature de champ l'idée d'un ordre intemporel ». Cela explique pourquoi des personnifications mythologiques du temps, comme le dieu Aïon à Rome, Servan en Perse, Kala en Inde, sont des incarnations explicites de l'énergie physique polyvalente.

Le « champ » de l'inconscient collectif, conçu comme isomorphe par rapport au champ des nombres naturels, n'est pas organisé d'une façon quelconque ou partiellement chaotique, mais il paraît être ordonné par un centre énergétique supérieur que Jung appelle l'archétype du Soi. Ce dernier paraît manifester des structures quaternaires quand il est représenté d'une façon statique (dans le mandala), mais une observation plus attentive y révèle plutôt, comme Jung l'a montré dans *Aïon*, une structure dynamique de déroulement dont le caractère est le suivant :

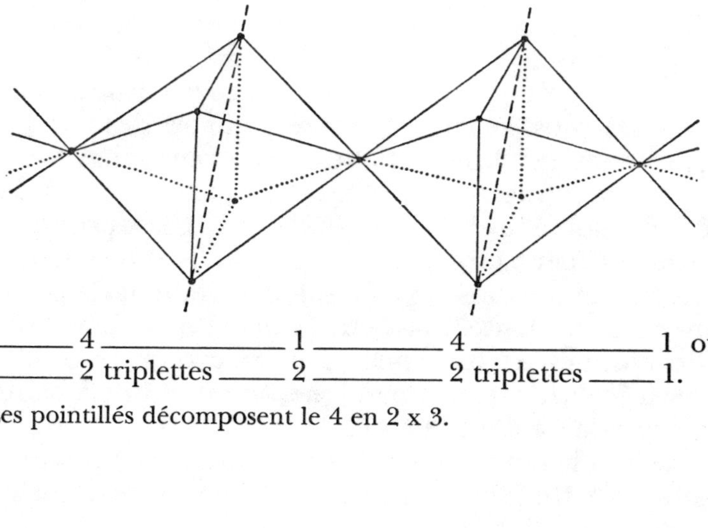

1 ——— 4 ——————— 1 ——————— 4 ——————— 1 ou
1 ——— 2 triplettes ——— 2 ——————— 2 triplettes ——— 1.

Les pointillés décomposent le 4 en 2 x 3.

Ce qui suggère de nouveau une structure analogue à celle qu'on retrouve dans le *Yi king*, la géomancie, mais aussi, *last but not least*, dans le code ADN et ARN. Ici je ne puis m'empêcher de citer le rêve d'un physicien moderne qui paraît également faire allusion à cette structure.

La veille, le rêveur s'était appliqué à dessiner certains facteurs décisifs de sa vie (nous dirions : des complexes) dans les angles d'une étoile de David. Là-dessus il fait le songe suivant :

Une Chinoise (élevée au rang d'une Sophia) est présente avec deux hommes. Le quatrième, c'est moi. Elle me dit : « Tu dois nous laisser jouer beaucoup de parties d'échecs dans toutes les combinaisons possibles. » Dans une vision hypnagogique le rêveur l'entend lui dire en outre : « Dans tes dessins il y a quelque chose de tout à fait juste et quelque chose de transitoire et de faux. Ce qui est juste, c'est que le nombre des traits est de six, et le faux, que le nombre des points est de six. Regarde ici » : et je vis un carré avec des diagonales nettement tracées.

« Vois-tu maintenant enfin le quatre et le six ? Dans l'espace quatre points et six traits ou six paires à partir de quatre points. Ce sont les mêmes six traits qui sont dans le *Yi king*. De plus, regarde le carré : quatre des traits sont d'égale longueur, les deux autres sont plus longs dans un rapport irrationnel. Il n'y a pas de figure formée à partir de quatre points qui ait six traits égaux. C'est pourquoi la symétrie ne peut être produite statiquement et naît une danse. La conjonction signifie un changement de place au cours de cette danse. On peut également parler d'un jeu ou de rythmes de rotations. C'est pourquoi le trois doit être exprimé de façon dynamique, ce qui est déjà contenu de façon latente dans le carré. »

Ce rêve et le fantasme qui le suit se rapportent manifestement à un rythme numérique vital fondamental analogue à celui pressenti par les Chinois. Un tel rythme de danse de triplettes et de *quaternios* est contenu dans presque tous les modèles d'*unus mundus* de l'humanité et aussi dans ses modèles spéciaux des mandalas divinatoires et il est frappant de constater à ce propos que les méthodes de computation de la plupart des techniques divinatoires ont un cours *rétrograde* en tant que modes de pensée, et cela grâce à une relation rétrograde à l'unité, qui se répète constamment.

C'est pourquoi la séquence numérique quantitative serait peut-être le fondement de la « flèche du temps », tandis qu'inversement le champ numérique serait le fondement de « l'ordre intemporel ». La vision de l'horloge du monde décrite par C.G. Jung dans *Psychologie et alchimie* combine deux systèmes hétérogènes et Jung déclare à ce sujet qu'il y a peut-être là une allusion imagée à l'origine de l'espace-temps, mais qu'il ne veut pas attacher trop d'importance à cette interprétation, car les preuves lui manquent. Sa modestie ne lui permettait pas de souligner davantage ce point important. J'ai toutefois le sentiment que, par les découvertes dont il vient d'être question, la science s'est rapprochée de ce problème et que cette structure de double mandala représente effectivement une sorte de symbole primitif de l'*unus mundus* avec un espace-temps empirique sortant de lui comme système hétérogène. Dans la vision l'engrenage des deux systèmes est périodique. Peut être faut-il le prendre à la lettre. Il semble en tout cas que « l'engrenage » des deux systèmes soit conditionné par la puissance formatrice du nombre. Le double caractère complémentaire du nombre naturel (quantité-qualité) permet la description de la concaténation du monde de la matière (quantité) et de celui de la psyché (qualité). Toutefois, même alors, le caractère unique de l'événement synchronistique demeure quelque chose de différent : lorsque par exemple je forme un oracle du *Yi king* et que j'obtiens numériquement le signe *Tchen*, l'*ébranlement*, cela donne évidemment un catalogue qualitatif d'événements possibles à l'intérieur duquel des ébranlements intérieurs peuvent coïncider avec des ébranlements extérieurs, mais, s'il se produisait en outre juste alors un tremblement de terre, *cela* demeure, après comme avant, un événement spontané qui, certes, se place dans le champ de vraisemblance qualitatif offert par le *Yi king*, mais ne peut toutefois être prédit *expressis verbis*. Un tel événement manifeste bien plutôt le sens, le « savoir absolu » *et* l'événement réel, d'une façon absolue, dans l'unité, et *c'est cela*, le *mundus unus*. À ce moment il s'agit d'une connaissance qui « advient » de façon objective.

Peut-être ces réflexions qui sont essentiellement formulées sur le plan conceptuel demandent-elles à être complétées en exposant la manière dont elles peuvent se traduire sur le plan de l'expérience. À ce point de vue le vieux texte alchimique de Comarios qui remonte à la liturgie égyptienne des morts me semble être particulièrement éloquent. Dans ce texte l'*unus mundus* est une expérience transcendante de la totalité qui ne peut être obtenue que dans le mystère de la résurrection après la mort. « Alors dit le texte[60] l'âme appelle le corps et lui dit : Éveille-toi du fond de l'Hadès et lève-toi du tombeau ; réveille-toi en sortant des ténèbres. Revêts-toi de la nature spirituelle et divine. » Alors le *pneuma*, l'âme et le corps deviennent « l'un dans lequel est caché le mystère ». Cet un est une statue née du feu, elle réunit l'esprit, l'âme et le corps et contient en elle les quatre éléments. « Et ainsi naît *une* seule nature qui poursuit et vainc toutes les natures, et c'est l'*Un* qui vainc toute nature, celle du feu et celle de l'humide, et qui change toute leur nature. Et voici, je vous dis encore ce qui vient ensuite, quand cela s'accomplit : alors cela devient un *pharmacon* mortel qui parcourt le corps. De même qu'il est entré ainsi dans le corps propre, il transforme les (autres) corps (en les faisant mourir). C'est dans la décomposition et la chaleur que naît ce remède *(pharmacon)* qui, sans rencontrer d'obstacle, pénètre tous les corps. » Cet aspect mortel du Soi se manifeste, si je comprends bien le texte, lorsque l'Un (le Soi) est parvenu à son « propre » corps, qui est le corps surnaturel de résurrection, alors il tue le corps précédent et pénètre tous les autres corps. Traduit dans notre langage cela veut dire : Lorsque le Soi, en tant que réalité en devenir dans l'homme terrestre, a clairement atteint son but, le mandala de l'*unus mundus*, il a un effet mortel sur l'existence terrestre, car il a atteint un niveau d'être dans le continuum unitaire cosmique, omnipénétrant, qui est opposé à la création de forme individuelle. La mort est alors quelque chose de juste, qui est relié à l'arrivée au but. C'est pourquoi l'*unus mundus* est, sur le plan mythologique, souvent identique au royaume des morts dans les religions primitives[61]. L'esprit de l'*unus mundus* serait le mercure alchimique c'est-à-dire « l'inconscience originelle contenant en elle tous les opposés[62] ».

L'expérience vitale de l'*unus mundus* me paraît être une expérience transcendante. « C'est seulement quand on meurt qu'on découvre le secret de la vie » disent les habitants du Nigeria occidental[63]. C'est pourquoi dans de nombreuses cultures archaïques la divination par les nombres a également été utilisée comme moyen de contact avec le monde des esprits. D'après Carl Hentze le signe chinois *loung* (jouer avec quelque chose) signifie également hiang (le grand sacrifice aux esprits des ancêtres)[64]. Ce avec quoi jouent les deux mains est une tige de rue (et suivant d'autres une règle à calculer) comme *symbole de la totalité du monde.* Le mot chinois *souan chou* (compter) est le même signe, mais avec quatre mains :

Le signe *loung,* « jouer » (D'après Hentze, *op. cit., p. 17.)*

Le signe radical *souan chou,* « compter » (D'après Needham, *op. cit., p. 4.)*

ou bien il se compose du redoublement d'un radical *chi* qui signifie d'après Joseph Needham : montrer, démontrer, informer, révéler en tant que, dans une démonstration numineuse du divin.

Tandis que la technologie occidentale fait de plus en plus irruption dans la tradition spirituelle de l'Orient en la détruisant, un étrange retournement semble se dessiner dans la science occidentale. Si l'on parvenait à creuser un souterrain reliant la psychologie et la physique nucléaire et si l'intuition de Jung suivant laquelle le nombre naturel est le dénominateur commun du domaine de la psyché et de celui de la matière pouvait être confirmée, nous aboutirions de façon inattendue à une clarté où gisent les connaissances les plus anciennes et les traditions de la pensée orientale qui, même là, ont été partiellement oubliées depuis longtemps. Ainsi se trouverait confirmée une vieille conviction du bouddhisme suivant laquelle la couche la plus inférieure et la plus profonde de la nature humaine, là où notre psyché et l'inconnu de la totalité cosmique se fondent, demeure partout identique.

Le paradoxe de la convergence et de l'interaction des deux systèmes hétérogènes tant que la vie demeure encore dans l'espace-temps a sans doute été exprimée de façon particulièrement saisissante par le maître zen Ma : alors qu'il était mortellement malade et n'avait plus que vingt-quatre heures à vivre, le supérieur de son monastère vint le voir et lui demanda : « Ô vénérable, comment vous êtes-vous trouvé au cours des derniers jours ? » Le maître répondit : « Bouddha avec le visage du soleil, Bouddha avec le visage de la lune ». Comme l'explique Wilhelm Gundert[65] ces paroles se réfèrent au 3e soutra des noms de Bouddha où il est dit pour la fête du douzième mois[66] : « Après cela je vis un Bouddha portant le nom de visage de lune. La vie de ce Bouddha au visage de lune ne dura qu'un jour et une nuit. À côté du vénérable au visage de lune je vis un autre Bouddha : il porte le nom de visage du soleil. La vie de ce Bouddha au visage de soleil dure la totalité de mille huit cents années. » On pourrait voir là une allusion à ce mandala formé de deux systèmes, l'un limité par l'espace-temps, l'autre de longue durée. Mais l'un et l'autre se nomment Bouddha[67], tous deux sont des facettes du grand Un dont Ma devenait conscient en mourant.

Traduit par Étienne Perrot

3.

Le temps — flux et silence*

Le temps comme divinité et flux d'événements

Le temps constitue l'une des expériences fondamentales et archétypiques de l'humanité ; jusqu'à maintenant, il a toujours échappé à toute tentative d'explication purement rationnelle[1]. Considéré dès l'origine comme une divinité ou comme la manifestation d'une divinité suprême, on a pu aussi le voir comme le fleuve de vie jaillissant de la divinité. Ce n'est qu'avec la physique qu'il est devenu un vecteur mathématique employé à décrire les faits physiques. À l'origine, l'homme n'établissait aucune distinction entre les événements extérieurs et intérieurs, matériels et physiques. Il vivait dans un flux temporel dont chaque instant comportait son lot d'événements et qui se modifiait en permanence, d'un point de vue tant qualitatif que quantitatif.

La distinction même entre passé, présent et avenir, évidente à nos yeux, n'est toujours pas reconnue par tous. Les Indiens Hopi, par exemple, ne distinguent pas ces nuances. Leur monde ne connaît que deux aspects fondamentaux : le manifesté, qui est objectif, et le non-manifesté, qui est subjectif. Le manifesté englobe tout le passé et le présent, l'avenir n'étant considéré que comme un fait subjectif, présent « dans le cœur », pas seulement celui de l'homme mais aussi celui de la nature. L'avenir procède

* Éditions Insel Verlag, Francfort-sur-le-Main, 1981.

d'une réalité plus intense, il est ce que l'on espère, ce qui va devenir vrai. Le cœur du cosmos est « l'esprit du souffle » ou *'a'ne himu* — le « puissant quelque chose »[2]. C'est de lui que naissent, lentement, toutes les choses qui parviennent à l'état manifesté ; mais dès qu'elles sont devenues manifestes — extérieurement réelles —, elles commencent déjà à être « passées ».

Les enfants n'accèdent pas non plus dès leur naissance à notre temps mesurable. Ils font cependant très bien la différence entre le rythme, la vitesse et la fréquence, longtemps avant de développer la notion du temps[3].

À l'origine, l'homme vivait le temps comme le secret divin du flux même de la vie. C'est ainsi que, dans l'Antiquité, les Grecs assimilaient le temps au fleuve Okeanos, qui parcourt la terre et le cosmos selon une trajectoire circulaire, comme un serpent qui se mord la queue et dont le corps représente le zodiaque. Ce fleuve portait également le nom de Chronos (le Temps), et tenait le même rang que Kronos, le père de Zeus, ou que le dieu Aïon.

Aïon désigne avant tout le fluide vital présent en chaque être, et par conséquent son temps de vie et son destin. Il survit à la mort sous la forme d'un serpent[4]. Comme tout fluide et à l'instar d'Okeanos, le créateur et le destructeur de toute existence, il détient la puissance créatrice. Pherekydes enseignait que la substance primordiale du monde était Chronos (le Temps), qui aurait donné naissance au feu, à l'air et à l'eau[5]. De fait, on regardait aussi Okeanos comme l'âme du monde[6].

L'hellénisme mettait en parallèle ce dieu Chronos-Aïon avec le dieu perse du temps, Zurvan[7]. Les Perses avaient établi une distinction entre un Zurvan akarana — temps infini — et un Zurvan dareghochvadhata — temps de longue durée. Ce dernier était porteur de désintégration et de mort et on l'assimilait à Ahriman, le principe maléfique. Dans les milieux orphiques et mithriaques, les deux Zurvan étaient eux-mêmes assimilés à Aïon[8]. On a pu retrouver un texte qui s'adresse à lui en ces termes :

« Sois salué, tout édifice de l'esprit de l'air, sois salué, esprit qui depuis le ciel pénètre la terre, et depuis la terre les limites de l'abîme... Esprit qui me pénètres, me saisis et me quittes en bonté selon le désir de Dieu ; sois salué, commencement et fin de la nature immuable... serviteur du rayon solaire, illumination du monde... grande, grandissime structure insaisissable du monde, Esprit céleste et éthéré qui façonne l'eau, la terre, le feu, le vent, la lumière, l'ombre, esprit d'un feu froid et humide qui brille comme une étoile... Dieu des dieux... Dieu des Aïons... Maître de l'univers [9]. »

Le dieu Aïon symbolise ici clairement l'aspect dynamique de l'existence [10], que nous pouvons définir aujourd'hui comme le principe d'une énergie psychophysique.

Ce dieu mithraïque assimile en partie les traits du dieu solaire égyptien Râ, qui était également le « maître du temps » et qui possédait une forme différente pour chaque heure du jour et de la nuit. Il prenait par exemple l'apparence d'un scarabée pour se lever et celle d'un crocodile pour se coucher. Passé minuit, au moment de ressusciter, il adoptait la forme du lion double Ruti — « hier et aujourd'hui » [11]. De même qu'Osiris, et chaque mort devenu un dieu une fois ressuscité, il dit en parlant de lui-même : « Je suis hier, aujourd'hui et demain [12] », et habite la « maison de l'éternité » ou « maison des millions d'années ».

L'ancienne Égypte symbolisait l'idée du temps sans fin non seulement par le dieu solaire mais aussi par un dieu particulier, Heh, portant sur son bras droit le signe de vie Ankh. Le temps y était associé, comme en Grèce, à un serpent représentant la vie et la santé ; chacun possédait un serpent-temps-de-vie qui lui servait également à garantir sa survie après la mort [13].

Nous retrouvons en Inde la même symbolisation archétypique du temps sous la forme d'une divinité ou d'un fleuve de vie et de mort. Dans la *Bhagavad-Gita* (IIIe ou IVe siècle avant J.-C.), on voit le dieu Krishna se révéler au héros Arjuna sous sa forme véritable et terrifiante, qui réunit en lui tous les dieux : « Tout comme les papillons se précipitent à leur perte dans les flammes du feu, les hommes courent à leur ruine en se précipitant dans ta gueule [14]. » Puis le dieu dit : « Moi, le temps qui réduit le monde à néant, je suis venu pour anéantir les hommes... »

Comme Krishna, Shiva symbolise aussi le temps. Il incarne dans sa danse l'énergie éternelle, « les puissances mises en œuvre pour le déploiement, le maintien et la dissolution du monde[15] ». Shiva porte aussi le nom de Maha Kala — le Grand Temps —, ou Kala Rudra, « le Temps qui dévore tout ». Sa *shakti*, son côté actif, apparaît dans sa forme destructrice sous les traits de la terrible déesse Kali, Kali étant la forme féminine de Kala, qui signifie la couleur noir-bleu, la mort et le temps.

La mystique hindoue considère le monde comme irréel. C'est le temps qui, chez le non-initié, induit la croyance à l'indépendance de son être conscient et à la réalité du monde extérieur. Mais en réalité le monde périssable n'est qu'une illusion : « En vérité, le soleil ne se lève pas et ne se couche pas pour celui qu'il illumine. Pour lui, il fait toujours jour... » (Chandogya Upanishad III, 11, 3).

Ce « jour éternel » est Brahman. Un Indien Delaware d'Amérique du Nord décrivait sa vision de Dieu d'une façon similaire. Il le voyait un grand homme, existant non pas dans ce monde mais dans un autre monde. « Le grand homme fut habillé du jour, et même du jour le plus resplendissant qu'il avait jamais vu ; un jour constitué de nombreuses années, et même d'une durée perpétuelle ! Le monde entier fut étendu sur lui, de sorte qu'on pouvait voir sur lui la terre et toutes choses[16]. »

Comme on le sait, on ne comprend pas toujours en Chine la divinité suprême comme une personne, mais le temps y constitue tout de même un aspect du principe primordial dynamique et créateur. Le temps appartient au principe masculin Yang, que l'oracle chinois, le *Yi king*, représente par une ligne droite. L'espace appartient au Yin, symbolisé dans le *Yi king* par une ligne discontinue. Ensemble ils forment le Tao, la loi cachée du monde. « Tandis que le principe créateur agit dans l'invisible, son champ étant représenté par l'esprit et le temps, le principe récepteur agit dans la matière et dans l'espace, et accomplit des choses spatiales, finies[17]. » Ce qui n'était que potentiel, le temps le rend réel. Tripler la ligne Yang forme le signe *Kien*, celui du ciel, et indique son mouvement rotatif éternel dans une durée pleine de force qui se situe au sein et au-delà du temps. « Cette durée dans le temps est l'image de la force, et doit être attribuée en propre au créateur[18]. »

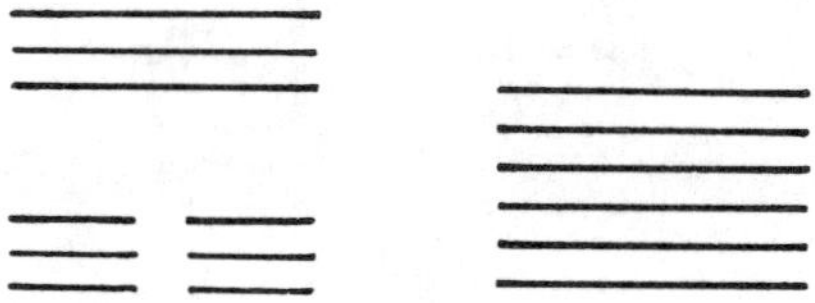

Comme le soulignait Marcel Granet, le Yang et le Yin ne sont pas des puissances cosmiques statiques mais des rythmes cosmiques qui alternent[19]. En Chine, le temps n'a jamais été compris comme un simple paramètre abstrait ni comme un cadre vide de référence à l'égard des événements. Le mot qui désigne le temps, *che*, signifie plutôt une situation du temps, favorable ou non à l'action. « Comme l'espace et le temps forment ensemble des conditions à la fois déterminées et déterminantes, on se les représente toujours comme une unité concrète et... existante[20] », tel un ensemble d'événements qui coïncident. Ce qui en « fait un ensemble » est nommé *chin* — la durée : « Des temps passés et présents, le matin et le soir, se lient pour produire la durée, *chin*, car le point de départ du temps n'a pas de durée[21]. » Tant que les choses sont encore en germe, elles demeurent hors du temps et peuvent encore être influencées par l'homme ; c'est seulement quand elles entrent dans la temporalité qu'elles deviennent des faits inaltérables.

Dans la représentation du temps chez les Mayas et chez les Aztèques, on retrouve le même rapport du temps à cette énergie universelle créatrice jaillissant du divin. Le mot le plus utilisé chez les Mayas pour décrire le temps, *kin*, est principalement représenté par les hiéroglyphes reproduits ici, qui signifient « soleil » et « jour »[22]. Ils forment une fleur à quatre feuilles (une sorte de plumeria), dont les lignes dirigées vers le bas figurent la « barbe du soleil », ou ses « cordes », ou encore « fûts de flèches ». Il est probable qu'elles symbolisent l'énergie vivifiante du soleil. Le serpent a également sa place dans ce contexte : les Mayas vénèrent un serpent à deux têtes, dont l'une signifie la vie et l'autre la mort[23].

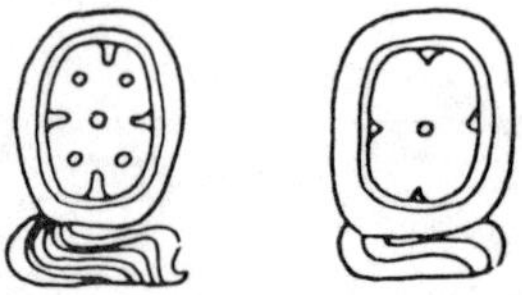

Les Aztèques associaient le temps au dieu suprême, le créateur et père-mère de toutes choses, Omotéotl, le « miroir qui illumine tout », le « maître du feu » et « maître du temps ». Ce dieu primordial a créé quatre autres dieux : à l'est le Tezcatlipoca rouge, le noir au nord, le blanc à l'ouest et le bleu au sud.

Chacun de ces Tezcatlipocas se voit attribuer certaines plantes, certains animaux et diverses années. Au milieu vit le dieu du feu, les quatre Tezcatlipocas créent ensuite tout le reste. Ce n'est qu'avec eux que l'espace et le temps font leur apparition réelle. Les Aztèques s'imaginent le temps comme quelque chose d'abrupt : parfois c'est l'est qui domine, grâce à des puissances bénéfiques, parfois le nord et le dénuement ; aujourd'hui nous vivons des jours fastes, demain peut-être des jours de malheur. « Y aurait-il, par hasard, quelque chose de vrai dans nos paroles ? » demandait un sage, tandis qu'un autre poète disait : « Tout semble comme un rêve. » « Ce n'est qu'après la mort, affirment d'autres, que nous verrons sa face », la face du dieu primordial « nuit et vent, le mystère insondable »[24].

À l'opposé de ces mythes où Dieu lui-même *est* le temps (et le non-temps), notre tradition judéo-chrétienne situe Dieu hors du temps ; il ne crée le temps qu'avec le monde. Malgré notre croyance en des lois naturelles selon lesquelles les événements se répètent au cours du temps, il y a aussi des miracles uniques, des événements magiques et parapsychologiques, autrefois attribués à une intervention directe de Dieu et qui sont l'occasion d'une confrontation immédiate et dramatique entre Dieu et sa création. L'événement le plus décisif à avoir divisé le temps en un avant et un après complètement différents fut l'incarnation de

Dieu dans le Christ. Le Christ en effet n'est mort qu'*une seule fois* (*hapax, semel*) pour nos péchés, changeant ainsi à jamais le cours de l'humanité. La promesse du Christ de revenir à la fin des temps fit que les premières communautés chrétiennes se tournaient vers l'avenir dans l'espoir de ce retour[25], de la même manière que les juifs attendent la venue du Messie pour la fin des temps.

Un Père de l'Église, saint Augustin, a donné un nouvel aspect à la conception chrétienne du temps avec l'idée que Dieu, et donc le temps, agit non seulement dans le cosmos, mais aussi par là même au plus profond de l'âme. Le présent constitue ainsi à proprement parler une expérience de l'âme et le passé un souvenir dans l'âme, tandis que l'avenir n'existe que dans l'attente de l'âme. Le temps habituel est en revanche dépourvu de sens, éphémère, et disparaît dès le moment où l'âme s'unit à Dieu[26].

Comme nous le verrons plus loin, l'idée d'un temps cyclique existe de façon partielle dans le christianisme ; ce qui n'a jamais disparu, c'est l'idée que Dieu peut intervenir directement dans le temps cosmique. Newton lui-même croyait encore en un espace et un flux de temps absolus, jaillissant de Dieu, bien que sa théorie physique en ait fait des paramètres, en ce sens que le temps peut être mesuré par des corps en mouvement dans l'espace. Cette différenciation entre un temps absolu et divin et un temps mesurable est liée au développement de ce moyen de mesurer le temps que représente l'horloge[27].

L'intuition primordiale qui regarde le temps comme un courant ou un flux se manifeste dans tous les appareils qui servent à la mesure du temps par l'écoulement d'une substance quelconque, eau, mercure, sable, etc.

Ce sont probablement les Chaldéens ou les Égyptiens qui ont inventé l'horloge à eau. L'eau s'écoule d'un récipient vers un autre placé plus bas et comportant une division en degrés (cette manière de mesurer est en fait erronée, car le cours d'eau se ralentit dès que la pression venue d'en haut s'amenuise). Dans l'Antiquité, l'horloge à eau était déjà très répandue. Cent ans avant Jésus-Christ, une de ces horloges fut installée sur le marché d'Athènes pour indiquer officiellement le temps. À Athènes et à

Rome, on utilisait aussi des horloges dans les tribunaux pour limiter le temps de parole. On trouvait également au Moyen Âge des horloges à eau en Europe et en Asie mineure, les horloges à sable, fondées sur le même principe, se montrant moins précises. Elles ne furent utilisées qu'à partir du XIVe siècle.

Comme l'eau, le feu est aussi un symbole d'énergie cosmique, et fut également employé pour mesurer le temps. Al-Yazari décrit ainsi une horloge à feu dans un traité datant environ de 1206 : autour d'une bougie qui brûlait pendant treize heures, on creusait de petites cavités dans lesquelles on fixait treize billes. Lorsque le feu les atteignait, elles tombaient et mettaient en mouvement une petite figurine qui mouchait la mèche. Les Chinois avaient également coutume de mesurer le temps par l'intermédiaire du feu : dans un labyrinthe, rond ou carré, ils répartissaient une poudre combustible qu'ils allumaient à une extrémité, de telle sorte que la combustion se propageait lentement, comme sur une mèche. Ils déposaient souvent au milieu de ces labyrinthes des vœux conventionnels, de « longue vie » ou de « bonheur double » ; parfois même des petites pierres qui tombaient dès que le feu les atteignait, servant ainsi de réveil.

Le principe de ces horloges qui mesurent le temps par l'écoulement d'une substance se fonde sur l'idée que le temps constitue un mouvement linéaire, de même que la physique classique occidentale représente le temps, dans ses diagrammes, comme une ligne (un paramètre) qui forme, avec les trois dimensions de l'espace euclidien, un système de références à quatre dimensions. La physique connaît un grand tournant avec Albert Einstein quand il découvre que toutes les indications temporelles sont relatives à la position de l'observateur. Ce n'est que la grandeur de la vitesse de la lumière (trois cent mille kilomètres par seconde) qui nous permet d'ignorer ce fait dans la vie quotidienne. Mais si l'observateur se meut lui aussi avec une grande vitesse, l'intervalle de temps qui sépare les événements de leur observation pose alors problème : deux événements se passeront en même temps pour un observateur, mais pas pour un autre. Dans la physique des hautes énergies, qui étudie l'interaction de particules se mouvant presque à la vitesse de la lumière, le temps est une notion tout à fait relative. L'idée que l'espace-temps puisse être représenté par un système de coordonnées tout à fait objectif est dépassée ; il n'est plus qu'un simple auxiliaire qui permet à l'observateur de décrire son monde événementiel[28].

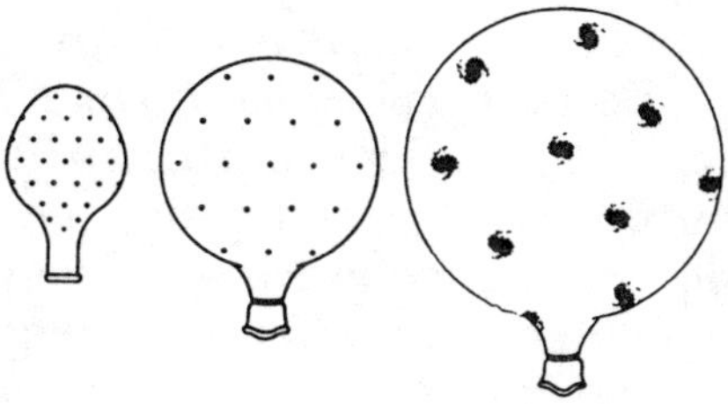

Le monde d'Einstein
esquissé dans une approximation à trois dimensions

Einstein s'est aperçu en outre que le postulat selon lequel les lois de la nature devraient pouvoir être exprimées de façon à avoir une forme identique dans tous les systèmes de coordonnées (les cadres de référence), c'est-à-dire indépendamment de la position et du mouvement de tout observateur, ne peut s'appliquer à la description des phénomènes électromagnétiques que si l'on y introduit les coordonnées d'un espace-temps relatif. Toute transition d'un cadre de références à un autre mêlera l'espace et le temps sous une forme mathématiquement définissable. De cette façon on ne peut plus différencier l'espace du temps, qui forment ensemble un continuum à quatre dimensions, le « monde » dit de Minkowski-Einstein. Cette découverte d'Einstein constitue pratiquement un retour, à un niveau supérieur et avec une précision mathématique, à la très vieille intuition de l'unité de l'espace et du temps, déjà formulée par exemple par les Aztèques, pour qui les quatre Tezcatlipocas avaient créé l'espace et le temps de façon simultanée. Fritjof Capra cite le sutra Avatamsaka du bouddhisme mahayana[29], où il est dit que, dans l'état d'illumination, toute distinction entre sujet et objet, entre corps et esprit, disparaît aussi bien dans l'espace que dans le temps. « En tant qu'expérience pure, l'espace n'existe pas sans le temps ni le temps sans l'espace : ils se pénètrent mutuellement. »

Avec sa théorie de la relativité générale, Einstein est allé encore plus loin, faisant ainsi étrangement revivre l'intuition primitive du temps en tant que flux d'événements intérieurs et extérieurs — bien que cette notion soit maintenant exprimée par une formulation mathématique exacte : il s'agit de faire entrer la gravitation dans le système de l'espace-temps en le « courbant »[30]. La gravitation (l'attraction mutuelle des corps) provoque une courbure de la géométrie de l'espace grâce aux champs de gravitation, ce qui a également pour effet d'influencer les intervalles temporels : le temps ne s'écoulera alors pas à la même vitesse que dans un « espace-temps plat ». Étant donné que la courbure d'espace à espace varie selon la distribution des corps, la vitesse de l'écoulement du temps varie également[31].

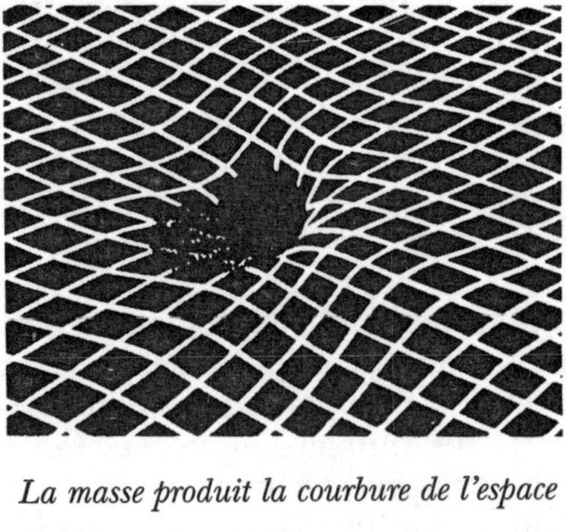

La masse produit la courbure de l'espace

Par une coïncidence remarquable, les physiciens ont découvert la relativité de l'espace et du temps en même temps que C.G. Jung arrivait à des résultats similaires dans ses recherches sur l'inconscient humain : le temps est aussi relatif dans le domaine des rêves, les notions de l'« avant » et de l'« après » y perdent également leur signification absolue. De même que dans les strates archétypiques de l'inconscient, encore plus profondes, l'espace et le temps disparaissent presque totalement, ce que l'homme a toujours plus ou moins pressenti ; en effet, partout dans le monde, il existe des contes qui racontent l'histoire d'un personnage partant dans le royaume des gnomes, des elfes, des morts ou du paradis et qui y passe une nuit : mais lorsqu'il revient chez lui, tous ses contemporains sont morts, le village n'existe plus, seule subsiste la rumeur selon laquelle un homme aurait disparu il y a plus de cent ans. Le *Rip Van Winkle* de Washington Irvings en est un célèbre exemple.

Chaque fois que nous entrons en rapport avec le domaine archétypique de la psyché, nous avons le sentiment d'entrer en contact avec l'infini. Comme Jung le soulignait, la question décisive dans une vie est justement de savoir si on est ou non en rapport avec l'infini. « Si nous comprenons et si nous sentons que nous sommes déjà dans cette vie rattachés à l'infini, nos désirs et nos attitudes s'en trouveront modifiés. Nous ne valons finalement que par l'essentiel, et nous avons gaspillé notre vie si nous n'en avons pas trouvé l'accès [32]. »

L'astrophysique fait une utilisation surprenante du nouveau modèle de l'espace-temps conçu par Einstein. Les astronomes et les astrophysiciens sont en effet confrontés à de très grandes distances où la lumière elle-même met très longtemps à parvenir de l'objet observé jusqu'à l'observateur, ce qui fait que l'astronome ne « voit » pas l'objet dans son état actuel mais tel qu'il a été. Nos télescopes nous permettent d'observer des galaxies qui existaient en réalité il y a des millions d'années. Nous pouvons donc observer des étoiles et des amas d'étoiles à tous les stades de leur développement, à rebours dans le temps [33].

Cette notion est également vraie pour les effets de la gravitation. La masse énorme des étoiles et des galaxies rend la courbure de l'espace importante. Cela se traduira par exemple dans un cas extrême par le collapsus gravitationnel d'un corps massif, tel qu'il s'en produit dans l'univers, comme nous l'indiquent les données actuelles, avec les « trous noirs ». Une étoile (de taille déterminée) se densifie par un effet de gravitation entre ses particules, qui augmente (au carré) au fur et au mesure que décroît la distance qui les sépare. L'espace-temps autour de l'étoile se courbe de plus en plus jusqu'au moment où même la lumière ne peut plus en sortir et où l'étoile « absorbe » les rayons avoisinants. Il se forme ainsi un « horizon événementiel » autour de l'étoile à partir duquel rien d'observable ne peut plus nous parvenir. L'étoile se meut pour ainsi dire hors de notre temps et disparaît, bien qu'elle soit toujours « là ». Je pense qu'il se passe peut-être quelque chose de similaire pour nous au moment de notre mort. Lorsque C.G. Jung est mort, le 6 juin 1961, une de mes patientes qui ne le connaissait pas a eu le rêve suivant : lors d'une fête d'été, de nombreux invités se trouvent réunis sur une pelouse ensoleillée. Jung est de la partie ; il porte un costume vert devant et noir derrière. Il y a un mur noir sur lequel se découpe la silhouette de Jung. Il se place dans cette ouverture de telle sorte qu'on ne voit plus *qu'une* seule surface noire. Cependant, on sait qu'il est toujours là, bien que invisible. La rêveuse se voyait elle-même dans ce rêve et découvrit qu'elle portait elle aussi une robe verte et noire. Il est possible que, même dans la mort, nous soyons toujours présents bien que « non observables » puisque nous sommes sortis de l'« horizon événementiel » des vivants.

Temps cyclique et temps linéaire

Nous avons déjà brièvement évoqué deux aspects du temps, son caractère irréversible, linéaire, et son aspect circulaire qui semble prépondérant dans toutes les cultures primitives et qui se fonde probablement sur l'observation du mouvement circulaire régulier des étoiles et du changement des saisons. Le fleuve circulaire Okeanos et le serpent qui se mord la queue y font référence. On appelait même parfois directement Chronos-Kronos « l'élément rond », ou « celui qui donne la mesure ». Macrobe écrit : « Dans la mesure où le temps est une mesure fixe, il est issu du mouvement céleste. En lui commence le temps et de lui, dit-on, est issu Kronos, qui est aussi Chronos (le temps). Ce Kronos-Chronos est le créateur du temps[34]. »

C'est la notion de temps cyclique qui prévaut dans la culture indienne. L'« âge », appelé aussi *youga* (trois cent soixante années-dieux), y est l'unité temporelle. Quatre *youga* forment un cycle appelé *mahayouga*, le chiffre quatre signifiant la totalité, l'accomplissement[35]. À l'intérieur de chaque cycle, le premier *youga* constitue un « âge d'or » après lequel chaque âge subit une détérioration jusqu'au moment de la grande « dissolution », à la suite de quoi tout le cycle peut recommencer. Un *mahayouga* comporte douze mille années « des dieux » (dont chacune comporte trois cent soixante années normales) — soit 4 320 000 années. Des milliers de *mahayouga* forment un *calpa* (une forme), c'est-à-dire un jour dans la vie de Brahma. Le temps consiste donc dans un rythme infini qui voit le cosmos périodiquement détruit et recréé.

Dans la vie humaine, ce temps cyclique constitue un élément négatif nommé Samsara, la roue des réincarnations qui tourne éternellement, de la naissance à la mort. Seul le yogi ou le bouddhiste est en mesure d'échapper à ce cycle, ou le brahmane à qui « l'éclair de l'illumination » a fait connaître « l'esprit de Bouddha »[36], qui dépasse le jeu des contraires et arrête pour toujours tous les processus de la mémoire et de la pensée[37].

Mircea Eliade a montré comment de nombreuses cultures ont donné vie au mythe de l'éternel retour, de façon parfois divergente : l'instant de la création (qu'il appelait l'*illud tempus* — ce temps-là) a d'abord vu naître les images primordiales archétypiques de toutes choses et de toutes les actions humaines[38], puis leurs imitations terrestres, soumises cependant à la désintégration. L'homme a pour mission de renouveler ces images primordiales, archétypiques, en répétant les mythes de la création et ses rituels, les rendant ainsi à nouveau vivants et efficaces. En ce sens, notre fête de Pâques ne représente pas seulement la célébration de la résurrection du Christ mais aussi un renouvellement de toute la création[39]. Cependant, nous avons intériorisé l'idée de l'*illud tempus* ; son espace-temps, le royaume céleste, est en nous et peut à tout moment être atteint par une *métanoïa*, une transformation de la conscience[40].

Les Chinois possédaient également la notion d'un temps primordial (*illud tempus*) au cours duquel les héros de leur culture auraient créé toutes les règles de vie. La Chine considérait le temps comme cyclique et linéaire. L'idée du temps qui fonde le « livre des mutations », le *Yi king*, était représentée par deux mandalas temporels, deux modèles circulaires. Le premier s'appelait « ordre céleste antérieur au monde », dans lequel les forces s'exercent toujours par couples d'opposés. Le tonnerre éveille la semence de la vieille année. Son opposé, le vent, rompt la glace d'hiver. La pluie humidifie la semence ; son opposé, le soleil, lui adjoint la chaleur nécessaire, d'où l'aphorisme selon lequel « l'eau et le feu ne se combattent pas ». L'immobilisme empêche l'expansion ; son opposé, la gaieté, provoque la joie des récoltes. Le « créatif » représente la grande loi de l'existence, le « réceptif » étant le sein maternel vers lequel tout retourne après avoir accompli le cercle de la vie[41].

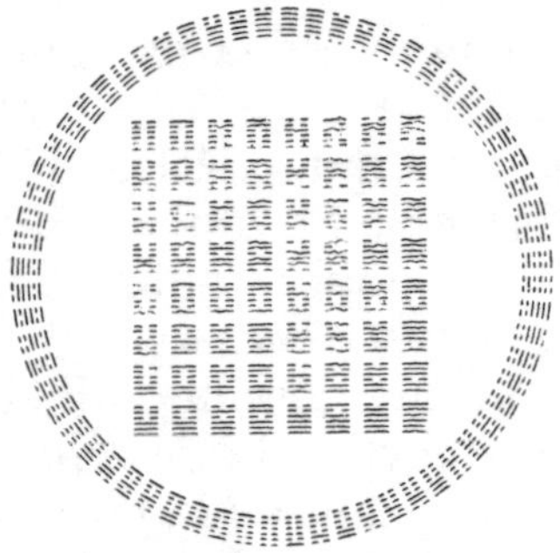

Ici, les opposés ne se combattent pas mais s'équilibrent. L'ordre du ciel antérieur au monde était en même temps associé à un mandala numérique, le *Ho-t'ou*, dont l'arrangement révèle le même rythme intérieur constant :

7
2
8 3 5 4 9
1
6

Selon la tradition, c'est le roi Wen et le duc de Dschou qui auraient découvert, dans la prison où le tyran Chou Hsin (vers 1150 avant J.-C.) les tenait captifs, un nouvel ordre du temps appelé « ordre du ciel plus récent ou de l'intramonde ». Dans cet ordre, les trigrammes ne sont plus groupés par couples d'opposés mais on les représente par une *suite temporelle*, suivant leur ordre de manifestation dans le cycle annuel de la réalité terrestre, qui symbolise « l'action divine dans la nature ». Alors que l'ordre ancien mettait l'accent sur la durée, l'ordre plus récent s'appuie sur le mouvement, les deux ordres restant circulaires. L'ordre plus récent était également associé à un mandala numérique, le *Lo-chou* (l'ordre de la rivière *Lo*), considéré comme le modèle des nombres primordiaux dans l'univers.

4	9	2
3	5	7
8	1	6

Il s'agit d'un carré magique à l'intérieur duquel toutes les lignes et toutes les diagonales aboutissent au même total de 15. Les Chinois conformaient leur architecture, leur musique et même leurs menus à ce modèle[42]. Bien entendu, ils possédaient aussi un système temporel astrologique similaire au nôtre[43], mais dont le zodiaque comportait des figures différentes et dont les signes se référaient à des années plutôt que, comme chez nous, à des mois.

Le calendrier des Mayas et des Aztèques produit certaines similitudes avec celui des Chinois. Les Mayas non seulement considéraient le temps comme une divinité (un dieu solaire), mais ils assimilaient chaque année, chaque mois, chaque jour et même chaque heure à un nombre et à un dieu, et il en allait de même chez les Aztèques. Si le temps représentait déjà potentiellement la forme manifestée du dieu suprême, du « maître du temps », il ne s'est véritablement manifesté qu'avec la création des quatre Tezcatlipocas : après une période d'équilibre comparable à l'ancien ordre céleste chinois, les Tezcatlipocas commencèrent à se disputer la place du soleil. C'est ainsi que naquirent les notions de la lutte et du changement, menant à une conception linéaire du temps avec les naissances successives de cinq « soleils ». Le soleil « quatre tigres » dura 676 ans, au bout desquels les hommes furent dévorés par des bêtes et le soleil anéanti. Vint ensuite le soleil « quatre vents », dont la fin fut marquée par l'anéantissement de toutes choses par le vent, les hommes s'étant transformés en singes. Puis ce fut le tour du soleil « quatre pluies », qui se termina dans une pluie de feu et au cours duquel les hommes se transformèrent en dindons. On vit ensuite apparaître le soleil « quatre eaux », au terme duquel tout se transforma en eau et les hommes en poissons. Ce fut enfin notre soleil « quatre mouvements ». Cette période verra se produire des tremblements de terre et des famines, « et ainsi viendra la fin de tout », comme l'affirme la *Leyenda de los Soles*[44].

Les Aztèques pensaient que les jours « travaillent » quand ils se meuvent à travers le ciel. Les mesures temporelles étaient représentées par des formes supportant sur leur dos le poids des jours (des mois et des années) et se pressant dans une gigantesque procession circulaire (il est intéressant de noter ici que le poète grec Hésiode parlait également des heures comme de *daimônes* — des dieux).

Notre système astrologique occidental consiste également en une procession circulaire d'images divines. Il nous vient de Mésopotamie (vers 600 avant J.-C.), mais il atteste aussi d'influences égyptiennes ultérieures. À l'origine, le zodiaque différait de celui que nous connaissons aujourd'hui. Il se composa d'abord de dieux de souche terrestre que l'on projeta par la suite dans certaines constellations astrales, quand les Babyloniens commencèrent à observer les étoiles et à les convertir en valeurs numériques. C'est ainsi qu'on put découvrir dans cette procession de dieux un ordre porteur de lois (ou archétypes) pouvant également être exprimé en nombres. Jung définit le nombre comme « l'archétype d'un ordre dont on a pris conscience ». Les dieux du temps, chez les Aztèques et les Mayas, étaient également des nombres. Les Chinois associaient aussi l'ordre des astres avec les nombres. Leur mot pour calculer, *shih*, s'écrit, 示 les lignes horizontales supérieures représentant le ciel et les trois lignes verticales l'influence du soleil, de la lune et des étoiles sur la terre. En Chine, on associait étroitement le calcul à la prédiction de l'avenir[45].

L'astrologie babylonienne se répandit par la suite en Perse et en Égypte, où l'on remplaça les dieux d'origine par des dieux locaux. Les Babyloniens croyaient à l'éternité du monde[46] et à une contrainte omnipotente exercée par les astres (*Heimarmene*)[47]. Pour eux, toutes les choses terrestres avaient une correspondance dans le ciel. C'est ainsi qu'ils pensaient qu'au terme d'une période de 4 320 000 années on en revenait à la constellation initiale — comme dans le mythe indien de l'éternel retour.

Ces notions se répandirent également chez les Grecs (à partir de Thalès de Milet), et inspirèrent à Platon son modèle cosmologique du temps : au-dessus et au-delà du monde phénoménal se situe le monde éternel et inaltérable des idées, qui forme une unité dans l'idée du bien. Mais quand le démiurge créa le monde, il ne put transférer ce modèle en tant que tout dans le monde éphémère :

« Or la nature du vivant est éternelle et la conférer à tout ce qui naît était impossible ; alors il décida de créer une *image mobile de l'éternité.* De l'unité dans l'éternité il fit une image éternelle, se mouvant *d'après le nombre* et à laquelle nous avons donné le nom de temps (*Aïon*), et c'est ainsi qu'il donna à l'édifice du monde son ordre intérieur[48]. »

Aïon signifie ici le temps aéonique[49], entre le monde des idées qui se situe en dehors du temps et la réalité liée au temps qui consiste en de longues « aéones » historiques. Aïon, chez Platon, demeure éternel, il est la sphère des étoiles fixes, ne connaissant ni la souffrance ni le changement et formant un cercle éternel[50]. C'est seulement en dessous de lui que commence, avec la lune, le monde du Chronos, le monde sublunaire passager et irréel.

L'hypothèse dite ergodique montre que certains physiciens continuent de prendre au sérieux l'idée d'un temps cyclique. Cette hypothèse stipule que, quel que soit l'état de l'univers fini à un moment donné, il finira toujours, après avoir passé selon un ordre préétabli par tous les états possibles, par revenir à son état initial[51]. Les hypothèses actuelles sur la vie de l'univers sont nombreuses et diverses. L'idée prédominante est que notre univers serait issu d'un

« big bang », d'une explosion, et que son expansion le conduirait inexorablement vers une fin entropique (la mort thermique). D'autres astrophysiciens préfèrent supposer que le monde existe depuis toujours mais que sa matière se voit sans cesse détruite et renouvelée.

Le fait que les premières horloges étaient circulaires ne se fonde pas seulement sur des motifs rationnels, mais plutôt sur l'intuition primordiale d'un temps circulaire. Aujourd'hui encore, les cadrans sont pour la plupart de forme ronde, reflétant ainsi la rotation de l'ordre céleste [52].

Les horloges les plus anciennes sont les gnomons et le cadran solaire. Ces deux systèmes utilisent ce qui paraît être la rotation du soleil autour de la terre en mesurant le temps soit par la progression de l'ombre d'une baguette, d'une colonne ou d'un obélisque, soit à l'aide de son déplacement sur un cadran solaire. Le gnomon est probablement apparu en Grèce au VIe siècle avant Jésus-Christ [53]. Son inconvénient consistait en ce qu'il ne pouvait donner que l'heure locale, sans tenir compte de la grande complexité du « mouvement » du soleil autour de la terre. On pouvait simplifier le système en inclinant la baguette parallèlement à la rotation de l'axe de la terre, la direction locale de l'ombre étant la même chaque jour aux mêmes heures, sa longueur seule étant variable [54]. Cette sorte d'horloge solaire était employée en Égypte dès le XIIIe siècle avant Jésus-Christ, mais les Babyloniens la connaissaient aussi probablement déjà. Jusqu'au XVIIe siècle, l'horloge solaire s'est montrée plus exacte que n'importe quelle horloge mécanique.

L'invention de cette dernière a dépendu d'un progrès essentiel : l'invention de la roue dentelée à l'époque d'Archimède. On a probablement tenté de l'employer pour représenter les cycles du calendrier. On en savait en fait très peu jusqu'au IXe siècle, quand dans certains pays arabes on vit apparaître des roues dentelées d'un ratio déjà compliqué dans les astrolabes, dont on peut penser qu'ils sont les ancêtres de nos horloges modernes [55].

Toutes les horloges, même les plus variées, comportent quatre composantes fondamentales : un entraînement (d'abord sous la forme d'un poids, et plus tard d'un ressort), un régulateur oscillant (un pendule, ou le plus souvent aujourd'hui un électro-aimant) [56] qui sert à équilibrer les différences de température, de pression et d'impulsion, un « échappement » qui compense la perte d'énergie résultant de la friction et un cadran qui indique les heures, les minutes, etc.

Malgré la forme circulaire de la mesure temporelle et son principe sous-jacent d'un temps circulaire, l'idée d'un temps suivi, linéaire et irréversible existe également depuis l'origine. Cette idée se fonde certainement sur l'observation que tous les êtres vivants vieillissent et que les événements historiques apportent des modifications radicales à la vie. Malgré leur modélisation circulaire du temps, les Chinois, par exemple, avaient noté les dates historiques sur une période de plus de trois mille ans afin d'examiner « comment se comporter dans le présent et dans le futur ; comment l'amour (*yen*) et la droiture (*i*) produisent des conditions sociales favorables et les actions mauvaises des conditions défavorables. Ils croyaient par conséquent en la possibilité d'un perfectionnement éthique et d'une évolution sociale [57] ».

Dans le mythe aztèque, la dispute des « cinq soleils » pour la suprématie du temps historique présente également un caractère linéaire, qui ne mène cependant pas à un développement mais plutôt à un anéantissement définitif. Bien avant que l'homme ne prenne connaissance de la véritable cause du vieillissement (le non-renouvellement de certaines cellules du corps), de nombreuses religions associaient déjà le temps au hasard, à la mort et même au mal. L'Aïon hellénique était aussi Kronos, le dieu primordial qui dévore ses propres enfants. Cette conception du temps en tant que grand dévoreur a survécu dans le christianisme à travers l'image du « Père Temps », qui réunit les traits de Kronos-Saturne et de la Mort. Le XVIe et le XVIIe siècle sont féconds en représentations macabres du temps.

La tradition judéo-chrétienne valorise principalement une conception linéaire du temps, qui se fonde sur la possible intervention directe de Dieu dans l'histoire et sur son caractère « providentiel », son plan de salut visant à conduire l'humanité vers son accomplissement et à faire cesser le « monde » à la fin des temps. Le temps chrétien ne constitue pourtant pas un paramètre mathématique. Il inclut certains traits cycliques, comme le plan divin dans lequel les sept jours de la création se répètent [58]. On peut trouver dans l'Ancien Testament certains *typoi* (les modèles de certains événements) qui réapparaissent plus clairement dans le Nouveau Testament. Par exemple, l'arbre de la connaissance au paradis est fait du même bois que plus tard le bâton de Moïse et la poutre du temple de Salomon, et enfin la croix du Christ. Cette présence cyclique est liée au cours linéaire du temps.

Malgré l'accent mis sur le fait que le Christ est mort pour nous une seule et unique fois, certains Pères de l'Église croyaient aux influences astrales ainsi qu'à une certaine circularité de l'histoire [59]. L'idée de l'*illud tempus* de modèles primordiaux situés hors du temps humain se retrouve également dans le christianisme avec la notion de l'*unus mundus* en tant qu'un plan de l'univers que Dieu aurait conçu avant même la Création et que l'on a pu attribuer à la « sagesse » de Dieu (*sapientia Dei*). La réunion de certaines images primordiales, conceptions ou « motifs » forme l'*archetypus mundus*, ou le modèle dans l'esprit de Dieu. Il contient un ordre mathématique où la mesure est dévolue au Père, le nombre au Fils et le poids au Saint-Esprit [60]. L'*unus mundus* est, comme Dieu, une sphère universelle [61]. Même si les *typoi* se répètent au cours de l'histoire, ils suivent un développement linéaire parce qu'ils rendent le plan de salut divin de plus en plus clair : « Ce qui commençait à briller dans l'Ancien Testament resplendit dans le Nouveau Testament de tout son éclat. »

L'abbé Gioacchino da Fiori (XIIe siècle) initia un enseignement très connu pour de telles correspondances historiques. Attaché à l'idée de la Trinité, il divisait le cours du temps en trois grand Aïon : le temps de l'Ancien Testament, celui du Père, marqué par la force de la loi et par une compréhension littérale de la Bible ; puis le Ier millénaire chrétien, le temps du Fils, celui de l'obéissance envers l'Église et de la sagesse ; et enfin le millénaire actuel du Saint-Esprit, celui de la spiritualité où des hommes vivent dans la pauvreté mais en suivant avec une totale liberté l'inspiration du Saint-Esprit[62].

Du fait que l'histoire suit un « plan de salut » divin, elle est sacramentelle. Ce qui n'est pas sans rappeler la conception de Platon pour qui toutes les choses se fondent sur des formes primordiales (les idées).

Comme C. Haber l'a si bien montré[63], l'horloge a été considérée jusqu'au XVe siècle comme un reflet de l'ordre divin du monde. Nicolas de Cuse écrivait en 1453 dans sa *Visio Dei* : « Regardons la représentation de l'horloge comme un symbole de l'éternité. Car l'éternité résume et déploie la suite du temps tout comme l'horloge résume et déploie les événements[64]. » L'horloge perdit pourtant peu à peu de son caractère sacramentel jusqu'à devenir, au XVIIIe siècle, un automate n'ayant plus aucun rapport avec l'idée de Dieu[65].

En physique, l'évolution du temps linéaire vers une notion purement mathématique est le fait de Newton, qui le réduisit au paramètre d'un temps mesurable. Son rôle devint ensuite prépondérant avec la deuxième loi de la thermodynamique de Carnot et Boltzmann. Cette loi énonce que, lors de chaque processus physique, une certaine quantité d'énergie se perd irrévocablement sous la forme de chaleur, accroissant ainsi le désordre, ce qui aura pour ultime résultat la « mort par la chaleur » de l'univers. Elle aboutit à l'idée d'une « flèche du temps » — une direction irréversible du temps.

Aujourd'hui, de nombreux physiciens pensent cependant que l'esprit, par opposition à la nature, constitue un facteur « néguentropique » ; il serait ainsi à même de produire de l'ordre à partir du désordre ainsi que des systèmes au potentiel énergétique plus élevé, voire au contenu informatif plus grand, ce qui signifierait la production d'une moindre entropie. C'est dans cette hypothèse qu'Olivier Costa de Beauregard a postulé l'existence d'un « infrapsychisme » cosmique, en quelque sorte une âme du monde, en coexistence avec l'univers d'Einstein et qui serait à la source d'une néguentropie universelle[66]. Dans la physique moderne, l'image de la « flèche du temps » reste cependant dominante.

Cette préférence montrée par l'Occident pour l'idée d'une « flèche du temps » a encore été accentuée par la théorie de Charles Darwin [67], qui considérait l'évolution des espèces sur la terre comme purement mécanique et guidée par le hasard. En ce sens, il se représentait le temps comme une ligne nette. Bien que certains « vitalistes » contestent cette vue, elle est toujours largement répandue. Enfin, les changements psychologiques sensibles que l'être humain connaît au cours de sa vie profitent également à l'idée de la « flèche du temps » [68].

On a toujours tenté de relier l'idée du temps linéaire à celle du temps cyclique. L'interprétation du temps et de l'éternité chez saint Augustin constitue un exemple de cette tentative. Les Chinois mettaient également en relation la forme cyclique du temps avec l'idée de l'évolution morale de l'homme, qui est linéaire.

La spirale constitue certainement la meilleure représentation de cette combinaison [69]. Jung a ainsi tenté de démontrer que la prise de conscience du noyau de l'âme, du Soi ou bien de l'image « homme/dieu » intrapsychique a suivi dans l'histoire un développement en spirale [70] :

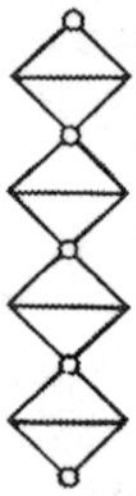

Ce modèle représente selon Jung le développement principal suivi par notre image « dieu-homme » [71]. Il faut se représenter la chaîne décrite ci-dessus sous la forme d'une spirale. On verra alors le point inférieur, le « Rotundum », retourner à un niveau supérieur, mais avec un niveau de conscience légèrement plus élevé. En dessous de l'Adam terrestre se trouve le serpent qui provoque sa chute et qui représente la matière primordiale et divine, le but recherché par tous les alchimistes. Après avoir traversé les quatre éléments, il devient la « pierre des Sages », un nouveau symbole « dieu-homme ». Ce dernier est finalement représenté sous la forme du « Rotundum » comme élément de base de l'univers. Quatre « Quaternaires » servent toujours d'intervalles entre les deux, qu'il faut comprendre comme le déploiement du centre situé au-dessus d'eux.

L'homme a d'abord vécu comme un enfant inconscient, sous la dépendance de la sphère « spirituelle », menacée par Satan, le principe obscur, et par l'ombre des instincts humains. L'idée de la « pierre des Sages » concorde dans le temps avec le développement des sciences naturelles dont a résulté le modèle de l'espace-temps à quatre dimensions. La série s'arrête avec le « Rotundum », cette idée archétypique de la rotation qui dépasse encore l'état quaternaire statique. Le « Rotundum » s'unit à l'« Adam spirituel » à un niveau plus élevé.

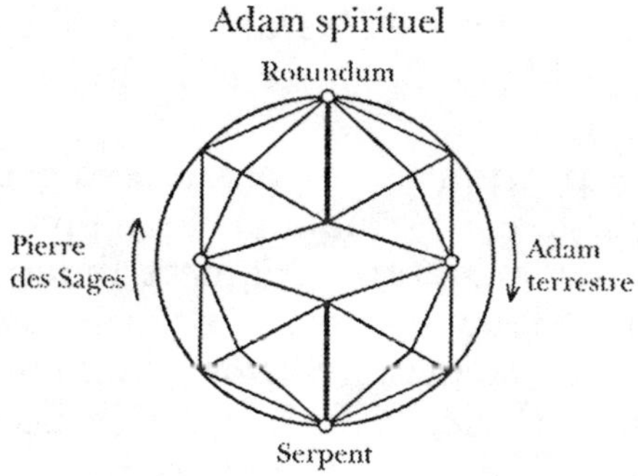

Une équation pourrait nous permettre de représenter ce modèle du Soi de la manière suivante : « A signifie l'état initial,... A1 l'état final, et B C D les états intermédiaires. Les figures propres à chaque division sont indiquées par les minuscules correspondantes a, b, c, d. Concernant la construction de la formule, ne perdons pas de vue qu'il s'agit du processus progressif de transformation d'une seule et même substance... La formule peut seulement suggérer le niveau supérieur pouvant être atteint par le processus de transformation ou d'intégration. L'élévation, ou le progrès, ou encore le changement de qualité consiste en un déploiement quadripartite et en quatre temps de la globalité, qui ne signifie rien d'autre que la réalisation de celle-ci au niveau conscient[72]. »

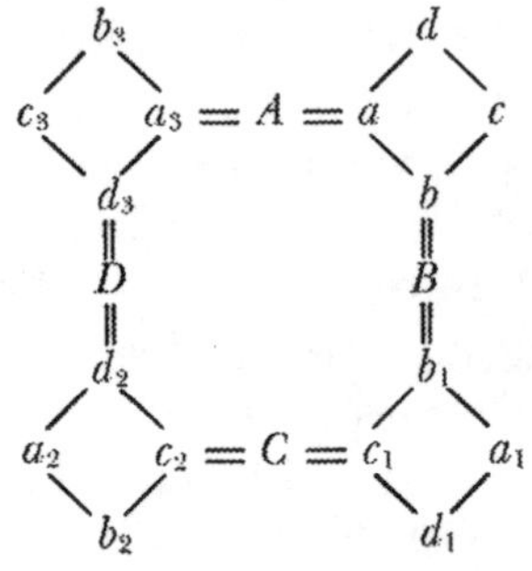

Jung comparait ces processus spiralés dans le Soi (image de Dieu) à l'autorégénération du noyau de carbone dans le cycle carbone-azote du soleil, où un noyau de carbone capture quatre protons et les libère en fin de cycle sous la forme de particules alpha, retrouvant ainsi sa structure d'origine[73].

« L'analogie physique n'est pas une digression dans la mesure où le schéma symbolique lui-même représente la descente dans la matière et requiert l'identité de l'extérieur et de l'intérieur. La psyché ne peut pas être “totalement autre” que la matière, car comment pourrait-elle alors mouvoir la matière ? Et la matière ne peut pas être étrangère à la psyché, car comment pourrait-elle alors l'engendrer ? Psyché et Matière font partie d'un seul et même monde, et l'une participe de l'autre, sinon l'interaction serait impossible. Nous devrions donc, si la recherche était suffisamment hardie, parvenir à une concordance ultime des concepts physiques avec les concepts psychiques. Nos tentatives actuelles sont peut-être osées, mais je crois qu'elles vont dans la bonne direction. Les mathématiques, par exemple, ont prouvé plus d'une fois que leurs formulations construites de façon purement logique et par-delà toute expérience coïncidaient après coup avec le comportement des choses, ce qui, à l'égal des événements synchronistiques, suggère une harmonie profonde de toutes les formes d'existence[74]. »

Le modèle symbolique spiralé de Jung vise à représenter une *structure fondamentale de la vie physique et psychique.* Il est intéressant de retrouver ce même modèle spiralé dans le système matrimonial des Mélanésiens, où sa fonction est de servir à la continuité ordonnée de la vie tribale. Une moitié de la tribu matrilinéaire et une autre moitié patrilinéaire donnent, quand on les dessine, les types de spirales suivants.

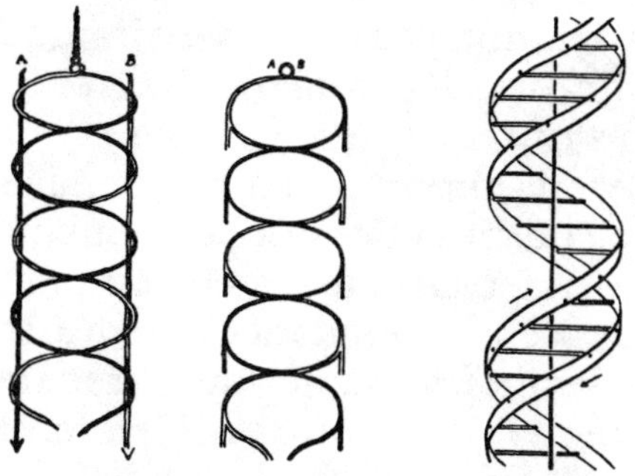

Et finalement, comme l'ont démontré Watson, Crick et Wilkins, la substance génétique contenue dans tous les êtres vivants se présente sous la forme d'une double hélice. Cette hélice génétique peut tout à fait constituer une analogie avec la représentation archétypique du temps sous la forme d'une spirale dans laquelle l'aspect cyclique et l'aspect linéaire se voient réconciliés.

Rythme et périodicité

Platon ne fut pas le seul à associer le temps aux nombres. Aristote parlait aussi du temps comme du « nombre du mouvement dans son Avant et son Après », se référant en cela au mouvement du ciel, que l'on considérait alors comme sans limite et uniforme[75]. Cependant, Aristote voyait également dans le temps le principe de tout changement[76]. Cette hypothèse a pu être critiquée en tant que simple définition d'un temps *mesurable,* mais pas dans la mesure où elle s'appliquait au temps en tant que tel. Il me semble toutefois que le rapport existant entre le temps et le nombre est encore bien plus profond. Si Alexandre Marshak a raison[77], il s'avérerait que l'un des jeux les plus anciens consistait déjà chez l'homme paléolithique à marquer des nombres sur des pierres ou sur des os pour se repérer dans le temps. D'après lui, c'est ce jeu, que l'on peut considérer comme l'ancêtre du calendrier, qui aurait marqué le début de la civilisation.

Les anciens Chinois associaient également très étroitement le temps aux nombres, auxquels ils attribuaient toutefois une signification légèrement différente de celle que nous leur accordons. Le rôle du nombre comme indicateur d'une quantité leur importait peu : comme le souligne Granet, le nombre constituait plutôt pour eux un « emblème » (ou un symbole) servant aussi, tout comme chez nous, à exprimer des « correspondances régulières entre les êtres »[78]. Les symboles numériques reflètent, selon un ordre hiérarchique, certains modèles fondamentaux de l'univers ; ils « renseignent sur la totalité de toutes les circonstances de l'espace et du temps[79] ». C'est ici que le temps entre en jeu, car ces aspects circonstanciels ne se révèlent qu'à l'intérieur d'une chronologie. Les nombres varient au cours du temps et décrivent chacun un laps de temps doté d'une qualité différente. Les Chinois regardaient le temps comme un continuum formé de qualités ou de situations de base pouvant se produire à peu près simultanément en des lieux différents. Le fameux livre divinatoire, le *Yi king*, se fonde sur cette hypothèse. Selon lui, le *temps consiste en des phases de mutation d'une globalité cosmique*[80]. Pour le philosophe Wang Fou Tch'i (1619-1692), tout « ce qui est » forme un continuum cosmique que les sens ne peuvent percevoir en tant que tel. La dynamique interne qui lui est propre fait cependant que certaines images ou certaines structures émergent de manière différenciée dans le temps, pouvant ainsi être appréhendées par un système numérique. C'est pourquoi tous les nombres se réfèrent au temps, qui lui-même caractérise la qualité de l'instant. Le temps n'a jamais été considéré en Chine comme un cadre de référence vide, mais il est au contraire toujours marqué par la nature des événements qui y prennent place simultanément. Par ailleurs, l'univers possède une nature temporelle rythmique dont la base est constituée par le changement du Yang et du Yin. On associe à ce rythme l'idée de l'« énantiodromie » (la réalisation de l'autre extrême) : chaque fois qu'une ligne du *Yi king* atteint son point culminant, elle bascule dans son contraire. Le philosophe grec Héraclite avait déjà formulé une hypothèse similaire. Il considérait le destin comme « un sens ordonnant le monde (*Logos*) qui, à partir de l'énantiodromie, devient le créateur de toutes choses[81] ». Jung a fait sienne cette notion en initiant la loi psychologique selon laquelle les états psychiques extrêmes ont tendance à basculer dans leur contraire : le bien dans le mal, l'amour dans la haine, une spiritualité exacerbée dans l'instinct, etc.

La relation étroite associant le temps au rythme se manifeste également dans l'invention par Galilée du pendule de l'horloge, appliquée ensuite à la mesure du temps par Christian Huyghens. De nos jours, on mesure toujours le temps musical à l'aide du métronome, qui se fonde sur un simple mouvement de pendule. On a également confié récemment à l'électricité le rôle de produire des oscillations synchrones[82] : un courant alternatif entretient la vibration, un mécanisme spécial régulant la périodicité du courant. On est même allé encore plus loin avec la récente constatation que les molécules piézo-électriques du quartz et de l'ammoniaque suffisent à produire des oscillations d'une extrême régularité, que l'on peut difficilement perturber. Lorsqu'on « compresse » une bande de quartz par un moyen électrique, il en résulte une différence de tension électrique à ses extrémités que l'on attribue au va-et-vient interne. Cet effet piézo-électrique peut aussi être inversé : le passage d'une tension alternative à travers la bande de quartz engendre des oscillations mécaniques de quelques milliers de vibrations par seconde d'une telle régularité, due à l'effet de résonance, que l'on peut ainsi stabiliser la fréquence qui se trouve à leur origine[83]. Néanmoins, le quartz « vieillit », et c'est la raison pour laquelle on préfère plutôt utiliser aujourd'hui, pour établir une mesure du temps plus précise, des horloges atomiques ou moléculaires à partir par exemple de l'ammoniaque (NH_3). L'horloge à ammoniaque utilise la stabilité des vibrations que l'ion azote (relatif) développe entre les deux pôles possibles au niveau formé par trois ions azote. L'ion azote vibre à vingt-quatre mille mégahertz, c'est-à-dire vingt-quatre milliards de vibrations par seconde. Cela permet de construire des appareils appelés Masers (Microwave Amplifications by Simulated Emission of Radiation). « Toute la matière, observe Capra, participe constamment à une danse cosmique[84]. Chaque particule chante un chant éternel et produit des structures énergétiques rythmées[85]... » La physique moderne a révélé « que chaque particule subatomique non seulement produit une danse d'énergie, mais *est* aussi une danse d'énergie, un processus vibratoire de création et de destruction[86] ».

Si nous nous tournons maintenant vers le monde macrophysique et celui des être vivants, nous y rencontrerons le même phénomène : tous les êtres vivants obéissent à des rythmes déterminés, que l'on désigne par le terme d'« horloge biologique ». Les plantes et les animaux ne s'adaptent pas seulement à leur environnement spatial mais aussi à leur environnement temporel ; ils réagissent par exemple à l'ensoleillement (ce phénomène que l'on appelle le rythme circadien), mais aussi aux phases de la lune, aux marées et même à l'année solaire. Certaines activités animales, comme la recherche de la nourriture, ne sont pas déclenchées par le stimulus que constitue le lever du soleil mais par un rythme interne qui permet à l'animal de « planifier » son activité[87]. Les plantes aussi font montre de ce que l'on pourrait assimiler à une mémoire du temps, nombre d'entre elles (pas toutes) commençant à ouvrir leurs boutons quelques heures *avant* le lever du soleil, comme si elles « savaient » que le soleil allait se lever bientôt. Si on les conserve dans une obscurité artificielle, on peut constater qu'elles déploient toujours leurs boutons à la même heure du jour[88]. L'horloge biologique fonctionne probablement chez les animaux par oscillations[89]. Les animaux possèdent souvent une horloge supérieure capable de réguler dans le temps plusieurs processus physiologiques, comme les phases d'activité et de repos, les changements subis par le métabolisme, la température du corps ou encore d'autres processus. Ces rythmes paraissent innés, endogènes, et indépendants des stimuli extérieurs [90]. L'existence des organismes monocellulaires et de certaines plantes n'est soumise qu'à *un seul* rythme. On a aussi pu constater que la température (y compris chez certaines plantes, avec des variations de cinq à dix degrés Celsius seulement) a pour effet de ralentir l'horloge biologique.

Concernant les êtres vivants plus différenciés, on ne sait toujours pas si les rythmes divers sont liés à *un seul* organe ou s'ils se répartissent dans des tissus et des organes différents ; les deux hypothèses semblent pouvoir se vérifier [91]. Chez les animaux supérieurs, il se pourrait qu'un régulateur présent dans le cerveau joue un certain rôle [92]. D'après G. Schaltenbrand, il semblerait en effet qu'une organisation chronologique standardisée rythmiquement et fonctionnant comme un tout existe à l'intérieur du cerveau [93].

La structure rythmique fondamentale de notre vie physiologique ne constitue pourtant pas sa seule relation au temps. Comme Adolf Portmann l'a montré, des schémas entiers de comportement chez les animaux et les plantes dénotent une nature temporelle : « Chaque forme de vie se présente à nous sous la forme d'une configuration qui se déploie, selon son espèce, non seulement de façon spatiale mais aussi temporelle [94]. » L'année sociale des habitants de l'Océanie (Samoa, Malekula) est calculée d'après le cycle du ver Palolo (*Eunice viridis*). Chaque année le ver détache et projette hors de lui une partie de son corps chargée de substances sexuelles, et la fécondation a lieu dans la mer où le ver se complète à nouveau. Ce rythme est soumis aux phases de la lune. C'est également à la même époque que fleurit un certain arbre (*Erythrina indica*). Certaines espèces d'oursins, sur la côte méditerranéenne de l'Égypte, de même que les huîtres et certaines moules des mers chaudes suivent, à travers leur instinct sexuel, un rythme similaire. La migration des oiseaux fait aussi partie d'un cycle annuel.

Le développement de l'animal lui-même est temporel, et ne consiste pas en un « simple subir et exister dans le cours du temps ; c'est une résistance contre le temps, une manière de réalisation prévue dans le protoplasme des différentes espèces... Tout comme diverses figures lumineuses s'organisent de façon ingénieuse dans un magnifique feu d'artifice et peuvent être corrélées à une certaine forme temporelle, nous trouvons dans la vie de nombreux insectes le point de départ de nouveaux développements organiques qui se déploieront pareillement d'un niveau à un autre selon une suite d'événements chronologiquement bien déterminés[95]. »

L'homme possède aussi une ou deux horloges biologiques (qui se dérèglent lors des vols d'avion long courrier), mais son sens du temps lui permet de les « maîtriser » largement[96].

Le rythme prend une importance particulière dans le domaine des émotions, qui se situe à la frontière de la psychologie et de la physique. Dans les états de grande excitation, nous avons tendance à produire des mouvements rythmiques (trépigner par exemple), où à répéter sans fin certaines pensées et certaines phrases, ce qui faisait supposer à Jung que les complexes inconscients posséderaient une périodicité et une composante rythmique. On peut approfondir cette hypothèse grâce à l'observation en série de motifs oniriques récurrents[97].

Historiquement, les grands complexes universels de l'humanité — que Jung appelle les archétypes — qui se manifestent dans notre comportement psychophysiologique ont été expérimentés sous la forme de dieux ou de figures mythiques. Les systèmes astrologiques mentionnés plus haut constituaient, de ce point de vue, autant de tentatives humaines en vue de formuler une chronologie et un ordre temporel, un « jeu des archétypes ». C'est ainsi qu'une sorte de rythme temporel aéonique fut créé. On peut penser que ce « jeu » existe, mais il reste encore aujourd'hui incompréhensible à nos yeux. Le rapport de certains dieux avec des temps particuliers et avec le hasard, dont nous parlerons plus tard, constitue une indication qui pourrait nous servir à établir la nature des archétypes, certains se situant hors du temps alors que d'autres y restent liés.

La recherche actuelle menée par les psychologues porte surtout sur l'incroyable diversité de l'expérience subjective du temps par l'homme. Les jeunes gens s'orientent plutôt vers l'avenir, les personnes âgés vers le passé. Pour ces dernières, le temps semble couler plus rapidement (en raison de leur propre ralentissement) [98]. En outre, l'expérience subjective du temps est sûrement déterminée par certaines données physiologiques (par exemple la température) qui influencent nos perceptions sensorielles comme notre évaluation du temps. La prise de drogues comme le hachisch, l'opium, la mescaline ou d'autres substances aura aussi pour effet une expansion ou un rétrécissement de notre notion du temps [99].

L'expérience subjective du temps ne varie pas seulement avec les individus mais aussi au sein de groupes sociaux, ethniques ou psychologiques. L'adaptation à notre temps de l'horloge est particulièrement difficile pour les êtres intuitifs, tandis que d'autres individus dont la typologie approche de très près la notion de l'« Ici et Maintenant » pourront avoir du mal à s'imaginer des changements à venir. Le lien étroit qui unit la notion du temps à tout notre rythme de vie fait qu'elle se dérègle presque toujours dans le cas d'une névrose ou d'une psychose. Certains individus vivent plus rapidement qu'ils ne peuvent se le permettre, d'autres restent toujours en deçà de leurs propres possibilités d'évolution, se sentant alors « poursuivis ou chassés par le temps ». Mon hypothèse d'une liaison entre le temps et le rythme interne du noyau de l'âme ou du Soi (la globalité psychique conscient-inconscient) pourrait expliquer que tout écart névrotique dans le rythme du Soi conduise aussi à l'apparition de troubles dans le rapport avec le temps.

Au-delà des conditions psychologiques mentionnées plus haut, il apparaît que la mémoire joue un grand rôle dans notre expérience du temps, sans que nous ayons encore pu éclaircir sa nature complexe. Certains chercheurs supposent que le cerveau retient toutes les informations enregistrées au cours de processus qui mettent en jeu la conscience (tous les détails que l'on retient consciemment ou que l'on perçoit inconsciemment), mais qu'il est impossible de se souvenir expressément de la plupart de ces informations [100]. On ne peut se souvenir d'une bonne partie de ces informations que de façon sommaire et générale, ce qui signifie que la plupart des souvenirs s'organisent en « schémas » (Barlett) [101]. Suzanne Langer appelle cela une « transformation symbolique de l'expérience » [102]. Si on la considère du point du vue jungien, cette organisation ou cette transformation s'effectuerait grâce aux archétypes, ces derniers constituant l'élément « ordonnateur » de l'expérience humaine en général. Quelle que soit l'action de la mémoire, il s'agit, comme le souligne Whitrow, d'un processus de nature temporelle qui engendre le « cours de nos pensées » conscientes [103]. Nous revenons ainsi à l'idée primitive du temps comme un flux d'événements à l'intérieur duquel intérieur et extérieur, quantité et qualité coïncideraient. J.W. Dunne, dans son livre *Experiment with Time*, essayait de décrire le temps comme un état multidimensionnel, ses différentes dimensions correspondant à des états psychiques différents. Ce modèle me paraît fondamentalement pertinent dans la mesure où il considère le temps comme un phénomène multidimensionnel caractérisé par la simultanéité de différents états psychiques.

Nécessité, hasard et synchronicité

Presque toutes les cultures présentent une forme quelconque de l'idée de causalité. En Extrême-Orient, elle apparaît dans la notion de *karma*. À travers d'innombrables réincarnations, l'être individuel sauvegarde une certaine identité au sein de la chaîne des causes karmiques. « Si au cours du temps nous pouvons constater une certaine persistance de l'identité, elle a pour condition une chaîne de causes reliant les événements entre eux [104]. »

Ce que nous appelons en Occident la causalité a pris racine dans le mythogème grec d'Anankè (la Nécessité), Dikè (la Justice), Heimarmenè (la Contrainte exercée par les astres) et Némésis (la Rétorsion), autant de déesses vénérées et craintes qui gouvernaient le jeu des contraires dans l'univers. Ainsi Anaximandre disait [105] : « Ce en quoi les choses prennent naissance est aussi ce en quoi elles prennent fin, selon la loi de la nécessité. Car elles subissent une expiation et font pénitence pour leur injustice, selon l'ordre du temps. » Héraclite soulignait aussi que « tout ce qui arrive advient par conflit et par nécessité[106] ». La philosophie stoïcienne a fait par la suite d'Anankè et d'Heimarmenè une loi universelle s'appliquant même aux dieux. L'orphisme a pour sa part uni Chronos (le Temps) à Anankè (la Nécessité). Cette dernière maintenait l'univers « en des fers d'airain » et l'étreignait comme un serpent[107]. Elle était également la déesse impitoyable des nœuds coulants de la mort. Anankè tissait le fil de nos jours avant de le trancher cruellement.

L'idée de la nécessité n'a pas disparu avec le christianisme mais fut projetée dans les lois de la nature créées par Dieu, qui pouvait néanmoins les modifier grâce aux miracles. C'est seulement avec René Descartes (1596-1650) que l'idée d'un déterminisme rationnel et d'une validité absolue des lois de la nature s'est imposée et que toute possibilité d'une nouvelle intervention créative de Dieu devint exclue. Les actes manifestant la volonté divine concordent pour lui totalement avec les lois de la nature et obéissent à une légalité intellectuelle[108]. Il en va de même dans la mécanique d'Isaac Newton, qui se représentait aussi Dieu comme le créateur, au commencement, des particules et des forces qui s'exercent entre elles, ainsi que des lois qui régissent le mouvement. Mais depuis cette création, tout fonctionnait selon lui comme une machine soumise à des lois inaltérables[109].

L'hypothèse de la validité absolue de la loi de la causalité a subsisté jusqu'aux débuts de la physique quantique, quand les recherches sur les comportements des particules élémentaires contraignirent les physiciens à remplacer la notion de causalité par celle de probabilité mathématique. Le comportement d'une seule particule ne peut donc pas être calculé par avance ; il est régi par le hasard ; c'est-à-dire que seule la probabilité du comportement d'une somme de particules peut désormais être prédite.

« Au niveau subatomique, dit Capra[110], la matière n'existe plus avec certitude à un endroit précis mais fait plutôt montre d'une “tendance à exister”, de même que les processus atomiques ne se déroulent pas avec certitude à des moments précis ou d'une manière précise mais montrent plutôt “une tendance à se manifester”. »

Dans le langage de la théorie quantique, ces tendances s'expriment en probabilités. Il est en outre impossible de déterminer simultanément le lieu et l'impulsion (= la masse multipliée par la vitesse) exacts d'une particule, mais seulement l'un de ces deux paramètres, ce qui constitue la fameuse relation d'incertitude d'Heisenberg[111]. Albert Einstein, au début, ne pouvait accepter cette brèche dans la validité générale de la causalité et nous savons qu'il aurait dit avec émotion à Niels Bohr : « Dieu ne joue pas aux dés ! »

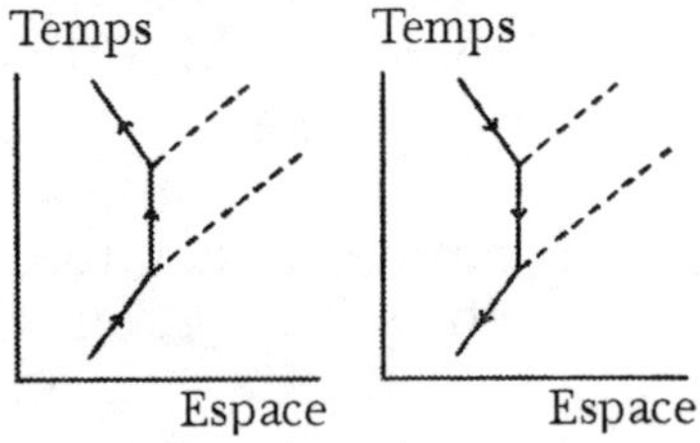

En physique quantique, ce qu'on appelle la symétrie de la direction du temps se rapporte aussi au problème du temps. Les deux diagrammes ci-dessus peuvent être lus de deux façons différentes : soit comme une émission électron-photon (l'électron est représenté par une flèche continue, le photon par une ligne discontinue), soit comme une émission positron-photon (le positron étant représenté par une ligne de flèches descendantes). Ainsi le formalisme mathématique de la théorie des champs permet-il de lire ces lignes de deux manières : comme des positrons qui *avancent dans le temps* ou comme des électrons *qui reculent dans le temps*[112]. On peut donc voir dans ce diagramme la chose suivante : un électron (la ligne continue) et un photon (la ligne discontinue) se rapprochent l'un de l'autre. Au point A, le photon produit une paire électron-positron, dont l'électron part à droite et le positron à gauche. Au point B, le positron entre en collision avec le premier électron ; ils s'annihilent alors mutuellement et produisent un photon qui s'en va vers la gauche. Cependant, nous pouvons aussi interpréter ce processus comme « une corrélation entre deux photons et un seul électron qui d'abord avance dans le temps, puis recule, puis avance à nouveau[113] ». Le processus peut ainsi être également interprété dans une structure à quatre dimensions de l'espace-temps comme un réseau d'événements interdépendants mais dans lequel il n'existe pas une direction définitive du temps[114].

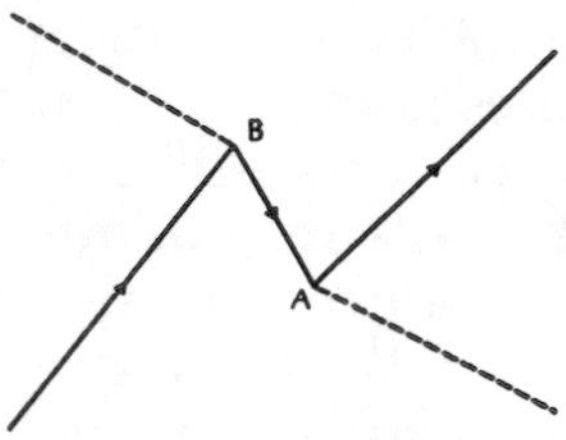

En dépit de cette problématique du temps dans le domaine subatomique, dans bien des domaines de la matière, les notions de « flèche du temps » et de « causalité relative » sont toujours prédominantes. La théorie de la matrice-S, initialement proposée par Heisenberg[115], offre un cadre de référence général pour la description des protons et des neutrons.

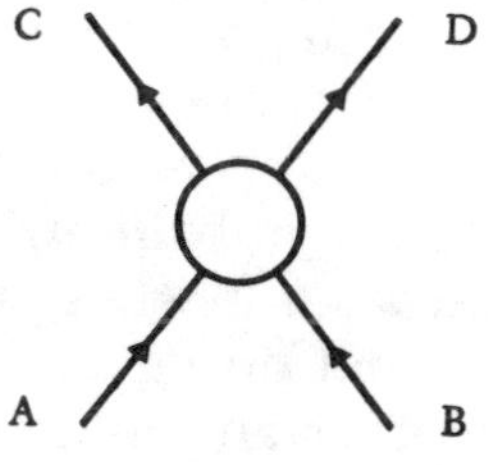

Le cercle représente ici le domaine dans lequel ont lieu un ou plusieurs processus observés. A et B sont des particules quelconques qui entrent en collision à l'intérieur de ce cercle avant de réapparaître sous la forme de deux autres particules, C et D[116]. De ce fait, la théorie contourne le problème consistant à déterminer la position précise et la nature des particules isolées ; elle est liée à un ensemble de principes fondamentaux[117]. Premièrement, ses éléments doivent être indépendants de l'ordre spatio-temporel des appareils d'expérimentation et de l'état du mouvement (l'état cinétique) de l'observateur. Deuxièmement, le résultat d'une réaction peut être prédit uniquement sous la forme d'une probabilité, et la somme de toutes les probabilités concernant tous les résultats possibles (y compris le cas où il n'y aurait pas d'interaction entre les particules) doit être égale à un. Le troisième principe se réfère à la causalité. Il postule que l'énergie et l'impulsion sont transmises à travers des distances spatiales par des particules, et que cette transmission se fait de telle sorte qu'une particule ne peut être produite lors d'une réaction et annihilée par une autre que si la dernière réaction découle de la première[118]. La structure de la matrice-S change pourtant brusquement quand il s'agit de valeurs où la production de nouvelles particules est rendue possible, formant ainsi des « singularités » (mathématiques). Bien que ces dernières ne soient qu'un effet du principe de causalité, « leur localisation ne se trouve pas déterminée par elle ».

La notion qui s'oppose logiquement à l'idée de la causalité (et à ses racines historiques, la nécessité) est celle du hasard. Son aspect relatif au temps, l'« instant » noumineux, a probablement des racines religieuses plus anciennes encore que celles de la causalité. Comme l'a montré Hermann Usener[119], les Grecs et les Romains possédaient de nombreux dieux « instants ». Il existait un dieu pour l'instant où les chevaux s'emballent, pour l'instant où il faut arracher les mauvaises herbes, pour l'instant où il convient de retirer le miel de la ruche, etc. Hermès était également le dieu de cet instant où un grand silence tombe soudain sur une assemblée. Le dieu Kairos, parent d'Hermès, avait aussi une importance particulière car il personnifiait la coïncidence de circonstances favorables nécessaire avant d'entreprendre une action. Il fallait le « saisir par les cheveux », sinon il disparaissait. Une autre divinité, Nikè (la déesse de la victoire), était associée aux moments de bonne fortune. Elle représentait le moment mystérieux où, lors de la guerre ou dans un pari, l'un des plateaux de la balance penche soudainement en faveur de l'un des intervenants. Nikè était la fille de Styx, la rivière circulaire du monde souterrain ressemblant à Okeanos, le dieu du flux temporel. Fortuna, avec la roue comme symbole du temps, était aussi une déesse de l'instant.

Les systèmes astrologiques déjà mentionnés constituaient, à l'état préscientifique, une tentative de l'homme de sonder le secret noumineux de certaines phases du temps : chaque jour, chaque mois, chaque année et chaque Aïon s'était vu attribuer un « dieu » propre qui lui conférait une certaine qualité. Néanmoins, l'astrologie ne considérait plus ces dieux du temps comme les dieux d'un instant occasionnel ; ils parcouraient le ciel selon une chronologie ordonnée, par un « jeu » dont nous ignorons les lois.

Que ces dieux aient primitivement été associés au temps plutôt qu'au ciel est un fait attesté par les Chinois, les Aztèques, les Mayas et les astrologues occidentaux, qui ont inventé différents systèmes de prédiction « astrologique » à partir d'un *oracle numérique terrestre.* L'un d'eux, le *Yi king,* est aujourd'hui devenu célèbre. Selon ses prescriptions, il est possible de sonder le sens d'un moment donné à l'aide de tiges d'achillée mille-feuille prises au hasard et divisées par groupes de quatre. Le reste peut donner quatre arrangements de lignes : deux masculins (-) et deux féminins (—). Six de ces lignes (classées en deux trigrammes = *kua*) fournissent la réponse de l'oracle. Il existe soixante-quatre trigrammes doubles qui symbolisent, d'après les Chinois, les situations de base de la vie dans le mouvement constant du Tao (le principe du monde). En Occident, on constitua un système parallèle avec la géomancie, qui s'appuie sur des groupes de quatre lignes composées soit d'un soit de deux points ; pour obtenir ces lignes, on compte au hasard de petits groupes de pierres. Mais alors que l'oracle rendu par le *Yi king* a été élaboré à partir d'un système philosophique abouti, la géomancie n'a jamais été rien d'autre qu'une forme de divination primitive, associée en Afrique occidentale à un mythe religieux différencié [120] : son efficacité repose ici sur une divinité appelée Fa qui, ne jouissant pas d'un culte collectif, ne s'exprime que dans l'« intimité ». *Fa* est le dieu de la vérité, mais il ne révèle entièrement son secret à l'homme qu'après sa mort. Il ne représente pas une puissance naturelle mais incarne la sollicitude de Dieu pour sa création. Il passe pour le « Maître de la vie » et il est « la béance qui nous appelle vers l'au-delà ». Par la voie de l'oracle géomantique, il communique au chaman la vérité intérieure de toute situation de la vie.

Du point du vue des mathématiques, ces techniques divinatoires constituent l'opposé complémentaire au calcul des probabilités. Ce dernier devient plus précis au fur et à mesure que le nombre de cas concernés s'accroît, sa réponse ne consistant jamais dans un Oui ou dans un Non (1 ou 0), mais se traduisant par une fraction. Si l'existence du hasard est reconnue, on la repousse cependant autant que possible à la lisière du champ de vision mathématique. Les oracles divinatoires comme le *Yi king* ou la géomancie ne s'appuient en revanche que sur les nombres entiers. Leurs affirmations se fondent sur le « il en est ainsi » du résultat numérique. Le hasard est placé au centre de l'observation, les répétitions et les valeurs moyennes n'étant pas prises en compte[121].

Après que Jung eut exploré le *Yi king* pendant plusieurs années, il forgea une notion nouvelle, complémentaire de notre notion occidentale de la causalité et qui était celle de la synchronicité. Il la décrit ainsi :

« L'esprit chinois tel que je le vois à l'œuvre dans le *Yi king* semble s'occuper exclusivement de l'aspect du hasard dans les événements. Ce que nous appelons coïncidence semble être sa préoccupation principale, tandis qu'il n'accorde pratiquement aucune attention à ce que nous appelons avec respect causalité. Or nous devons bien admettre que la réalité du hasard a une grande importance. Nous faisons des efforts immenses pour combattre et endiguer le danger ou les perturbations imputables au hasard. Mais les considérations théoriques font souvent pâle figure et revêtent un aspect poussiéreux en comparaison des résultats réels produits par le hasard. On peut toujours affirmer qu'un cristal de quartz est hexagonal ; cela est exact pour un cristal de quartz idéal, mais dans la nature il est pratiquement impossible de trouver deux cristaux de quartz identiques, même s'ils sont tous hexagonaux. Cette manière "d'être ainsi" est plus importante aux yeux des Chinois que le modèle idéal. L'imbroglio des règles de la nature qui constitue la réalité leur paraît plus important qu'une explication causale des événements... La façon dont le *Yi king* considère la réalité décourage tous nos procédés fondés sur la causalité. Pour les Chinois, l'instant actuel d'une observation semble représenter un coup de chance plutôt que le résultat clairement définissable d'un enchaînement causal. *C'est bien la configuration qu'offrent les événements au moment de l'observation... qui les intéresse.* Le principe de synchronicité accorde à la coïncidence des événements dans l'espace-temps une signification plus importante que celle du seul hasard, en relevant notamment l'étrange interaction qui existe entre les événements d'une part et d'autre part l'état psychique subjectif de l'observateur ou des observateurs.

L'ancienne vision chinoise du cosmos peut être comparée à celle du physicien contemporain qui ne conteste plus que son modèle de la réalité possède une structure nettement psychophysique. La microphysique inclut l'observateur dans les événements au même titre que le modèle de la réalité qui fonde le *Yi king* inclut les conditions psychiques, c'est-à-dire subjectives, dans la totalité d'une situation donnée. La causalité décrit la suite des événements dans le temps, la synchronicité (en Chine) se réfère à une coïncidence temporelle. La causalité nous raconte l'histoire dramatique de D qui a été créé par C, qui existait avant D ; mais C était lui-même issu de B, etc. Le point de vue synchronistique tente au contraire de donner une image significative de la coïncidence : comment se fait-il que A', B', C', D' apparaissent tous au même moment et dans le même lieu ? Cela arrive parce que les événements physiques A' et B' possèdent la même qualité que les événements psychiques qui leur sont simultanés et parce qu'ils sont tous les indices d'une seule situation momentanée, dont on suppose qu'elle offre une image "lisible" et "compréhensible"[122]. »

Outre ses expériences sur le *Yi king*, Jung a pu observer que les rêves de ses patients contenaient souvent des images symboliques concordant étrangement avec les événements extérieurs. Il apparaît en effet que les événements extérieurs, pris comme symboles, révèlent un sens similaire à celui des images oniriques [123]. Cela semble surtout se produire quand un archétype est activé dans l'inconscient, provoquant alors un état de forte tension émotionnelle. En de tels moments, la psyché et la matière ne semblent plus former des réalités séparées mais se rejoignent de manière ordonnée au sein d'une seule situation symbolique signifiante [124]. Tout se passe alors comme si le monde physique et psychique ne formait plus que les différentes facettes d'une seule et unique réalité.

Cette réalité de l'unité, Jung la nomme *unus mundus* (le *monde un*) [125]. Il considère les incidents synchronistiques comme des phénomènes parapsychologiques qui surviennent de façon sporadique et irrégulière. Il semble en effet que ces phénomènes se réduisent seulement à des cas particuliers au sein d'un principe général que Jung appelait *l'arrangement sans cause*[126], en affirmant que certains faits de la nature paraissent ordonnés sans que l'on puisse y trouver une cause. Dans le domaine de la matière, par exemple, cette notion s'illustre par le temps de la désintégration radioactive ou par la constance de la vitesse de la lumière [127]. Dans le domaine de l'esprit (de la psyché), on retrouve le même type d'arrangement acausal ; le 6, par exemple, est un nombre parfait puisque l'addition de ses facteurs : 1 + 2 + 3 produit le même résultat que leur multiplication. Ce fait est indéniable, même si nous ne sommes pas en mesure d'en discerner la cause. Il est possible d'étudier ces sortes d'arrangements qui sont à la base des procédés auxquels ont recours les oracles numériques mentionnés plus haut. Par opposition, les événements synchronistiques ne sont que des cas particuliers momentanés dans lesquels l'observateur est en mesure de reconnaître le troisième élément, celui qui relie la psyché à la matière et qui consiste dans la similitude de sens entre les événements intérieurs et extérieurs. « Cette forme d'arrangement se distingue de l'arrangement des propriétés attribuées aux nombres entiers ou de celui des discontinuités de la physique par le fait que ces dernières sont reconnues depuis toujours et avec régularité alors que l'arrangement synchronistique représente un *acte de création dans le temps*[128] », dans le sens d'une *creatio continua.* On devrait ainsi comprendre la contingence « comme d'une part un universel existant depuis toujours, et d'autre part la somme d'une multiplicité d'actes de création individuels se produisant dans le temps[129] ».

Ces actes de création dans le temps n'échappent cependant pas entièrement à toute possibilité de prédiction, mais elle reste soumise à des « champs de probabilité » au sein de l'arrangement acausal[130]. Ce sont bien ces champs de probabilité psychophysiques que l'oracle tente de saisir par des procédés numériques.

Depuis le moment où Jung a publié ses travaux sur la synchronicité, la physique a connu des développements qui me semblent bien rejoindre ses idées. D'après la théorie de la matrice-S, il est impossible de prédire le lieu et le moment de la création d'une nouvelle particule. Il subsiste cependant une différence entre de telles « singularités » et les événements synchronistiques, en ce sens que nous ne pouvons déceler aucun *sens* psychologique à l'apparition des premières. Jung proposait plutôt de parler d'une « identité » quand aucun observateur n'est présent lors d'un événement synchronistique pour en constater le sens[131]. Cela rappelle les propositions émises par L.L. Whyte[132], selon lesquelles, dans la nature, « les structures incomplètes tendent à se compléter ». La structure mathématique semble aussi « vouloir » se compléter. Non seulement la structure des cristaux mais les structures microphysiques en général fonctionnent ainsi. Tous les modèles incomplets sont instables et tendent soit à se compléter soit à se désintégrer[133]. Whyte définit même la vie comme une structure tendant à l'expansion[134], que l'on pourrait comparer à la « similarité » mentionnée par Jung. En revanche, seule la conscience humaine est à même de percevoir du sens, car elle est la seule à pouvoir faire l'expérience de l'unité de l'esprit et de la matière.

Les physiciens modernes en sont également arrivés de leur côté à l'idée d'une unité ultime de l'univers, avec la constatation que tout ce que nous affirmons en plus n'est qu'une construction de notre esprit. Dans ce monde *Un*, dit Capra, « chaque particule consiste en toutes les autres particules[135] ». Les particules interagissent avec elles-mêmes par l'émission constante de particules virtuelles qu'elles réabsorbent aussitôt[136]. Les particules ne constituent cependant pas des « grains de matière isolés, mais des structures de probabilité, des entrelacements dans un tissu cosmique indissociable[137] ». Elles forment « un tissu de relations entre les différentes parties d'un tout unifié[138] ».

Ce qui différencie le monde *Un* des physiciens de l'*unus mundus* de Jung est que ce dernier inclut le domaine psychique et qu'il transcende la différence entre psyché et matière. La réalité ultime de l'*unus mundus* présente un caractère transcendant, ce qui signifie que notre conscience ne peut la saisir[139]. Les événements synchronistiques possèdent un caractère unique, l'unité de la psyché et de la matière, l'*unus mundus*, ne s'y manifestant que de manière sporadique. Or c'est principalement le nombre qui semble pouvoir établir un rapport entre ces deux domaines particulièrement proches, dans la mesure où il constitue un aspect à la fois de tous les phénomènes énergétiques et de toute pensée mathématique et rationnelle issue de notre conscience. C'est pourquoi le nombre représente d'après Jung la forme la plus primitive des archétypes, étant l'« ordonnateur » de nos réflexions conscientes[140]. Seul le nombre est à même de réunir la quantité et le sens.

Que vient faire ici le temps ? Pour répondre à cette question, revenons-en brièvement aux deux ordres célestes chinois déjà évoqués. Les plus anciens chamans chinois dessinaient leur modèle numérique, la croix du *Ho-t'ou* et le carré de *Lo-chou*, sur deux petites tablettes, l'une ronde (*Ho-t'ou*) et l'autre carrée (*Lo-chou*). Ces tablettes comportaient chacune un trou en leur centre, dans lequel on introduisait une baguette, avant de les inverser l'une par rapport à l'autre. C'est à l'endroit où elles s'immobilisaient qu'on pouvait « lire » la situation du moment grâce aux combinaisons chiffrées : le jeu des deux petites tablettes a pu être interprété comme le mariage sacré entre le ciel et la terre ou comme l'union de l'ordre éternel et atemporel avec l'instant présent lié au temps. Il indiquait en même temps l'existence de « champs de probabilités » pour des événements synchronistiques [141]. L'ancien ordre du ciel est comparable à ce que Jung appelle l'arrangement acausal, car il est atemporel, alors que l'ordre du ciel plus récent est lié au temps. Son temps constitue un « champ » qui confère une certaine qualité à tous les événements entrant en coïncidence avec lui. Ce « champ » établit la médiation (comme on l'a déjà vu chez les Indiens Hopi) entre l'aspect potentiel et l'aspect actuel d'un événement produit par le hasard. L'homme se situe entre le domaine de l'atemporalité et celui de la temporalité quand il met en mouvement ses deux petites planchettes. Ici, le hasard et la liberté font partie du jeu et obéissent à ses règles ; le joueur lui-même fait partie de la coïncidence. C'est ce qui explique que les anciens Chinois considéraient la relation de l'homme à l'univers comme un jeu rituel permettant au sage d'acquérir une maîtrise sur le monde : « Elle repose sur le jeu et sur des rites exécutés avec cœur, auxquels on s'adonne avec toutes les fibres de son être... Les rites exigent la sincérité, le jeu nécessite l'établissement de règles fixes, ou du moins de modèles. » Ces règles ne constituent cependant pas des lois absolues, elles laissent un *champ libre* (une place pour jouer), même quand il est question de valeurs numériques [142].

Le prix Nobel Manfred Eigen a tenté récemment d'éclairer l'évolution biologique et d'autres processus biologiques par la comparaison avec les jeux numériques [143]. Il ne discerne cependant aucun sens dans l'événement imputable au hasard, qu'il considère seulement comme aveugle. Or cet « aveuglement » du hasard ne traduit peut-être que *notre propre aveuglement* face au sens qu'il exprime.

Au-delà du temps

L'image et la notion du temps comportent toujours plusieurs couples d'opposés et même des triades : il existait à la fois en Chine un ordre du monde intemporel, un ordre temporel cyclique et une notion du temps historique linéaire. En Inde, Brahma est le temps et le non-temps. Les Mayas désignent *kin*, le temps, par une image incluant l'élément statique d'une fleur et un élément en mouvement, la « flèche du soleil ». Les Aztèques associent le temps cyclique au temps linéaire historique des cinq soleils. Le système platonicien comporte le monde intemporel des idées, le temps cyclique des Aïons et la ligne temporelle du monde sublunaire périssable. Les Perses avaient deux dieux : Zurvan, le « temps infini » et le « temps de longue durée » (temps aïonique). Dans son excellente présentation des différentes conceptions philosophiques du temps, G.J. Whitrow montrait qu'il existe deux attitudes fondamentales vis-à-vis du temps : la première tend à vouloir l'abolir alors que la seconde veut qu'on le considère comme une entité réelle. Le temps correspond à la vie et à la mort, au bien et au mal. C'est sur de tels arguments (entre autres) que J.T. Fraser fondait sa définition du temps en tant que conflit. Je préférerais pour ma part lui appliquer la définition de Dieu selon Nicolas de Cuse : il est une « coïncidence des opposés » (*coincidentia oppositorum*). Il est question ici de la contradiction apparente entre le temps et le non-temps, que l'on considère aussi comme complémentaires. Les sages orientaux en particulier se sont toujours efforcés de dépasser le temps, par exemple à travers les nombreuses formes du yoga. Cependant, même le yogi ne peut accomplir cette prouesse en un tour de main. Il lui faut d'abord s'astreindre à des exercices respiratoires qui lui permettront dans un premier temps de dépasser le temps habituel et de rompre tous les enchaînements cosmiques, avant que sa respiration ne finisse par s'accorder avec le rythme du grand temps cosmique[144]. L'inspiration correspond alors à la course du soleil et l'expiration à celle de la lune. « Ainsi le yogi vit dans le temps cosmique tout en continuant de vivre dans le temps (habituel). » Ce n'est que parvenu à ce stade qu'il tentera de fondre ces deux rythmes en un seul, annulant ainsi l'univers avec toutes ses oppositions. Le yogi sort du microcosme comme on sort d'une coquille d'œuf en la brisant, laissant derrière lui le monde du hasard et du temps. La réalité qui se révèle à lui est double : elle est temps et non-temps. Il lui faut donc surmonter l'idée erronée selon laquelle rien n'existerait en dehors du temps.

Les enseignements secrets du taoïsme et du bouddhisme zen révèlent des conceptions similaires. Le *sutra Lankavatara,* dit par exemple :

« Pourquoi toutes les choses ne disparaissent ou n'apparaissent-elles pas ? C'est parce qu'elles sont caractérisées par des masques d'une nature individuelle et générale, [mais] ces masques qui se manifestent et s'évanouissent n'apparaissent pas et ne disparaissent pas... Pourquoi toutes les choses ont-elles une durée ? Parce que, bien qu'elles prennent forme, elles ne prennent pas vraiment forme ; en réalité, rien ne naît ni ne disparaît [145]. »

« Être et ne pas être — l'esprit se meut entre ces deux limites ; quand ce champ disparaît, l'activité de l'esprit s'interrompt. Quand on ne perçoit plus un monde constitué d'objets, on ne peut plus percevoir la disparition ou le Non-être, il ne reste alors plus qu'une donnée absolue caractérisée par la notion d'"Être Ainsi" (*tathatavastu*), qui est le domaine du sage [146]. »

Les anciens traités de Seng-Chao décrivent de façon un peu plus détaillée cet enseignement bouddhique à l'égard du temps [147] :

« Quant [les soutras] affirment que [les choses] passent, c'est avec réserve, car ils veulent contredire la foi que les hommes placent dans la durée. Mais quand ils disent que les choses durent, ils le disent aussi avec réserve, pour exprimer leur désaccord avec ce que tous les autres considèrent comme "passer"... Leurs paroles peuvent paraître contradictoires, mais non leur intention. Pour les sages, "la durée" ne signifie pas qu'on doive rester en arrière [pendant que la roue du temps ou le *karma* continue de se mouvoir]... Passer ne signifie pas "s'échapper" [de la roue]... Ceux qui recherchent en vain à retrouver des événements passés dans le temps présent pensent savoir que les choses ne durent pas... Moi, qui recherche en vain à retrouver des événements présents dans les temps anciens, je sais que les choses durent... Ainsi Bouddha est comme la vie, il n'apparaît pas et ne disparaît pas. Il se manifeste au moment juste, mais n'occupe pourtant pas une place définie [au sein des choses] [148]. »

L'histoire de la mort du grand maître zen Ma constitue une parfaite illustration de la façon dont on peut concevoir l'existence à la fois dans le temps habituel et dans le temps aïonique, qui est l'éternité. Quand Ma approcha de la fin de sa vie, malade et alité, il reçut la visite de l'abbé du monastère qui lui demanda respectueusement : « Comment vous sentiez-vous, Vénérable, ces jours derniers ? » Ma lui répondit : « Bouddha au visage de soleil, Bouddha au visage de lune. » Comme Wilhelm Gundert le montre, ces paroles font allusion au troisième soutra : « Sur le nom de Bouddha », où il est dit que la durée de vie du Bouddha au visage de lune est d'un jour et d'une nuit et que celle du Bouddha au visage de soleil dépasse mille huit cents années [149]. Les deux Bouddhas ne sont pourtant que les facettes du grand Un. Après un jour et une nuit, Ma mourut. Son visage de lune — la partie mortelle — s'éteignit, alors qu'une autre partie de lui-même, formée par le noyau archétypique de son être, devait vivre beaucoup plus longtemps. Il existe quelque chose d'éternel que Ma, en raison de son caractère ineffable, ne pouvait évoquer.

Pour en revenir à ce que nous disions plus haut, on pourrait illustrer le problème du temps et du non-temps de la façon suivante :

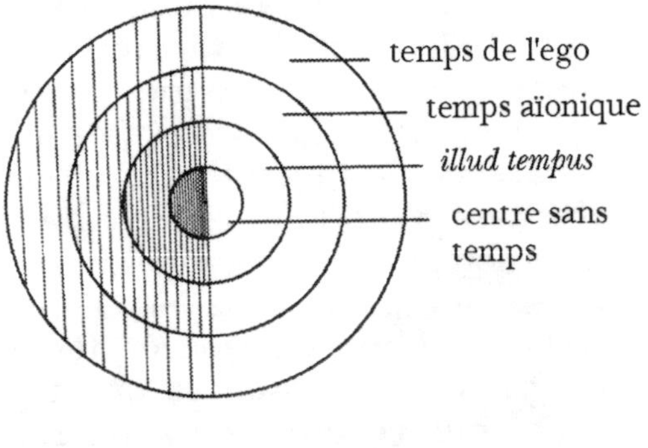

Cela signifie que l'on pourrait comparer le temps à une roue en mouvement. Le temps normal de nos horloges, celui de l'ego, en serait l'anneau extérieur, celui qui tourne le plus rapidement. L'anneau suivant serait constitué d'un temps plus « lent », le temps aïonique représenté par exemple par l'âge du monde dans l'astrologie ou par les années « soleil » des Aztèques. Le dernier anneau serait celui de l'*illud tempus* (Eliade), à la limite entre le temps et le non-temps, « dans ce moment qui se situe hors du temps de la création ». Le centre immobile de la roue enfin, immobile, hors du mouvement et hors du temps, est vide. Ce serait le Tao chinois qui existe au-delà des rythmes du monde formés par le Yang et le Yin :

> Il est quelque chose qui, parfait dans l'indifférenciation,
> précède la formation du ciel et de la terre.
> Ce n'est que silence et vacuité,
> indépendance, immutabilité,
> indépendance, immutabilité,
> mouvement circulaire que rien n'entrave.
> On peut considérer cela comme la Mère de l'Univers[150].

Il est entièrement vide et immobile :

> Trente rayons entourent le moyeu :
> c'est le Rien dans la roue qui fait l'utilité du char.
> On façonne des récipients, plats et pots :
> c'est le Rien à l'intérieur qui fait l'utilité du récipient.
> On perce des portes et des fenêtres aux maisons,
> mais c'est le Rien à l'intérieur qui fait l'utilité de la maison.
>
> [...]
> Ainsi donc : le quelque chose produit du réel,
> le non-être le rend utilisable[151].

Les mystiques occidentaux ont également élaboré une démarche leur permettant de surmonter parfaitement le temps et qui consistait dans l'*unio mystica* avec le divin intemporel. Parmi les plus fameux de ces mystiques, maître Eckhart écrivait :

« Saint Paul dit : "Quand le temps fut accompli, Dieu envoya son fils"... C'est là où il n'y a plus de temps que le temps trouve son "accomplissement". Le jour est accompli quand il n'en reste rien. Il est certain que le temps ne doit plus exister si cette naissance [de Dieu dans l'âme] doit avoir lieu ! Car il n'y a rien qui la gêne autant que le temps et les créatures... si l'âme était touchée par le temps, Dieu n'existerait pas. Si le temps avait quelque chose à voir avec l'âme, jamais Dieu ne pourrait éclore en elle. C'est pourquoi le temps doit avoir disparu, à moins que ce ne soit l'âme, avec ses désirs et ses aspirations, qui ait échappé au temps[152]. »

Et : « Si quelqu'un possédait l'art et le pouvoir de ramasser à nouveau le temps avec tout ce qui s'est passé depuis six mille ans et tout ce qui se passera encore avant la fin des temps, ce serait l'accomplissement du temps ! C'est cela le Maintenant de l'éternité, ce qui permet à l'âme en Dieu de préserver toutes les choses neuves, vives et présentes[153]. »

C'est pourtant de ce Dieu situé hors du temps que s'écoule le « fleuve de la grâce » qui produit ce Maintenant omniprésent. Dieu est ainsi, et pour maître Eckhart il est les deux à la fois : l'immobilité éternelle et l'éternel mouvement.

4.

L'expérience psychologique du temps *

Comme G.J. Whitrow l'a clairement démontré [1], le phénomène du temps a toujours représenté pour les philosophes, pour Platon, pour saint Augustin, Aristote, saint Thomas d'Aquin, Kant, Leibniz, Bergson, Einstein et bien d'autres encore, un sujet complexe et paradoxal. Tous leurs essais tendant à définir le temps s'appuyaient sur l'expérience consciente de l'homme, mais le problème s'est encore compliqué avec la découverte de l'inconscient. Ses travaux ont très rapidement permis à C.G. Jung de constater que, plus on descend vers les couches profondes de l'inconscient, plus la notion de temps y devient relative. Dans certains domaines de l'inconscient, le temps semble même ne plus exister du tout. Dans les rêves, nous pouvons sauter du passé le plus éloigné jusqu'au moment présent et même nous projeter dans l'avenir sans aucune difficulté. Le rêve même qui semble se produire dans un court intervalle de temps se situe presque en dehors du temps. Nous nous en souvenons en effet souvent comme d'une somme de scènes simultanées que nous nous voyons contraints, dès que nous voulons les retranscrire, de rétablir dans la suite d'un ordre temporel. Les gens disent maintes fois, quand

* Conférence donnée en anglais sous le titre « The psychological experience of time » à Ascona, 1978. Première publication (en anglais) dans le *Eranos Jahrbuch*, vol. 47, aux éditions Insel Verlag, Francfort-sur-le-Main, 1979.

ils racontent un rêve : « Alors il est arrivé autre chose, mais je ne pourrais pas dire comment ni dans quel ordre. »

Les contes restituent souvent l'idée de la relativité du temps au sein de l'inconscient. C'est en particulier dans les pays celtiques que nous trouvons le plus d'histoires de héros allant sur une colline magique ou dans le pays habité par les esprits. Le héros pense ne s'être absenté qu'un jour ou une nuit, mais ne retrouve, à son retour, plus aucune trace des siens ni de son village ; en réalité il était parti pendant plusieurs siècles. Au moment où il s'en rend compte, il meurt le plus souvent instantanément ou se réduit en poussière. Dans d'autres pays, on décrit l'enfer, le paradis et le royaume des morts d'une façon similaire. Un conte slovaque, par exemple, raconte comment un jour Dieu parcourut la terre sous les traits d'un mendiant, dans une charrette tirée par un âne[2]. Il arriva ainsi chez un pauvre qui accepta de l'héberger. Le jour suivant, Dieu pria son hôte de lui rendre visite *chez lui*, en lui disant ceci : « Ma maison est facile à trouver si tu suis les traces de ma charrette, lesquelles sont plus larges que la normale et ne convergent jamais. » Les deux beaux-frères de ce pauvre tentèrent d'abord de suivre ses traces, mais ils commirent des erreurs telles qu'il ne leur arriva que des malheurs. Le pauvre entreprit ensuite lui-même le voyage. Il arriva d'abord devant un pont de fer, à proximité duquel deux chèvres se livraient un combat sanglant. À cet endroit, les traces commençaient à briller comme de l'argent. Puis il rencontra un autre pont, en cuivre, où il assista au combat de deux chiennes noires. Il arriva ensuite devant un pont d'argent « beau comme un rêve », où il vit un homme se faire attaquer par des corbeaux, avec des bœufs qui lui arrachaient les cheveux. Le dernier pont était d'or. L'homme arriva enfin devant un mur circulaire qui avait été construit avec des pierres précieuses et qui comportait une entrée multicolore. À l'intérieur, il trouva un beau jardin rempli de fleurs et d'oiseaux. « Il ne ressentait ni la faim ni la soif et versait des larmes de joie. » Dieu lui apparaît alors et lui explique que les différents personnages tourmentés qu'il a rencontrés étaient des êtres humains qui avaient commis des péchés sur la terre. Puis Dieu le raccompagne vers l'entrée et lui dit en souriant : « Reviens, je t'attends ce soir. » L'homme se retrouve alors soudainement transporté chez lui, mais ne reconnaît plus ni son village ni sa famille, et questionne les gens qui le regardent d'un air ébahi. « Que doit-il faire ? Il ne peut que repartir sur les traces de la charrette et demander au mendiant ce que signifie tout ceci. Le mendiant le reçoit gentiment. Il décide alors de ne plus le quitter et reste demeurer avec lui au paradis. »

Des contes similaires se retrouvent partout en Europe[3]. D'un point de vue psychologique, il décrivent les couches profondes de l'inconscient collectif, pour lequel « mille ans semblent n'être qu'un jour ». Les traces argentées dans notre conte sont particulièrement intéressantes : elles représentent le fameux axiome litigieux d'Euclide selon lequel deux parallèles se coupent dans l'infini[4].

Les incursions étranges dans le passé mentionnées par la parapsychologie sembleraient également constituer un témoignage de la relativité du temps dans les couches profondes de l'inconscient. L'anecdote la plus significative relativement à ce phénomène est celle qui est survenue à deux Anglaises, Mlles C.A.E. Moberly et E.F. Jourdain ; la première était la directrice du collège de filles St. Hugh à Oxford, la deuxième étant sa vice-présidente, qui devint aussi plus tard la directrice du collège. Un après-midi de l'année 1901, les deux femmes se promènent dans le parc de Versailles et se dirigent vers le Petit Trianon. Elles aperçoivent alors une femme qui secoue un linge blanc à la fenêtre et deux jardiniers qui portent des manteaux gris-vert ainsi que des chapeaux de forme triangulaire. Mlle Moberly éprouve à ce moment un sentiment de « mélancolie subite », mais n'en dit rien à sa compagne, tandis qu'elles continuent leur promenade, qui les mène devant un kiosque rond. « Plus rien n'avait l'air naturel, même les arbres qui semblaient plats et sans vie, comme la forêt d'une tapisserie... Il régnait un silence écrasant. » Elles continuent leur chemin et rencontrent des gens habillés d'une façon tout à fait démodée. Ayant terminé leur promenade, elles retournent enfin à Paris. Ce n'est qu'après coup qu'elles purent échanger leurs impressions sur cette promenade et qu'elles décidèrent de noter, chacune de son côté, tout ce qu'elles avaient vu. Des années de recherches scrupuleuses leur ont permis d'établir que ce qu'elles avaient vu était le Versailles de Marie-Antoinette, non seulement avec des gens de cette époque, mais aussi des bâtiments disparus depuis, et particulièrement un petit pont qu'elles avaient traversé alors qu'il n'existait plus depuis longtemps[5]. J.W. Dunne, l'auteur du fameux traité intitulé *An Experiment with Time*, a établi un commentaire de leur récit, qui cadre parfaitement avec sa théorie de la multidimensionnalité du temps. Jung a fait une expérience similaire[6] à Ravenne quand, en compagnie d'un ami, il a pu admirer des mosaïques qui n'existaient plus. Cela démontre que le passé peut, d'une manière ou d'une autre, tout à fait subsister dans l'inconscient profond.

On peut généralement constater qu'il est impossible de se livrer à l'analyse approfondie d'un être humain sans rencontrer en lui des motifs oniriques issus du passé le plus lointain de sa culture. Il m'est arrivé d'avoir en analyse un catholique de Mexico qui avait oublié de me mentionner ses origines aztèques. Malgré une sympathie mutuelle et l'effort fourni par les deux parties, l'analyse n'avançait plus. Il fit alors le rêve suivant : il voit une obsidienne (pierre semi-précieuse) se détacher d'un arbre et se mettre à le poursuivre. Il s'enfuit et se trouve debout au milieu d'un trou carré. La pierre devient alors de plus en plus petite et finit par se poser tranquillement devant ses pieds. À l'audition de ce rêve, je me suis écriée : « Mais qu'avez-vous à voir avec les Tezcatlipoca ! ? », et c'est là qu'il me révéla enfin qu'il avait trois quarts de sang aztèque ! Je pus alors adapter mon langage en conséquence et l'analyse se poursuivit de façon tout à fait satisfaisante.

L'inconscient ne conserve pas seulement en son sein le passé d'une manière particulièrement vivace, mais aussi l'avenir. À tel point que l'étude des rêves, pour laquelle l'humanité a montré tant d'intérêt pendant des siècles et encore maintenant, s'occupait exclusivement de leur aspect « prédictif », comme le montrent les traités sur les rêves de l'Antiquité, de l'Orient et du Moyen-Orient. Il faut pourtant distinguer deux formes de rêves se rapportant à l'avenir : les rêves télépathiques qui exposent directement les événements à venir, et les rêves qui anticipent l'évolution sous une forme symbolique.

Pour illustrer le premier type de rêves, j'aimerais vous raconter une histoire à laquelle Schopenhauer en particulier s'est beaucoup intéressé[7] et qui fut rapportée à l'origine par le *Times* du 2 décembre 1852 : un certain M. Marclane s'était noyé. Avant même la découverte du corps, son frère avait prétendu connaître son emplacement parce que la nuit précédente il avait rêvé qu'il se rendait au fleuve, à proximité de la porte d'Oxehall, et qu'il essayait de sortir le corps de son frère de l'eau. Dans son rêve, une truite nageait près du cadavre. C'est lui qui donna l'alerte et on retrouva en effet le corps exactement à l'endroit indiqué. Une truite nageait autour de lui. Comme Schopenhauer l'a souligné, même le détail infime de la présence d'une truite, qui ne durait que quelques secondes, avait été anticipé par le rêve.

Il est plus difficile d'établir la fonction prédictive du second type de rêve, car il demande une interprétation symbolique. Il peut arriver aussi que le rêve se voie confirmé par la survenue d'un événement synchronistique dans la réalité extérieure, comme pour le rêve du scarabée que Jung rapporte dans son étude sur la synchronicité. Le rêve aurait aussi bien pu survenir sans être suivi du « miracle » de l'apparition du scarabée dans le cabinet de l'analyste. Le scarabée de l'ancienne Égypte symbolise la force agissante qui fait chaque matin se lever le soleil à l'est. Il symbolise aussi le renouvellement total de la conscience — ce qui était exactement le cas chez la rêveuse. L'apparition synchronistique d'un insecte ressemblant à un scarabée dans la pièce où se déroulait l'analyse au moment où la patiente racontait son rêve fut comprise par Jung comme une sorte de confirmation noumineuse de l'importance du renouvellement en cours.

J'aimerais également illustrer ce point par une petite expérience personnelle : lors d'un voyage au Canada, j'ai séjourné à Toronto chez une famille très accueillante. La nuit précédant mon départ en avion pour Chicago, je rêvai que, prise dans une tempête de neige, je m'enfonçais de plus en plus profondément dans la neige, quand je vis soudain un véhicule se précipiter vers ma tête — je me réveillai alors dans un cri de détresse. L'explication habituelle qui assimile la neige à une froideur des sentiments n'avait ici aucun sens. Je quittai donc Toronto sous le soleil, mais il y avait au-dessus de Chicago une terrible tempête de neige qui nous obligea finalement à atterrir à Cleveland. L'agitation fébrile et la brutalité de la foule prise de panique étaient affreuses à voir. Après huit heures d'attente, je pus enfin obtenir une pauvre petite chambre pour la nuit. Les lignes téléphoniques étaient coupées, la tempête introduisait de la neige jusque dans les interstices des fenêtres. En me couchant, je pensai : « C'est comme mon rêve ! » Il ne s'agissait cependant pas d'un rêve télépathique. Ce rêve avait esquissé ce qui devait m'arriver plus tard, tant physiquement que psychiquement, de manière plutôt symbolique. Cette deuxième forme, indirecte, de prédiction de l'avenir est selon moi plus courante que la première. Il est rare de voir l'avenir apparaître réellement dans un rêve sous sa forme exacte, il se manifestera plus souvent d'une manière plutôt symbolique. Il existe encore dans ce cas une petite marge de liberté qui peut parfois nous permettre de choisir entre ce qui doit se réaliser intérieurement ou extérieurement. Par exemple, j'aurais très bien pu, à la suite de ce rêve, annuler mon vol et ainsi éviter tous ces désagréments.

Comme vous le savez, C.G. Jung a montré que la plupart des rêves possèdent une structure de base similaire à celle du drame classique : 1. une présentation du lieu, du moment et des personnes ; 2. la désignation du problème ; 3. une ou plusieurs péripéties ; 4. la lyse — le dénouement ou la catastrophe. Paul Walder a enrichi cette idée par d'autres observations, notamment par le fait que les deux premiers éléments d'un rêve s'occupent davantage du passé, la péripétie du présent et la dernière partie du rêve de l'avenir. Il se fondait pour exprimer cela sur l'examen de plus d'une centaine de rêves, et j'en ai moi-même souvent trouvé la confirmation au cours de ma pratique. Nous pouvons donc nous aventurer dans le schéma suivant :

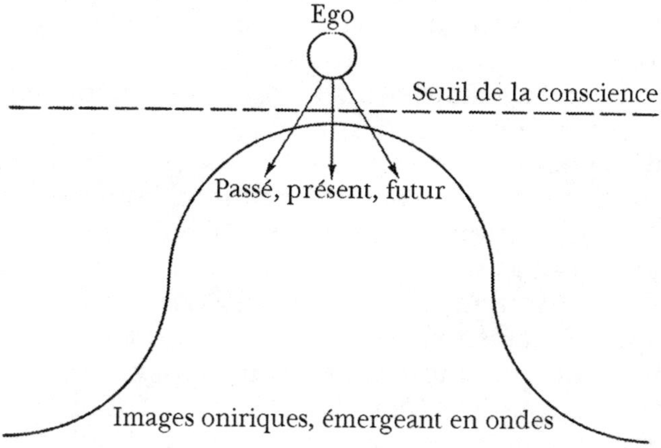

L'ego se meut du passé vers le futur. Le rêve lui arrive en remontant de l'inconscient comme une onde porteuse d'un bouquet d'images. Les trois flèches indiquent le domaine de la perception quand nous nous souvenons du rêve : d'abord nous apercevons le passé, puis le présent, avant de voir la solution devant nous. Tout cela nous amène à penser que ce que nous expérimentons aujourd'hui comme le temps normal de l'horloge est étroitement lié avec la structure spécifique de notre conscience. Jung l'appelle même un pur *modus cogitandi.* Jean Piaget a également démontré que les enfants ne développent que peu à peu le sens du temps, à travers un processus d'apprentissage, alors qu'ils possèdent un sens accru et plus précoce du rythme, de la fréquence et de la vitesse [8]. De nombreuses cultures comme celles de quelques tribus africaines et de nombreux Indiens de l'Amérique du Nord ne possèdent pas du tout notre sens du temps. La vision du temps chez les Indiens Hopi est particulièrement intéressante, car il ne semble exister dans leur langue aucune forme pour exprimer les notions de présent, de passé et d'avenir [9]. Ils ne possèdent pas non plus de mots pour dire « vite » ou « rapide », mais ils les remplacent par des termes qui expriment une intensité [10]. Leurs verbes ne possèdent pas de conjugaison temporelle [11], et leurs substantifs ne connaissent que deux formes : l'une sert à raconter un fait ou un événement (ce qui correspond à notre passé ou notre présent) et l'autre exprime l'attente de quelque chose — ce qui équivaut à notre futur.

Les Indiens Hopi ne connaissent donc que deux grandes formes temporelles : ce qui est manifesté et ce qui est en train de se manifester (ou ce qui n'est pas encore manifesté) [12]. Ils considèrent comme manifesté tout ce que leurs sens leur permettent de percevoir et qui est donc objectif et passé. Ce qui est en train de se manifester est en revanche purement subjectif, c'est ce qui est contenu dans notre cœur en même temps que dans « le cœur de la nature », dans le « quelque chose de puissant » (*a'ne himu*) ou dans « l'esprit du souffle » (*hi'wsn*) ; il embrasse tout l'avenir. La frontière étroite qui sépare le phénomène subjectif de ce qu'il est une fois qu'il est advenu objectivement constitue ce que nous appellerions le présent. Les Hopi expriment cette notion soit par une paraphrase qui indique que ce qui fait naître quelque chose (la cause) a cessé d'être, soit par l'utilisation d'un suffixe qui indique que la situation finale commence à se manifester. La notion de « subjectif » ou « d'avenir » relève purement et simplement du domaine de l'espoir [13]. Le verbe hopi *tunatya* signifie à la fois « penser », « désirer » et « causer » ; il est le mot qui sert à désigner le subjectif et le « non encore manifesté ». Par opposition, le passé est manifesté et perceptible, jusqu'au moment où il retourne, dans sa forme la plus éloignée, dans le royaume des origines, dans le temps et le lieu des mythes. C'est alors qu'après avoir possédé une forme visible dans ce monde, il redevient « subjectif », puisque connu seulement de notre conscience. C'est comme si un fleuve d'événements s'écoulait à partir du divin « cœur de la nature » originel. Ainsi, les événements appartiennent au passé dès le moment où ils se manifestent, tandis que de nouveaux événements émergent toujours du domaine subjectif dans l'actualité. Le passé éloigné devient, comme je l'ai déjà dit, de nouveau « subjectif » dès qu'il n'est plus perceptible. Cela rappelle l'Aljira des aborigènes australiens, qui avaient élaboré un « Temps-Rêve » mythique dans lequel vivaient les grandes figures mythiques créatrices et qui est encore aujourd'hui celui dont procède l'âme enfantine et dans lequel les âmes des défunts retournent. Nous pouvons voir dans ce temps mythique un exemple d'intemporalité comparable à ce que nous appelons l'inconscient collectif.

La conception du temps des Indiens Hopi me semble montrer une certaine similitude avec l'idée chinoise des « germes », appelés aussi les « premiers signes du temps ». Nous pouvons lire dans le *Yi king*[14] : « Les germes sont le tout premier début imperceptible du mouvement et se manifestent d'abord comme des facteurs de fortune (ou d'infortune). L'homme noble peut voir les germes et agir aussitôt en conséquence. » Le monde matériel naît de la manière suivante : d'abord une image préexistante (un trigramme) apparaît, dont la reproduction prend ensuite une forme corporelle. La fonction régulatrice de ce processus d'imitation est appelée modèle (*pattern*). « Ce qui se trouve au-dessus de la forme s'appelle le SENS, ce qui se trouve à l'intérieur de la forme s'appelle la chose[15]. » « Les mouvements des traits et des images par lesquels on symbolise les plus petits germes d'événements sont invisibles, mais leurs effets sont en revanche observables dans le bonheur et le malheur du monde visible[16]. » « Les traits et les images se meuvent à l'intérieur, le bonheur et le malheur se manifestent à l'extérieur[17]. » (Les Hopi définiraient ces germes comme subjectifs et non encore manifestés et le bonheur et le malheur comme des états manifestés et passés, possédant donc une étendue dans l'espace-temps.) Nous pouvons constater ici que les archétypes de l'inconscient collectif sont semblables à des « germes », en ce sens qu'ils ne sont pas non plus perceptibles, étant aussi dans une certaine mesure invisibles et seulement potentiellement réels ; c'est seulement lorsqu'ils sont actualisés sous la forme d'une image archétypale qu'ils deviennent « réels » et qu'ils parviennent à émerger dans notre conscience ainsi que dans notre espace-temps. Ce qu'ils sont en tant que tels, et Jung insiste sur ce point, nous restera à jamais inconnu.

Les « germes » peuvent cependant devenir tangibles si nous nous montrons sensibles et réceptifs. À la fin de sa vie, Jung n'utilisait plus le *Yi king*. Comme il le disait, il en connaissait de toute façon le résultat à l'avance. Il semble qu'il suivait ainsi le conseil de Chu Hsi, qui écrivait :

> Nous étudions les transformations qui composent les lignes.
> Pourquoi ne devrions-nous pas diriger notre esprit sur ce qui fut avant que nous n'eussions tiré les lignes ?
> Si nous comprenons que les deux formes ont émergé de ce dernier,
> nous pouvons tenir pour certain qu'il ne nous est plus nécessaire de questionner le *Yi king*[18].

Le caractère intemporel propre aux « germes » d'archétypes se manifeste aussi de la manière suivante : quand nous rencontrons, au cours du travail analytique, un rêve qui ne contient que des éléments personnels, nous pouvons généralement l'interpréter comme une traduction du présent immédiat et le considérer comme une réaction à des événements qui se sont produits la veille ou qui se produiront le lendemain. Si en revanche nous trouvons dans le rêve un motif archétypal, son sens sera valable pour un laps de temps plus étendu et qui peut aussi bien concerner le mois que les années à venir. Les rêves archétypiques de la prime enfance anticipent souvent toute la destinée du sujet, ou du moins concernent la première moitié de sa vie. En ce sens, les « germes » des Chinois ressemblent à ce que nous appelons une constellation archétypale dans la profondeur de l'inconscient. Quand nous interprétons un rêve, nous essayons — souvent avec succès — d'amener le patient à réaliser ce « germe » intérieur, afin que — pour le cas où il se montrerait négatif — il ne se transforme pas en un « malheur » extérieur.

Les archétypes (et non les images archétypiques) se situent donc probablement, en tant que tels, hors du temps. Ils sont aussi à l'arrière-plan des événements synchronistiques, les « hasards significatifs », car on a pu constater que ces événements ne se produisent qu'accompagnés de la constellation d'un archétype ou, comme le disent les physiciens, de son excitation. Ces coïncidences apparaissent lors d'états émotionnels intenses ou quand une situation objective extérieure d'une signification fondamentale devient imminente comme celle de la mort, la maladie, etc.[19]. Jung écrit : « Selon toute apparence, le caractère collectif de l'archétype se manifeste aussi par certaines coïncidences significatives, comme si l'archétype (ou l'inconscient collectif) vivait non seulement dans l'individu mais aussi à l'extérieur de lui, c'est-à-dire dans son environnement, ou comme si l'émetteur et le récepteur figuraient dans le même espace psychique, voire dans un même temps (par exemple dans les cas de prémonition). Étant donné que dans le monde psychique il n'y a pas de corps qui se meut dans l'espace, ce monde ne connaît pas non plus de temps. Le monde archétypal est "éternel", c'est-à-dire hors du temps et partout à la fois, car l'état psychique, et donc archétypique, ne connaît pas de définition dans l'espace. Là où un archétype se manifeste, nous pouvons nous attendre à voir des phénomènes synchronistiques se produire, c'est-à-dire des correspondances acausales ou des ordres parallèles de faits dans le temps[20]. »

Nous pouvons donc tenter de représenter le temps par le schéma suivant, tout en gardant à l'esprit que tout modèle schématique précise les faits que l'on voudrait décrire tout autant qu'il les perturbe :

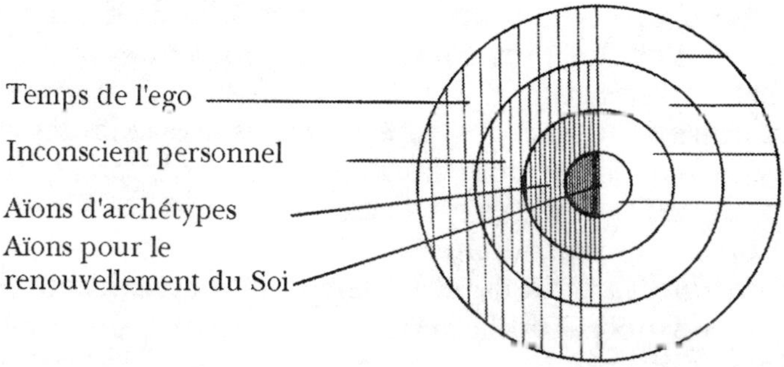

À la périphérie, l'ego se meut dans le temps à travers un courant d'événements extérieurs et intérieurs. Au-dessous, nous trouvons la sphère psychique de l'inconscient dit personnel, encore relativement lié au temps. À l'intérieur, on peut voir la sphère des images archétypiques, qui semble également liée au temps, mais à un temps beaucoup plus large, où les images archétypiques peuvent se mouvoir à travers des aïons de quelques millénaires, mais où elles peuvent cependant se « consteller », selon l'expression que nous avons forgée pour faire référence à l'existence du temps. Encore plus à l'intérieur nous pouvons distinguer le mouvement du renouvellement interne du Soi, que Jung a décrit dans son *Aïon* ; enfin, les archétypes éternels dans leur unité multiple et le Soi. Au centre, le moyeu de la roue, le domaine du non-temps à l'état pur.

> Trente rayons convergent vers le moyeu
> mais c'est le vide médian qui fait rouler le char.
>
> (Lao-tseu) [21]

Plus nous approchons de la périphérie, plus nous entrons dans le domaine du temps sous sa forme familière. Cependant, comme je l'ai déjà dit, le temps de nos montres est une conquête propre seulement à notre civilisation, au même titre que le paramètre « t » dans la physique moderne. Contrairement à toutes les représentations archétypiques antérieures, il s'agit avec le temps mesuré d'un pur concept. La possibilité de mesurer le temps repose, à mes yeux, sur sa relation naturelle au nombre. Nous mesurons couramment le temps à l'aide d'un mouvement régulier. Le plus souvent des mouvements de l'univers se traduisent par des oscillations, des mouvements ondulatoires ou par des phénomènes assimilables à des ondes, et possèdent pour la plupart trois caractères fondamentaux : le rythme (l'oscillation), la sérialité (les motifs répétitifs) et la périodicité [22].

Le rythme, la sérialité et la périodicité constituent également des aspects fondamentaux de la suite des nombres naturels, qui crée la base nécessaire pour faire du temps un phénomène mesurable. Aujourd'hui nous mesurons le temps au moyen des oscillations atomiques [23]. Par le passé, on le mesurait en observant le mouvement des corps célestes et plus particulièrement du soleil. Or comme dans nombre de cultures anciennes, les précurseurs de la nôtre non seulement considéraient le temps comme un mouvement régulier mais ils le percevaient aussi intuitivement plutôt sous la forme d'un cours linéaire ou d'un fleuve.

C'est pourquoi, comme je l'ai déjà indiqué, Jung définissait le temps comme un pur *modus cogitandi* ; ce que nous percevons effectivement est un cours d'expériences intérieures et extérieures — le temps est le fleuve aussi bien des événements extérieurs que des suites de pensées, de sentiments et d'émotions intérieures[24]. Si on la considère sous la forme d'un cours d'événements, l'idée du temps se fonde bien sur une base archétypale, ce qui est confirmé par le fait que ses représentations religieuses et mythiques font preuve à travers les différentes cultures d'une certaine homogénéité.

Dans la *Bhagavad-Gita*, le dieu Krishna se dévoile à Arjuna sous sa véritable forme, absolument terrifiante[25] : « Je vois une silhouette infinie dans laquelle toutes les formes fusionnent pour former des corps, des bras et des yeux innombrables. » Formant un fleuve gigantesque, ces formes disparaissent dans la gueule bouillonnante de flammes du dieu, « elles y entrent en pressant le pas ». Il s'agit du temps qui dévore tout.

Les Grecs se représentaient aussi le temps (Chronos) sous la forme d'un grand fleuve appelé Okeanos et qui encerclait la terre et l'univers, comme un serpent portant sur son dos les signes zodiacaux. Okéanos est également l'âme du monde, car les Grecs assimilaient l'âme à un liquide ou une vapeur. L'alchimiste Zosime définissait cette humidité comme étant : « L'élément rond divisé en deux parties et appartenant à la septième zone de Chronos, comme on l'appelle dans le langage profane. On ne peut exprimer sa nature véritable avec le langage mystique [...] Toutefois, il est Okeanos dans le langage profane, l'origine et le germe de tous les dieux [...] ce grand et magnifique élément (qui comprend tout ce qui a été dit sur les instruments de l'eau divine[26]. »

Dans une moindre mesure, le liquide ou le serpent symbolisaient également l'« Aïon » ou le temps de vie imparti à chacun. Nous retrouvons encore le symbole du serpent dans l'ancienne Égypte, où l'on croyait que chacun se voyait attribuer un « serpent du temps de vie » ayant pour mission de veiller sur lui dans cette vie et après la mort.

Dans une Antiquité plus tardive, le dieu Okeanos-Chronos-Aïon fut assimilé au dieu perse Zurvan sous ses deux aspects constitués du « temps infini » et du « temps du long règne ». Certains textes tardifs du mithraïsme le célèbrent comme l'« Esprit qui perce le ciel et va jusqu'à la terre et de la terre [...] jusqu'aux frontières de l'abîme [...] Sois loué [...] illumination du monde [...] Ô grande, immense structure du monde, circulaire et insaisissable ! [...] esprit humide, ardent et froid, aux formes de la terre, du feu, du vent, de l'obscurité... [27] ». Dans le célèbre calendrier de pierre aztèque, l'anneau extérieur est formé de deux serpents de feu dont les deux têtes se rejoignent en bas. Nous rencontrons à nouveau ici le serpent et le symbole du couple d'opposés dans la représentation du temps.

En Chine, le temps n'était pas associé à la figure du serpent mais à celle du dragon, qui symbolisait le Yang, le principe cosmique clair, masculin, dynamique et créatif qui influence, d'après le *Yi king*, l'esprit et le temps, tandis que le Yin, le principe réceptif, exerce son influence sur l'espace et sur la matière [28].

Pour résumer, nous avons vu jusqu'ici le rapport psychologique du temps avec l'image du Soi ou avec la divinité dans son aspect actif, dynamique et créatif. On peut voir dans le Soi un élément temporel, en relation notamment avec son énergie, son rayonnement et son mouvement. Ou encore on peut considérer que c'est parce que le Soi se meut qu'il provoque en nous l'expérience du temps vécu.

J'aimerais illustrer ce point avec un rêve fait par un homme d'une quarantaine d'années, qui avait suivi une formation d'analyste. À la veille de recevoir son premier patient, il fut gagné par la panique. Il ne se sentait pas à la hauteur de sa tâche et commençait à s'interroger sur la nature d'une interprétation « juste » des rêves et sur l'analyse en général. « Que se passe-t-il lorsque nous interprétons un rêve ? » S'étant endormi sur cette question, il eut le rêve suivant [29] : « Je suis assis sur une place carrée et ouverte, dans une vieille ville. Un jeune homme s'assoit à mes côtés [...] plein de force et de vitalité, avec des cheveux blonds [...] et se met à me raconter ses rêves [...] Ces rêves sont comme une sorte d'étoffe qu'il déroule devant moi au gré de son récit. Une pierre tombe du ciel et déchire chaque rêve qu'il raconte. Ainsi, je vois des morceaux de rêve s'envoler. Mais quand je les prends dans la main, ce sont des morceaux de pain. L'envol de ces morceaux révèle la structure intérieure qui ressemble à une sculpture abstraite moderne [...] avec des écrous et des boulons. J'explique à ce jeune homme que cela démontre bien que l'on devrait toujours dénuder un rêve jusqu'aux boulons et aux écrous. Et encore que l'interprétation des rêves est l'art de savoir ce qu'il faut jeter ou garder, exactement comme dans la vie.

« Ensuite le décor du rêve change : Le jeune homme et moi sommes maintenant assis [...] sur la rive d'un magnifique et large fleuve [...] la structure formée par les rêves a pris une forme différente. Ils ne forment plus une pyramide de boulons et d'écrous, mais [...] des milliers de petits carrés et de triangles. Cela ressemble à une peinture cubiste de Braque, mais c'est tridimensionnel et vivant. Les couleurs et les ombres des petits carrés et triangles se modifient constamment. J'explique qu'il est essentiel pour un être humain de maintenir la balance de la composition entière en équilibre, de façon à pouvoir compenser immédiatement chaque changement de couleur par une modification de l'élément qui lui correspond de l'autre côté [...] Puis je regarde la pointe de cette pyramide de rêves : Il n'y a rien [...] un espace vide. Lorsque je le regarde, cet espace se met à briller dans une lumière blanche.

« Le décor du rêve change à nouveau : la pyramide est toujours là, mais elle se compose maintenant de fange solidifiée. Sa pointe brille toujours. Je réalise soudain que c'est cette fange solide qui a rendu visible cette pointe invisible [...] et vice versa [...] Je regarde profondément dans la fange et je comprends que je regarde dans la main de Dieu. Une illumination instantanée me permet de comprendre pourquoi la pointe était invisible : il s'agit de la face de Dieu. » Le rêve connaît encore un court dénouement, plus personnel.

Je ne donnerai ici qu'une brève interprétation de ce rêve, mon propos consistant avant tout dans la signification du fleuve. D'abord, le rêve essaie de montrer au rêveur ce qui se passe lors de l'interprétation d'un rêve : c'est le jeune homme vigoureux, qui représente un aspect de son propre Soi, qui produit les rêves ; et ce n'est pas lui, ou son moi, qui les interprète, mais ils sont heurtés par des projectiles tombant du ciel. Cela signifie qu'une intuition juste au sujet de la signification d'un rêve provient également de l'inconscient ; c'est comme « toucher le but » ou « taper dans le mille ». Des fragments de rêve prennent alors la forme du « pain de vie ». Mais ce qui est plus important encore, c'est la structure en forme de pyramide qui apparaît lentement et qui, selon Jung, constitue un symbole du Soi — le germe divin dans l'âme. Helmut Jackobson a montré que la pierre pointue, au sommet des pyramides égyptiennes, était toujours placée de manière à ce que, le matin, le premier rayon du soleil l'effleure. Cette pierre représentait le germe immortel de l'âme du défunt, apparaissant lors de la résurrection du soleil et fusionnant avec le dieu cosmique Aton sans pour autant perdre son identité individuelle [30].

Au moment où le rêveur examine cet aspect de la pyramide, il se trouve sur une place carrée dans une ville — dans un environnement statique créé par l'homme. Toutefois, il est soudain assis avec son interlocuteur au bord d'un large fleuve. À cet instant, il s'aperçoit que la pyramide est quelque chose de vivant qui se modifie constamment. Le temps entre en scène. C'est comme si le rêve voulait expliquer que, dans le processus d'individuation, il existe une première phase où on réalise le Soi par le fait de « taper dans le mille » quand on recherche le sens du rêve. C'est de cette façon que l'on prend conscience de l'existence du Soi. Mais ce n'est pas tout. Il s'agit maintenant de rester, au sein de la temporalité, en contact avec le Soi par des actes de balancier qui se modifient en permanence. C'est ce qui explique la présence du fleuve, avec l'image du Soi, la pyramide, qui devient vivante et commence à se mouvoir. Le rêveur se voit alors confronté à un nouveau paradoxe : la pyramide est faite de « fange », une matière inutile qui révèle cependant la « main de Dieu », se faisant ainsi le réceptacle de ce qu'il y a de plus transitoire et de plus éternel (ce qui peut nous rappeler l'adage des alchimistes selon lequel la pierre philosophale se trouverait dans la fange).

Les deux lieux du rêve (la ville et le fleuve), ainsi que ses différentes phases, me rappellent la distinction qu'établissent certains bouddhistes zen chinois entre la « substance » et la « fonction », la première signifiant la réalisation du Soi. Le maître zen développe ensuite ce qu'ils appellent la « grande fonction », l'action ou l'inaction adéquates à partir de ce centre intérieur, de manière à pouvoir également conduire d'autres personnes vers l'illumination[31]. La « substance » se situe pour ainsi dire hors du temps, elle est la conscience muette du corps immatériel, le Dharma-Kaya ; la « grande fonction » en est cependant la manifestation liée au temps dans la vie du maître.

Il se passe quelque chose de semblable au cours du processus d'individuation. Il ne suffit pas de percevoir l'existence du Soi, il est aussi nécessaire d'apprendre à vivre avec lui si l'on veut pouvoir agir à partir de ce centre et non par l'entremise de l'ego. C'est là que le fleuve du temps apparaît dans le rêve, et avec lui la connaissance que le Soi est vivant et en constante transformation, mais qu'il est aussi solide et calme. Ces deux aspects font partie du Soi : la « boue » de notre vie quotidienne et le point brillant invisible, la « face de Dieu », le pivot stable à l'intérieur de tout changement.

Ce que le rêve symbolise avec la « main de Dieu », que le rêveur découvre dans la « fange », Jung l'appelait l'« être en relation avec l'infini » au cours de notre vie terrestre. « C'est uniquement si je sais que l'illimité est l'essentiel que je n'attache pas mon intérêt à des futilités et à des choses qui n'ont pas une importance décisive... Si nous comprenons et sentons que, dans cette vie déjà, nous sommes rattachés à l'infini, désirs et attitudes se modifient. Finalement nous ne valons que par l'essentiel, et, si on n'y a pas trouvé accès, la vie est gaspillée... Mais je ne parviens au sentiment de l'illimité que si je suis limité à l'extrême. La plus grande limitation de l'homme est le Soi ; il se manifeste dans la constatation vécue du : "Je ne suis que cela !" C'est quand j'ai conscience de cela que je m'expérimente à la fois comme limité et comme éternel, comme l'un et l'autre[32]. »

Nombre de mythes et de documents religieux indiquent une autre image archétypique du temps, sous la forme d'une procession, ce qui apparaîtra par exemple dans les rêves de l'homme moderne sous la forme d'un train. Je voudrais illustrer cela par deux rêves faits par une petite fille de sept ans. Jung a analysé ces rêves au cours de l'un de ses séminaires sur les rêves d'enfants[33]. Le premier rêve est le suivant : « Sept oies blanches marchent sur la route ; tous les êtres vivants auprès desquels elles passent s'écroulent par terre et meurent sur-le-champ. »

Voici le deuxième rêve : « Une locomotive roule sur la chaussée. Elle ne tue pas les gens en les écrasant mais du simple fait de son passage. »

Jung fait remarquer que le nombre 7 appartient à la lune qui, d'après les Grecs, régit le monde du transitoire et des processus temporels. Le train est quelque chose qui passe près de nous selon un certain rythme.

L'idée qui fonde « ce qui passe » est celle de la nature du temps. Les oies représentent une pure nature, la nature animale ; la locomotive est en revanche une invention humaine ; mais les deux, en passant, font basculer toute vie dans la mort. Jung ne considérait pas que l'enfant qui avait fait ces rêves était anormale, mais simplement un peu naïve et qu'elle avait des difficultés à s'adapter à notre monde. L'âme est issue du royaume de l'intemporel et a tendance à revenir aux formes primordiales, là où la vie n'est plus un court rêve mais un rêve éternel. Ces deux visions oniriques étaient censées provoquer chez cette fillette un choc salutaire ayant pour effet de l'éveiller enfin à notre monde civilisé temporel, auquel elle devait maintenant absolument s'habituer pour mener une vie d'écolière normale. Elle devait apprendre que tout passe vite et que dorénavant il lui faudrait vivre dans le temps. Le primitif ne vit pas non plus dans un temps comparable au nôtre, il fait comme si l'éternité lui appartenait. Mais, hélas, nous ne demeurons plus au paradis. Nous possédons maintenant une montre et une conscience claire du temps qui passe.

La plupart d'entre nous ont probablement eu ce cauchemar où nous avons un train à prendre mais où nous nous heurtons à tout un tas d'obstacles. Cela signifie généralement que nous ne parvenons pas à vivre en accord avec le temps et que, d'une manière ou d'une autre, nous ne sommes pas « à la page » et que nous nous laissons porter d'une façon indolente par la vie, sans réaliser ce qui devrait déjà l'être.

La pratique analytique nous amène souvent à constater que certains jeunes gens connaissent une difficulté névrotique à pénétrer complètement dans le cours du temps, tandis que les gens âgés ne peuvent au contraire se résoudre à quitter le fleuve du temps pour retourner vers les rives de l'éternité.

Avant l'existence du chemin de fer, cet aspect du temps était exprimé sous la forme d'une procession, comme dans le rêve des sept oies.

Lors de la fête de Seth, dans l'ancienne Égypte, quatorze porteurs d'étendards marchaient derrière le roi en direction du sanctuaire. Les étendards représentaient les *Ka*, c'est-à-dire les âmes des leurs quatorze prédécesseurs. Le cortège accompagnant le roi était donc en quelque sorte celui du passé — il s'appuyait sur l'histoire. Dans d'autres cultures, on conservait les listes mortuaires interminables des chefs de tribu ou des rois antérieurs et on les récitait dans les occasions importantes. Leur fonction consistait là aussi à garder le passé vivant. La procession constitue aussi un indice du rapport temps-nombre, car on peut décompter le nombre de ses participants. Seidenberg en a déduit l'hypothèse que les processions seraient même à l'origine du comptage [34].

Les zodiaques appartenant aux différentes cultures ont formé les processions du temps les plus majestueuses, étant, comme le disait Platon, des « images en mouvement de l'éternité [35] ». Le zodiaque représente des images divines qui traversent le ciel selon une suite ordonnée sur des périodes de milliers d'années — ou sur des périodes annuelles ou mensuelles.

Quelques-uns parmi les signes zodiacaux personnifient des dieux fondateurs que l'on a fini par projeter dans les constellations, certainement avec le pressentiment que les archétypes de l'inconscient collectif ne se constellent pas d'une façon arbitraire mais qu'ils apparaissent selon un ordre secret ou dans un « jeu des archétypes », comme l'appelle Jung — un jeu ordonné dont nous sommes pourtant incapables de saisir le mécanisme. La symbolique des dates dans les calendriers des Mayas et des Aztèques est très impressionnante : les dates y sont en effet représentées sous la forme de silhouettes divines qui portent des paquets sur leur dos (ces paquets représentant des sommes de jours ou d'années). Ces silhouettes voyagent ainsi péniblement à travers le ciel en portant le temps sur leur dos. Les zodiaques indien et chinois constituent un autre exemple de l'ordre temporel circulaire des images archétypiques. Tout cela est à mettre en relation avec ce que nous appelons souvent une « constellation » psychologique, sans savoir exactement ce que cela signifie.

Le rapport qui unit les dieux au temps n'a pourtant pas l'astrologie pour origine. Les anciens peuples de Slovénie, les Grecs et les Romains avaient déjà des dieux qui représentaient certains instants temporels noumineux, des moments comportant une certaine qualité émotionnelle. Il y avait un dieu pour le moment où les chevaux s'emballent et un dieu pour le moment favorable à la récolte du miel. Pan était le dieu de l'instant où, au cours d'une bataille, la panique gagne. Puis il y avait Kairos, le dieu des opportunités heureuses, que l'art représente sous les traits d'un jeune homme ailé avec de petites roues sous les pieds, pour signifier son aspect fugitif ; si nous ne « saisissons » pas immédiatement cet instant, il est déjà passé. Il y avait aussi Nikè, la déesse de l'instant magique, l'instant où, lors d'une bataille ou d'un jeu, le plateau de la balance penche en faveur de la victoire. Et Fortuna avec sa roue ! D'abord déesse-mère, elle est devenue par la suite le symbole de ce pouvoir aveugle qui au cours du temps pousse certains vers les sommets du bonheur et du succès et d'autres vers la misère. L'association faite en Mésopotamie, vers le VIe siècle avant Jésus-Christ, entre certains dieux et le firmament semble avoir constitué une tentative humaine de saisir l'ordre régissant l'apparition temporelle de certains dieux dans une procession et dont la découverte permettrait de calculer la probabilité de leur apparition ou leur disparition. Kairos, Fortuna, Nikè, Éros et d'autres « dieux de l'instant », comme les appelait Hermann Usener[36], personnifient en revanche les archétypes qui se manifestent dans les événements synchronistiques. La survenue de tels événements demeurant hasardeuse, l'apparition de ces dieux reste imprévisible.

Il arrive que des événements synchronistiques non seulement dérogent à la règle mais paraissent même totalement arbitraires. C'est pourquoi ils portent dans notre tradition chrétienne le nom de « miracles », accomplis soit par Dieu soit par le diable. Bien des images du Moyen Âge ou des peintures de la Renaissance, ou encore l'art populaire contemporain nous montrent, dans la représentation des miracles, une main — la main de Dieu — pointée depuis les nuages vers la terre et qui signifie l'intervention de Dieu dans sa création. Cela explique pourquoi la pensée chrétienne n'a jamais admis l'univers comme un mécanisme lié au temps, parce que la survenue de miracles et la création de nouvelles choses étaient toujours possibles.

Jung définissait les événements synchronistiques comme des « actes de création dans le temps » et parlait d'une *creatio continua* existant depuis toujours ou d'un arrangement se répétant sporadiquement et qu'il était impossible de déduire d'un antécédent établi[37]. « Il faut comprendre la notion de *creatio continua* non seulement comme une suite d'actes de création suivis mais aussi comme l'éternel présent d'un *unique* acte de création...[38] » Comme Jung l'écrit à la fin de son traité sur la synchronicité[39], les événements synchronistiques ne semblent constituer qu'« un cas particulier au sein d'un arrangement général acausal », comme un principe naturel. En physique par exemple, cet arrangement acausal se manifestera dans le laps de temps dévolu à la désintégration radioactive, que nous pouvons simplement constater sans être capables de lui trouver une cause. Dans le domaine de la psyché, le simple « être ainsi » des nombre naturels 1, 2, 3, etc. est aussi un exemple d'arrangement acausal. Personne en effet ne peut expliquer pourquoi 6 est un nombre parfait (sauf à avoir recours à la tautologie !).

Les différents zodiaques exprimaient déjà cette notion d'un arrangement acausal, comme en Chine avec les deux modèles arithmétiques du monde qui fondent le mode d'action du *Yi king*. Dans le modèle appelé l'« ordre du ciel plus ancien » ou encore « l'ordre antérieur au monde », huit principes universels (*K'ua*) s'ordonnaient par couples d'opposés[40] :

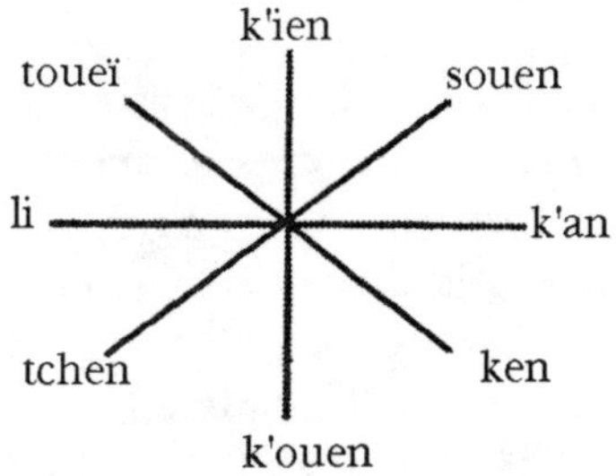

Ces contraires « ne se combattent pas mutuellement » mais contribuent à instaurer un équilibre dynamique[41]. De cette façon, le modèle entier se situe hors du temps. Ce qu'on appelle « l'ordre du roi Wen » ou « l'arrangement du ciel plus récent » se présente en revanche sous une forme circulaire :

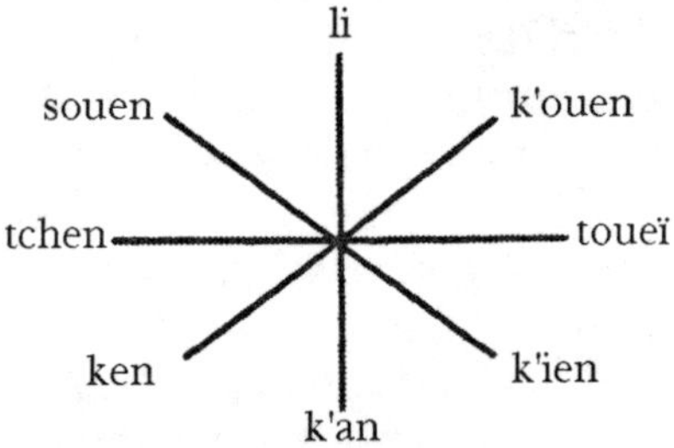

Le premier modèle est intemporel, le deuxième est temporel. Le premier modèle symbolise le monde de l'« arrangement ou de l'ordre acausal », le deuxième se situe dans le temps et on l'employait comme un indicateur des événements synchronistiques éventuels. D'après Richard Wilhelm ces modèles ne s'opposent pas l'un à l'autre, c'est plutôt comme si « l'ordre du ciel plus récent » était transparent et que l'ordre du ciel plus ancien luisait à travers lui[42]. Pour les Chinois, la temporalité et la non-temporalité formaient donc dans l'univers une double unité complémentaire, les événements synchronistiques étant ainsi considérés comme la manifestation sporadique de cette unité complète. Pour obtenir un oracle du *Yi king*, on doit compter à rebours un paquet de baguettes d'achillée jusqu'à ce qu'il ne reste plus qu'une ou deux baguettes, ce que l'on explique de la manière suivante : il y a le mouvement qui va vers l'avant, le mouvement « normal » du temps passé vers le temps futur, mais il y a aussi le mouvement vers l'arrière qui se plie et se contracte. « La connaissance de ce mouvement conduit à la connaissance de l'avenir. Ou pour le dire d'une façon plus imagée : si on comprend comment un arbre se contracte dans son germe, on comprend aussi le déploiement futur du germe qui donnera l'arbre[43]. » Voilà pourquoi les Chinois, quand ils voulaient prédire l'avenir, utilisaient une méthode de comptage à rebours.

On considérait en Chine les nombres dans un rapport étroit avec le temps. Comme Marcel Granet l'a montré, les nombres constituaient des indicateurs de classement. L'univers était perçu comme un tout fini, et les différents nombres, 1, 2, 3, etc. décrivaient ce même tout, selon ses qualités diverses apparaissant à travers la succession des différentes fractions de temps. Les nombres « caractérisent les différents types d'organisation qui s'imposent aux choses quand elles réalisent leur rang dans le cosmos[44] ». Les nombres ne traduisent pas seulement des quantités mais servent également à indiquer des *phases temporelles qualitatives* dans l'existence du tout. C'est ce qui explique que le *Yi king* se fonde sur un système de numération qui utilise les données des nombres pour trouver les données d'un instant donné. Comme tous les autres archétypes, les nombres ont un aspect « éternel » et aussi un aspect temporel. Ils incarnent « l'arrangement ou l'ordre acausal », l'ordre temporel et la périodicité. En tant qu'individus, ils représentent le « simple être ainsi ».

Un troisième grand symbole du temps est celui de la roue, que j'ai déjà utilisé dans mon propre schéma. La roue était déjà un symbole associé à Kairos et à Fortuna, qui fut à l'origine de l'une des grandes *matronae* préromanes — les déesses mères de la nature.

On a aussi souvent interprété notre zodiaque comme

une roue céleste. Les représentations indiennes et tibétaines de la roue de Samsara (la roue du devenir ou de la renaissance) constituent certainement l'illustration la plus célèbre d'une roue temporelle, qui rend visible le monde de l'*Anityana*, le monde de l'inconstance et de l'instabilité que le bouddhiste tente de fuir en atteignant le *nirvana*. Trois animaux sont représentés au centre de cette roue : un porc (la cupidité, la passion), un coq (la haine) et un serpent (la bêtise, l'inconscience). Ce sont eux qui lui impriment son mouvement pour toute l'éternité. Mais il y a aussi, en opposition à cet aspect négatif de la roue du temps, le sentier « octuple » de la libération (Dharma), également représenté par une roue (comportant huit rayons) qui parcourt le monde pour apporter la délivrance à l'humanité[45].

L'observation de tous les phénomènes célestes circulaires réguliers a finalement conduit l'humanité à inventer la roue dentée, qui a d'abord permis l'élaboration du calendrier et ensuite celle de l'horloge. Cette invention a pourtant connu un étrange développement. À l'origine, l'horloge avait été imaginée pour représenter la puissance divine du temps dans l'univers. Elle est cependant devenue LE modèle par excellence d'un monde mécanique dépourvu de dieu. Nicolas de Cuse voyait encore dans l'horloge une image divine. Il écrit dans sa *Vision de Dieu* que « le concept de l'horloge représente l'être de l'éternité, le mouvement de l'horloge représente la suite chronologique. L'éternité enveloppe et dévoile la suite du temps, tout comme le concept de l'horloge, qui est l'éternité, enveloppe et déploie toutes les choses[46] ». C'est seulement avec les Lumières et jusqu'à la fin du XIXe siècle que l'homme verra l'horloge sans son horloger divin et qu'il se mettra à la considérer comme le modèle d'un univers purement mécanique. Du point de vue psychologique, cela signifie que l'ego a pris la place de l'horloger divin (car il est en mesure de fabriquer des horloges mécaniques) et qu'il a subi une inflation. On a confondu la régularité avec le fonctionnement mécanique, excluant ainsi totalement les notions de hasard et de créativité dans le temps. Actuellement, la physique moderne et la psychologie des profondeurs remettent en cause cette conception erronée.

Dans un rêve moderne, l'horloge peut parfois signifier un rappel de notre temporalité. Il arrive par exemple que peu de temps avant de mourir on rêve que sa montre est cassée et qu'on ne pourra plus la réparer. Un tel rêve semble vouloir signifier au rêveur que ce n'est pas lui mais son existence temporelle qui s'achève. L'horloge représente aussi parfois un ordre du monde à la fois lié et non lié au temps, elle symbolise alors le Soi. Rappelez-vous la vision de ce physicien que Jung a publiée dans *Psychologie et alchimie* :

« Il s'agit d'un cercle vertical et d'un cercle horizontal qui ont un centre commun. C'est l'horloge du monde, qui est portée par l'oiseau noir. Le cercle vertical est un disque bleu avec un bord blanc qui se divise en 4 fois 8 = 32 parties. Une aiguille tourne au-dessus.

« Le cercle horizontal se compose de quatre couleurs. Quatre petits hommes avec des pendules s'y tiennent debout. Autour du cercle, on voit la bague qui jadis était sombre et qui est maintenant dorée...

« L'"horloge" comporte trois rythmes ou pulsations :

La petite pulsation :	L'aiguille du disque vertical bleu avance de 1/32.
La pulsation moyenne :	L'aiguille fait un tour entier. En même temps, le cercle horizontal avance de 1/32.
La grande pulsation :	32 pulsations moyennes correspondent à un tour de la bague[47]. »

Jung commente cette vision en indiquant d'abord les différents parallèles que l'on peut établir entre l'alchimie et les calendriers du Moyen Âge. Il écrit ensuite : « Si nous [...] partons de l'hypothèse que le "centre" et sa circonférence représentent la totalité de l'être psychique et donc du Soi, alors cette construction affirme que deux systèmes hétérogènes se coupent dans le Soi et que, sur le plan fonctionnel, ces systèmes sont déterminés par une loi et réglés par trois "rythmes". Le Soi est *per definitionem* le centre et la circonférence des systèmes conscient et inconscient[48]. » Ensuite il écrit : « La figure qui apparaît dans cette "grande vision" ayant un aspect cosmique — l'horloge du monde —, nous devons supposer qu'elle est un modèle réduit, ou peut-être même qu'elle constitue une origine de l'espace-temps ; elle représente en tout cas un condensé d'espace-temps qui, du point du vue mathématique, possède par conséquent un caractère quadridimensionnel bien qu'il ne soit visible que dans une projection tridimensionnelle[49]. » Il ajoute encore ceci : « S'il est permis d'utiliser ici l'ancienne représentation pythagoricienne de l'âme sous la forme d'un carré, alors le rythme triple du mandala exprimerait la divinité, et sa quaternité statique, le cercle divisé en quatre couleurs, exprimerait l'âme. La signification la plus profonde de cette vision ne serait alors rien de moins que l'unification de l'âme avec Dieu[50]. »

Si Jung a raison d'interpréter ces deux systèmes qui se coupent comme étant à l'origine de l'espace-temps, cela ne signifierait alors rien de moins que la perception consciente du temps est « produite » au point d'intersection des systèmes psychiques conscient et inconscient. Le double modèle des anciens Chinois, dans lequel l'ordre ancien et l'ordre plus récent du ciel se recoupent, pourrait aussi venir étayer cette hypothèse selon laquelle le temps prendrait sa source à cet endroit où l'ordre atemporel et éternel du Soi se rencontre avec l'ordre temporel de notre vécu conscient. Nous pourrions donc en conclure que notre rapport au temps ne peut être « juste » que si notre ego vit en étroite relation avec le Soi. Ainsi s'expliquerait également pourquoi les personnes névrotiques se sentent aussi souvent « poursuivies » par le temps — parce qu'elles ne connaissent pas un accord rythmique avec le Soi, ce qui leur fait percevoir le temps sous un aspect parfaitement négatif. Par exemple, dans son poème intitulé « L'Horloge », Baudelaire la décrit comme un « dieu effrayant et sinistre ». De nombreux poètes modernes ont également donné au temps un aspect effrayant[51]. Chaque fois qu'un individu ne parvient pas à suivre le sens et le but de sa vie, ou que des préjugés rationnels le conduisent à perdre de vue son modèle « éternel », il entre en conflit avec le temps. Si la même chose arrive à trop de gens à la fois, « alors le temps se disloque ». Si l'on considère les choses sous cet angle, nous serons mieux à même de comprendre pourquoi dans la Chine classique les réformes du calendrier, appliquées par quelques empereurs, étaient célébrées comme de grands événements. En transformant les « nombres du calendrier », il ne s'agissait pour l'empereur pas moins que de rétablir l'ordre social et religieux de son peuple. Il ramenait ainsi l'empire tout entier dans le « Tao »[52].

Dans son *Aïon*, Jung s'est efforcé de montrer comment, au sein du Soi, le mouvement d'un renouvellement de soi-même semble se répéter. Le cours de ce processus est circulaire, ou plutôt spiralé, et se rapporte à la conscience de l'homme qui se développe lentement en vue de sa complète réalisation dans le Soi[53]. Il écrit : « Le Soi n'est pas seulement une grandeur statique ou une forme persistante, il est aussi un processus dynamique [...] Les [...] transformations représentent un processus de réparation ou de rajeunissement que l'on pourrait à peu près comparer au cycle carbone-azote dans le soleil, au cours duquel un noyau de carbone capture quatre protons (dont deux deviennent aussitôt des neutrons) avant de les libérer à la fin du cycle sous la forme d'une particule *a*. Le noyau de carbone ressort inchangé de ce processus, “comme le phénix renaît de ses cendres”. Il est à supposer que le secret de l'Être, à savoir l'existence de l'atome et de ses éléments constitutifs, consiste dans un processus de rajeunissement qui se répète sans cesse, et on en arrive à des conclusions similaires quand on veut tenter d'expliquer la nouminosité des archétypes[54]. » « La psyché ne peut être “tout à fait différente” de la matière. La psyché et la matière existent dans un seul et même monde et participent l'une de l'autre[55]... » Le Soi ne constitue donc pas seulement le centre du silence atemporel mais il se manifeste aussi dans un processus dynamique, comme on le voit avec la pyramide dans le rêve cité plus haut.

Aux trois grands symboles du temps que représentent le fleuve (ou le serpent), la procession (ou le train) et la roue (ou l'horloge), nous pouvons encore ajouter une dernière image archétypique, celle de la divinité de la mort. L'Antiquité plaçait le temps-Chronos sur le même rang que le vieil homme Saturne avec sa faux, et lui prêtait les mêmes traits. Tout comme Saturne, on le représentait en train de dévorer ses enfants. Ceci a perduré pendant tout le Moyen Âge et jusqu'au XVIIe siècle avec l'image du vieux « Père Temps ». Il était alors souvent accompagné de la Mort qui avait l'apparence d'un squelette tenant un sablier. Je n'ai jamais rencontré une image similaire dans un rêve moderne. On pourrait pourtant supposer que cet archétype devrait être activé par les humeurs sombres et les poussées dépressives dont souffrent de nombreuses personnes âgées et qui peuvent même aboutir à des psychoses du vieillissement. Je crois que la figure du « Père Temps » constitue en réalité une partie autonome et séparée de l'image de Dieu, elle symbolise le côté sombre que l'on n'ose pas lui attribuer directement. Dans les contes populaires européens, la Mort est souvent personnifiée par un homme, pas vraiment inamical mais très grave et mystérieux, qui exécute les ordres donnés par Dieu. Les seuls rêves que j'aie pu rencontrer au cours de ma pratique et où la mort était évoquée de cette façon avaient provoqué le réveil épouvanté du dormeur quand il avait senti qu'un mystérieux visiteur inconnu frappait à sa porte.

En Inde, on met plus ouvertement la mort et la déchéance en relation avec la divinité suprême. Dans le *Bhagavad-Gita* (XI), Vishnou lui-même déclare : « Sachez que je suis le temps qui fait périr le monde quand il est mûr, et que je viens pour apporter la destruction[56]. » Shiva représente aussi la mort ; on l'appelle Bhairava : le Destructeur terrible, ou Maha-Kala : le Grand Temps, ou encore Kala-Rudra : le Temps qui dévore tout. Sa shakti est Kali, dont le nom est la forme féminine de Kala : le Temps. Kali est noire, elle porte une couronne faite de têtes coupées et ses nombreuses mains tiennent des armes destructrices[57].

Dans les rêves modernes, on trouvera une allusion à la mort sous la forme d'une destruction de la vie animale ou végétale plutôt que sa personnification : on tue un cheval, on abat l'arbre de la vie, un champ de blé est piétiné, etc. C'est aussi la raison pour laquelle l'art représente la Mort avec une faucille ou une faux, comme Saturne dans l'Antiquité, ce qui peut signifier que ce n'est pas notre vie entière qui va être détruite mais seulement la vie animale ou végétale du corps.

Notre sens spécifique du temps est aussi certainement lié au fonctionnement de notre corps. Je voudrais rappeler que nous possédons à l'intérieur de nous une horloge biologique qui régule les moments d'activité et de sommeil, les rythmes hormonaux, etc. L'appréciation du cours du temps varie également selon que nous nous trouvons sous l'influence de drogues ou de la fièvre, ou encore selon notre âge. Les horloges physiologiques paraissent fonctionner sans l'aide de stimuli extérieurs, c'est-à-dire qu'elles sont endogènes. Il semblerait, mais cela n'est pas encore démontré de façon certaine, que ce soit le cerveau qui ordonne ces différents rythmes, ce qui expliquerait pourquoi notre perception du temps est si étroitement liée à l'existence de notre psyché, quand elle s'incarne dans notre cerveau ; quand elle ne s'y incarne pas, la psyché semble plutôt se situer en dehors du temps, ainsi que je l'ai déjà fait remarquer auparavant.

Jung a émis sur ce point une hypothèse spéculative, dans une lettre datée de 1952[58]. Il y exprimait tout d'abord son étonnement devant le fait que « d'une part la conscience ne possède pratiquement pas d'information directe sur les processus internes du corps, et que d'autre part l'inconscient ne se réfère que très rarement au corps ou sous une forme détournée, c'est-à-dire au moyen d'images fortement “symbolisées”. Il semble qu'il existe une étrange coupure entre l'esprit et le corps ». Ce que Jung voulait certainement dire par là, c'est que, par exemple, nous pouvons développer un cancer sans le savoir et que nous avons même besoin d'un spécialiste pour le découvrir, à l'aide de symptômes indirects.

Jung évoquait ensuite la relativité de l'espace-temps lors des phénomènes parapsychologiques, dont j'ai déjà parlé, et finissait par poser la question suivante : « Devons-nous finalement abandonner les catégories de l'espace-temps quand il s'agit de la réalité psychique ? » « Il se pourrait, poursuivait-il, que nous devions concevoir la psyché comme une intensité non étendue plutôt que comme un corps en mouvement dans le temps. On pourrait supposer que la psyché, à partir d'une extension minimale, s'élève progressivement vers une intensité infinie et que le corps se désincarne quand elle dépasse la vitesse de la lumière. Ceci expliquerait pourquoi l'espace devient "élastique" dans le phénomène des perceptions extrasensorielles. Le temps ne pouvant exister sans la présence du corps qui se meut dans l'espace, ceci pourrait expliquer son "élasticité"[59]. »

Permettez-moi de poursuivre dans cette idée. Nous savons que le noyau d'un atome possède une extension minimale dans l'espace mais qu'il contient une somme d'énergie extrêmement dense et compacte, ainsi que l'explosion atomique nous permet de le constater. Supposons que cette extension spatiale se rétrécisse encore — jusqu'à un point zéro — et que l'intensité de l'énergie croisse toujours, nous atteindrons alors le seuil où la psyché « expulse le corps de sa réalité pour devenir une pure intensité ». Comme je l'ai déjà signalé, B.L. Worf, dans son étude sur la langue des Indiens Hopi, montre que ces derniers ne possèdent pas de mot pour dire « rapide » ou « prompt », mais seulement un terme qui sert à exprimer des intensités[60]. Peut-être, écrit-il, avons-nous besoin de trouver une nouvelle notion physique « I » (l'intensité)[61]. Il faudrait alors aussi reconsidérer la notion de l'accélération, car le facteur I existe dans toute chose, peu importe qu'elle soit mobile ou immobile. B.L. Whorf a raison de dire que le mot hopi pour désigner l'intensité pourrait nous permettre d'insister sur l'aspect psychique plutôt que physique des événements, comme nous avons coutume de le faire avec nos conceptions physiques.

Après avoir postulé l'existence d'une intensité psychique, Jung poursuit en ces termes : « Vous allez probablement objecter que le paradoxe d'une "intensité non étendue" serait une *contradictio in adiecto.* Je veux bien l'admettre. Énergie égale matière, et toute matière possède une étendue. Un corps qui se meut avec une vitesse plus grande que celle de la lumière devient en tout cas invisible, et nous ne savons pas ce qu'il advient d'un tel corps. Il n'existe aucune possibilité d'affirmer quoi que ce soit au sujet de sa position dans l'espace ou même de son existence en général. De la même manière qu'il serait impossible d'établir dans quel temps il se trouve[62]. »

J'aimerais commenter ce dernier passage : nous pouvons constater une disparition de la matière dans ce que nous appelons les « trous noirs » de l'univers. On ne peut déceler dans ces trous noirs la moindre présence de signaux lumineux ni, par voie de conséquence, celle de l'espace-temps. J'ai rencontré, chez une analysante, un rêve télépathique qui semblait évoquer un processus similaire lorsque l'âme quitte le corps à l'instant de la mort. Elle avait rêvé d'une soirée où elle rencontrait Jung, qui portait un costume vert devant et noir derrière. Dans un mur se trouvait un trou aux formes exactes du corps de Jung. Il entrait dans ce trou, et on ne voyait plus qu'un mur uniformément noir ; mais la rêveuse savait que Jung était toujours présent, même s'il était devenu invisible. Le lendemain de ce rêve, elle apprenait par la radio la nouvelle que Jung était mort la veille au soir. Ce rêve semble avoir voulu lui signifier que, lors de la mort, l'être psychique dépasse un seuil de visibilité, comme dans un trou noir, mais qu'en réalité il continue d'exister.

Tout cela ne nous montre cependant toujours pas de quelle façon la psyché est liée au corps. Jung dit encore : « Vu sous cet angle, le cerveau pourrait être une station de commutation qui permettrait à la tension relativement infinie ou à l'intensité de la psyché de se transformer en fréquences ou en "intensités" perceptibles. À l'inverse, le fait que le corps ne possède pas une perception introspective s'explique par sa "psychification" graduelle, c'est-à-dire par la montée de l'intensité au détriment de l'étendue. La psyché = l'intensité la plus grande dans l'espace le plus petit[63]. »

Jung insiste sur le fait que tout cela n'est que pure spéculation. Il me semble pourtant que cette hypothèse se justifie par un grand nombre de faits inexpliqués jusqu'à maintenant et dans lesquels elle pourrait introduire une cohérence significative. Elle peut ainsi expliquer la plupart des phénomènes extrasensoriels en montrant que la psyché n'est pas liée d'une manière absolue à notre catégorie de l'espace-temps. Elle s'accorde également avec les témoignages des mystiques orientaux et occidentaux qui rapportent que, lors de certains états extatiques, les lois de l'espace-temps sont abolies par l'énorme intensité de la conscience psychique. Elle explique pourquoi, lors d'un dérangement des fonctions cérébrales par des substances toxiques (comme les drogues ou dans la schizophrénie), il se produit également une forte intensification de l'expérience psychique, même si, dans ce cas précis, elle se fait de manière désorganisée et fragmentaire. Cette hypothèse expliquerait aussi pourquoi tant de schizophrènes affirment que leur poussée psychotique a commencé par une « explosion dans le cerveau » et, plus positivement, pourquoi les yogis parlent de l'ouverture du crâne lors de la naissance du Bouddha. Les témoignages de personnes ayant été déclarées cliniquement « mortes » pendant un court laps de temps et qui sont revenues à la vie vont dans le même sens. La propre vision que Jung a eue en 1944 et qu'il décrit dans *Ma vie* en constitue un autre exemple.

Dans la vie quotidienne, nous supposons qu'il existe une certaine dichotomie entre l'esprit et la matière, qui ne constitue pourtant qu'un aspect de la perception consciente. En réalité nous ne savons pas ce qu'est la matière ni l'esprit, ni la psyché en tant que telle. Selon Jung, esprit et matière ne sont très probablement que les deux facettes de ce même mystère vivant qu'il appelait l'*unus mundus,* le monde *un.* L'hypothèse selon laquelle la psyché et la matière ne sont que les deux formes d'une même manifestation d'énergie (l'une dans les fréquences basses et possédant une étendue dans le temps et l'espace, l'autre étant une pure intensité) tend à démontrer l'unité du monde de la psyché et de la matière. Si la justesse de cette hypothèse se confirmait, alors le temporel et le non-temporel ne formeraient plus que les deux facettes d'un mystère qu'il faudrait appeler temps et non-temps. En d'autres termes, le temps qui apparaît comme une image de Dieu ou du Soi semble n'être qu'une *coincidentia oppositorum.* C'est pourquoi le symbole de l'horloge, quand il se manifeste dans les rêves, désigne parfois notre personne périssable, liée au temps et dont la mort interrompt l'activité, mais parfois aussi le Soi sous son aspect éternel.

Il n'est pas difficile de comprendre ce paradoxe du

temps, mais il faut posséder une grande maturité pour pouvoir le vivre — c'est-à-dire arriver à remplir les exigences du temporel en même temps que suivre le rythme du Soi. Cela implique que nous devons parfois laisser choir tous les plans et devoirs dont nous charge le monde extérieur quand le Soi nous demande soudain de faire autre chose ; mais que nous devons aussi être en mesure de faire la différence entre une exigence qui vient du Soi et d'autres complexes inconscients. Si on le considère sous cet angle, le temps devient une pierre de touche qui peut nous montrer exactement à quel point nous sommes en harmonie avec nous-mêmes.

5.

Matière et psyché dans l'alchimie et la science moderne*

L'alchimie occidentale est née à l'époque d'Alexandrie grâce à la rencontre de l'esprit grec avec la technomagie du Proche-Orient[1]. La Grèce avait cependant déjà connu, à peu près entre le VIe et le IVe siècle avant notre ère, un grand tournant avec la naissance, en Occident, des sciences théoriques de la nature[2], aboutissant à une transformation de l'image de Dieu : alors qu'auparavant on vénérait un groupe de figures divines anthropomorphes, émergea comme une nouveauté l'idée archétypale d'un fondement divin unique (*arché*) de l'univers, tantôt sous la forme d'une réalité spirituelle : le nombre (Pythagore), le tourbillon du Noûs (Anaxagore), l'illimité (la *sphaira* de l'être — Parménide) ou l'Apeiron d'Anaximandre, tantôt sous la forme d'une matière primordiale : l'eau (Thalès), le feu du monde doté de sens (Héraclite), l'air (Anaximène), les atomes (Leucippe et Démocrite), les quatre éléments (Empédocle), ou plus tard, avec le stoïcisme, le *pneuma* divin igné dont le monde est rempli. Si la rationalité imposait que l'on rejetât en partie les anciens dieux en ignorant désormais leur existence, ils furent réinterprétés comme les symboles des nouveaux principes fondateurs du monde, grâce à une nouvelle science de l'interprétation, l'herméneutique, fondée par Théagène de Rhegion. Zeus devint

* *Der unwahrscheinliche Jung*, aux éditions Werner Classen, Zurich, 1977. Première parution française : *Cahiers de psychologie jungienne*, n° 9, printemps 1976.

ainsi le *pneuma* cosmique, Arès le feu, Héra l'air, Déméter la terre, et ainsi de suite... Les Grecs n'opposaient pas, comme nous le faisons aujourd'hui, l'esprit ou la psyché à la matière. En effet, ils attribuaient souvent une âme ou un esprit à leur principe cosmique matériel, et leur principe spirituel, quand il se distinguait de la matière (chez Platon et Parménide), coexistait du moins avec elle en tant que principe formel (Aristote). On concevait alors une grande partie de ce que nous considérons aujourd'hui comme appartenant plutôt à la psyché comme un aspect de l'âme du monde, objective et non individuelle. C'est ainsi que, dans les conceptions stoïciennes de l'herméneutique, le dieu Arès-Mars représentait la colère, Aphrodite-Vénus la passion amoureuse, Athénée l'intelligence réfléchie, mais ces dieux vivaient en quelque sorte dans un espace objectif et ne venaient que de temps en temps « saisir » l'homme « de l'extérieur ». Dans un autre domaine, les Grecs associaient encore certains complexes partiels psychiques, comme nous les appellerions aujourd'hui, à différentes parties du corps, comme par exemple le *phrenes* (les poumons et plus tard le diaphragme), le foie, le cœur, etc., qui constituaient autant de centres psychosomatiques avec lesquels Ulysse savait encore dialoguer comme avec un interlocuteur objectif[9].

L'idée d'une identité des dieux avec les dispositions psychiques fondamentales fut encore renforcée par la propagation croissante de l'astrologie venue du Proche-Orient, pendant les dernières décennies qui ont précédé notre ère : Saturne représentait la dépression créative, Vénus l'amour, Hermès l'entendement versatile, etc. Leur « constellation » dans les étoiles, au moment de la naissance, était censée conditionner les dispositions psychiques de l'individu. Avec l'influence grandissante de l'astrologie apparaît un élément nouveau, jusque-là plutôt étranger à l'esprit grec : c'est l'idée d'une relation de certaines composantes de la structure fondamentale de la psyché (que nous appellerions aujourd'hui les archétypes) avec le *temps* et le *moment magique du temps* (le *kairos* grec). Il est bien connu que les grandes cultures babylonienne, chinoise et maya identifiaient certains dieux avec des dates particulières du calendrier : les dieux se « constellent » (j'attire l'attention sur ce mot) selon une succession bien définie à l'intérieur d'un vaste système d'organisation du temps. Comme Jung a eu l'occasion de le souligner, il s'agissait là, de même qu'avec le *Yi king* en Chine, d'un premier essai en vue de saisir un ordre dans l'inconscient collectif et le « jeu » ordonné de ses archétypes. Cette idée fondamentale de l'astrologie joue un rôle important chez le très ancien alchimiste Zosime de Panopolis (IIIe siècle). Elle a perduré, avec plus ou moins d'intensité, tout au long de l'histoire de l'alchimie ; le lapis, par exemple, devait être « véhiculé » à travers les saisons ou les maisons des planètes.

Ce qui, jusqu'à l'époque de la naissance du Christ environ, fit presque entièrement défaut à la science de la nature d'origine grecque (mises à part quelques petites tentatives d'un Pseudo-Démocrite), ce fut *l'expérience chimique pratique véritable.*

C'est ce que j'aime à appeler la technomagie du Proche-Orient, et en particulier de l'Égypte, qui a apporté cet élément manquant.

Dans la métallurgie la plus ancienne des pays de la Mésopotamie, le cuivre, le fer, les minerais, etc., étaient considérés, ainsi que Mircea Eliade l'a déjà montré[4], comme des êtres divins. Mais c'était encore beaucoup plus net et beaucoup plus marqué dans l'ancienne Égypte. Cette croyance s'est maintenue jusque dans des périodes où la civilisation était le plus éloignée de montrer une attitude magique primitive envers la matière. Toutes les substances chimiques étaient considérées comme divines, voire tout simplement comme des dieux.

C'est ainsi que les statues de pierre représentant les dieux étaient les dieux eux-mêmes, les dieux réellement vivants. Mais c'est encore avec la liturgie des morts que la chose apparaît le plus nettement : tout défunt devient Osiris, l'homme-dieu, le *deus absconditus* du monde souterrain, et son cadavre, grâce aux procédés concrets de la momification, au bain de natron dans lequel on le plonge, aux bandelettes dont on l'enveloppe, à l'huile dont on l'imprègne, se métamorphose en Osiris et finalement en un dieu cosmique universel qui contient en lui tous les autres dieux (ou toutes les substances particulières). Le sodium se dit en égyptien *n-t-r* = dieu ; l'immersion du corps dans le bain de natron signifie donc littéralement sa déification. Les bandelettes de lin représentent Isis et Nephtys qui entourent le mort de leurs bras, l'huile est le liquide séminal de Râ, le dieu du soleil, etc.[5].

À qui voudrait se faire une idée de la mentalité primitive qui accompagne cette conception de la matière, je recommande la lecture des livres de Carlos Castaneda, qui relatent son apprentissage auprès du sorcier yaqui Don Juan. Il y montre fort bien que, pour Don Juan, les herbes et les substances chimiques sont encore aujourd'hui tout simplement des dieux. Le peyotl, par exemple, est le dieu Mescalito qui se manifeste exactement de la même manière que le Mercure des alchimistes, c'est-à-dire comme un symbole du Soi.

Dans l'ancienne Égypte, la technomagie du culte religieux recelait encore une autre pensée choquante, dont nous ne pouvons guère supposer que les anciens Égyptiens en aient été conscients : l'idée que c'est à l'homme — et dans ce cas précis au prêtre Sem, qui représentait le dieu Anubis et dirigeait le processus de la momification — que revenait le rôle de manier les dieux eux-mêmes. C'est également à cette époque-là que surgit pour la première fois en pleine lumière, comme une chose toute nouvelle, un autre thème archétypique fondamental de la pensée alchimique : le thème du corps glorieux que l'on prépare pour la mort, du corps éternel, indestructible, composé d'une matière subtile. Il est bien évident en effet, et c'est encore le cas aujourd'hui, que le problème de la matière se pose à nous d'une façon plus aiguë lorsque nous nous trouvons confrontés au caractère mortel de notre corps, avec lequel nous nous identifions inconsciemment en tant que personne pendant toute la durée de notre vie : disparaissons-nous en même temps que cette mystérieuse assise corporelle vivante de notre individualité ? Comment l'âme ou l'esprit peuvent-ils survivre sans s'individualiser dans un corps et s'affranchir ainsi d'une dissolution dans l'univers ? Il ne s'agit plus seulement ici d'une curiosité scientifique portant sur la nature de la matière mais d'une interrogation religieuse, qui de tout temps a profondément préoccupé l'homme.

Lorsque l'esprit spéculatif grec de la philosophie de la nature a rencontré le savoir magique et expérimental du Proche-Orient, ils se sont mutuellement fécondés pour donner naissance à l'alchimie proprement dite. L'un des textes les plus anciens qui nous soit parvenu, intitulé « Comarios à Cléopâtre », traite presque exclusivement de la question de la production d'un corps immortel, qui constitue un véritable mystère de la résurrection. Ce texte dévoile le secret de la pierre, en expliquant comment son « corps, son âme et son esprit sont tout d'abord enfouis dans les ténèbres du monde des morts », jusqu'au moment où « l'obscurité s'en détache, et l'âme interpelle alors le corps illuminé : "Réveille-toi du monde des ténèbres et lève-toi du tombeau [...] revêts-toi d'esprit et de nature divine, car l'appel de la résurrection est parvenu jusqu'à toi [...]" Et l'âme se réjouit dans sa maison (le corps glorieux) car, après l'avoir vu enveloppé de ténèbres, voilà qu'elle le trouvait maintenant empli de lumière [...] et la statue de lumière et d'essence divine fut érigée. En effet le feu les a unis et transformés [...] Le corps maternel du feu les a accouchés [...] et l'image [*eikôn*] trouve son accomplissement dans le corps, l'âme et l'esprit, et tous ne forment plus qu'Un », etc. C'est ainsi que « se forme la nature *Une*, qui domine toutes les autres natures ». Ce même texte assimile également le corps de résurrection à l'« énigme du vent-tourbillon » ou à la « roue » que décrivent des astres autour du pôle Nord, au sein d'un mandala cosmique[6]. Cela correspond, dans l'ancienne Égypte, à la croyance selon laquelle le défunt, une fois délivré et devenu Osiris (Anthropos), circulait dans le ciel avec les astres qui ne se couchent jamais.

D'autres textes très anciens (du IIIe siècle) proviennent d'un Grec qui vivait en Égypte, Zosime de Panopolis (Achmin), formant une œuvre que C.G. Jung a interprétée de façon très détaillée et approfondie[7]. Zosime, dans sa recherche de « l'eau divine, cette substance primordiale du monde », se fiait aux visions que ses rêves lui faisaient parvenir et qui lui semblaient révéler, à travers d'étranges images archétypales, un mystère divin de sacrifice et de transmutation. Un de ses textes contient un thème issu de la Gnose et qui est devenu un autre leitmotiv de la pensée alchimique. Il s'agit de l'idée de l'Anthropos (le Dieu-Homme), tombé ou descendu dans la matière, que l'homme doit libérer ainsi que le délivrer des liens de ce monde matériel et transitoire. Comme Jung l'a démontré[8], nous nous trouvons ici en présence de la représentation d'un processus inconscient de projection dans le sens littéral du mot : désormais on ne cherche plus l'Homme-Dieu, comme le faisaient certains gnostiques, dans un espace subtil, métaphysique et hors de ce monde, mais dans la matière elle-même. C'est dans la matière que réside le secret du dieu incarné, du dieu fait homme. Avec notre langage moderne, nous parlerions plutôt du secret du Soi, de l'entièreté de l'homme qui transcende le moi conscient. Avec cette idée que la matière recelait désormais le mystère de l'Homme-Dieu, Zosime révélait également une nouvelle voie à la pratique alchimique, permettant notamment d'accomplir l'œuvre en laboratoire et prenant en considération les révélations oniriques, les visions et les exercices de méditation ; il s'agissait en somme de se laisser guider par les inspirations venues de l'inconscient. Cette méthode introvertie et créative a ensuite été observée par presque tous les grands alchimistes. Au fond, leur œuvre consistait en une sorte d'imagination active, qui ne se servait cependant pas de mots ou de couleurs mais qui procédait par le mélange de substances chimiques, lesquelles, il ne faut pas l'oublier, étaient encore considérées comme des dieux ou des démons. Le plomb, par exemple, était Saturne, ou un démon dangereux qui provoque la folie ; Hermès était le mercure, mais aussi le Logos divin ou l'Anthropos devenu matière ; l'or était ce même Anthropos sous sa forme ultime, glorieuse et indestructible.

Tout comme l'auteur du « Comarios », Zosime gardait toujours à l'esprit l'aspect « astrologique » de la question, en ce sens qu'il prenait en considération le *kairos* dans l'œuvre, qui représente la qualité magique du moment temporel. Dans un de ses écrits, il met en garde contre les transformations chimiques dont le moment a été déterminé astrologiquement et que l'on appelle les *kairikai baphai.* Il s'agirait là de l'œuvre fantasmagorique et mensongère de démons faussaires voulant induire l'alchimiste en erreur. Celui qui œuvre doit d'abord s'unir par la méditation avec le Noûs divin, l'Anthropos dans la matière, avant de pouvoir découvrir la « juste » transmutation de la matière. On peut y voir la première ébauche d'une attitude critique face aux manifestations de l'inconscient, d'une distinction faite entre les phénomènes synchronistiques trompeurs causés par les complexes partiels (à savoir les démons) et les événements synchronistiques positifs et constructifs provoqués par le Soi. Il s'agit là d'un problème actuel et brûlant, sur lequel je reviendrai.

Comme il ressort de ce bref aperçu historique, le syncrétisme de religion et d'enseignements philosophiques de l'Antiquité tardive situait la plus grande partie de ce que nous appelons aujourd'hui la psyché hors de l'individu, dans la matière animée de l'univers, et y voyait une multitude de composantes distinctes qui se combattaient même parfois mutuellement et que l'on appelait des dieux. Ces dieux étaient des dieux ou des démons planétaires, ils étaient les dieux des organes du corps ou les dieux des différentes substances chimiques. Comme Jung l'a montré en effet[9], ce que nous appelons aujourd'hui l'inconscient collectif n'a jamais été perçu comme un élément psychologique, au sens moderne du mot, mais on le projetait dans l'espace cosmique à l'extérieur de l'âme. L'homme se protégeait même par des symboles religieux et par des rites d'une expérience directe de la psyché objective. C'est aujourd'hui seulement que nous plaçons l'inconscient collectif sur le seul plan de l'expérience intérieure individuelle, à travers des processus purement psychiques. Par ailleurs, le moi conscient de l'homme n'était, en ces temps anciens, que le jouet des influences les plus diverses exercées par tous ces dieux, et il a fallu beaucoup de temps pour concevoir le problème moral que constitue la conduite de l'homme face à ces puissances.

La propagation du christianisme, dans ces circonstances, amena avant tout un progrès d'ordre éthique, avec la différenciation du sens moral, et en même temps un abaissement global du niveau intellectuel atteint par l'homme de cette époque dans le domaine des sciences naturelles. Pour la première fois, on a ressenti la multitude des dieux de l'âme à l'interieur de l'individu comme un problème : c'est ainsi qu'Origène adjoint à ce passage de la Bible (Livre des Rois) : « Et il était *un* homme... » (*vir unus*), le commentaire suivant : « Tant que nous sommes encore des pécheurs, nous ne pouvons mériter cette dénomination (*un* homme) car chacun de nous n'est pas *un* mais plusieurs... Tu peux voir que celui que l'on tient pour un seul être n'est pas Un, mais au contraire autant de personnes semblent l'habiter qu'il a de comportements [*mores*] différents car, ainsi que le dit l'Écriture sainte : "Le fou change comme la lune...". » Et Origène dit encore, à propos du Lévitique 52 : « Comprends que tu détiens en toi des troupeaux entiers de bœufs, de moutons et de chèvres. Comprends qu'il y a aussi en toi les oiseaux du ciel... Comprends que tu es un deuxième monde en miniature, qu'il y a aussi en toi le soleil, la lune et les étoiles. » Ces nombreux *mores* ne se rassembleront pour former une unité psychique que grâce au Christ, qui est le *vir unus*.

Le monothéisme de l'Ancien Testament et l'idée du Christ intérieur en tant que cet homme *Un* exigeaient de l'individu une prise de position morale à l'égard des influences contradictoires qu'exerçaient sur lui tous ces esprits et ces dieux animaux occupant son âme. Mais cela n'empêchait pas qu'ils étaient en même temps considérés comme partiellement extérieurs à l'homme et ne faisant pas partie de lui, même s'ils s'« accrochaient » à lui comme des « boutures ».

Avant même l'ère chrétienne, l'herméneutique (l'interprétation *symbolique* des figures divines) avait déjà contribué à transformer ces figures « en âme » (à les « psychifier »), et l'interprétation chrétienne des Écritures saintes n'a fait que poursuivre cette tradition. D'après les travaux préliminaires de Philon d'Alexandrie, qui avait donné une interprétation symbolique de nombreux passages de l'Ancien Testament, dans l'esprit du stoïcisme néoplatonicien, Origène, cette grande figure parmi les Pères de l'Église, entreprit l'interprétation symbolique de nombreux passages du Nouveau Testament en se fondant sur un point de vue *psychologique.* De nombreux événements décrits dans le Nouveau Testament ne sont pas, selon lui, à prendre dans leur sens littéral et concret, mais il convient de les comprendre comme des symboles (*eikones*) représentant les actes de Dieu. Le monde matériel et visible renvoie en effet, au-delà de lui-même, au principe invisible de la vérité spirituelle. C'est ainsi que nombre d'anecdotes et de motifs de l'Ancien Testament doivent être compris comme la préfiguration, comme des indices voilés du secret d'ordre spirituel qui ne se révélera que peu à peu dans le Nouveau Testament. Les nombreux miracles dont parle le Nouveau Testament n'ont pas eu lieu concrètement, affirme Origène, mais dans une sorte de réalité spirituelle et subtile. En effet, le Christ est apparu « à la lisière des choses créées et incréées ». Ce plan intermédiaire d'une réalité subtile correspond à de nombreux égards, chez Origène, à l'idée de l'âme pneumatique du monde du Portique. Ce qui distingue les récits des miracles chrétiens de ceux des païens ne se trouve pas, selon Origène, dans leur forme, mais dans leur résultat éthique, qui se manifeste par une vie morale plus élevée chez Jésus et de nombreux chrétiens.

Si on doit au christianisme le progrès d'une unification relative de la personnalité morale de l'homme, il s'accompagna hélas aussi d'une grande perte : l'élément psychique et le noumène-divin ne se situaient plus dans la nature ni dans les substances chimiques. N'y résidaient plus que, tout au plus, quelques esprit malfaisants. Le symbole du Christ ôta à la nature toutes les projections positives des contenus psychiques pour les concentrer sur lui-même. C'est pourquoi un poète chrétien, Ephrem le Syrien, put aller jusqu'à dire : « Parce que les créatures étaient lasses de porter les préfigurations [les symboles] de la splendeur du Christ, il les en a délivrées, comme il a délivré le sein qui l'a porté. » Ou encore : « Le Christ se revêt de symboles [*figuris*] et porte les typoi [images archétypales] de lui-même. Il s'agit d'un trésor caché qui, lorsqu'on l'ouvre, révèle de grandes merveilles. » Cette délivrance de la nature, comme l'appelle Ephrem (nous parlerions plutôt aujourd'hui d'un retrait des projections), s'est cependant également traduite par le désintérêt des hommes envers les choses de la nature.

Ainsi, avec la propagation du christianisme, l'alchimie occidentale a-t-elle lentement dépéri, jusqu'à disparaître complètement. Sa tradition s'est transportée dans l'espace nord-africain, demeuré païen, et en particulier dans la ville de Harran où elle connut un nouvel épanouissement, malgré la domination de l'islam. La branche chiite de l'islam a notamment produit quelques grands alchimistes, comme Mohamed Ibn Umail (xe siècle) qui devait plus tard, sous le nom de Senior, influencer de façon décisive l'alchimie occidentale. D'autres noms comme celui de Rasès, d'Alphidius, etc. demeurent également dans nos mémoires. Jung a souvent souligné que l'islam était une religion du pur Éros. C'est pourquoi la symbolique de la conjonction, la hiérogamie du soleil et de la lune, joue un rôle central chez Senior [10]. Le thème du hiérosgamos proprement dit trouve aussi son origine dans le rituel des morts égyptien, dont le « Comarios » fait mention. C'est à partir de là que le mariage sacré des substances a constitué un thème central dans l'alchimie, avec l'image de ce que nous considérerions aujourd'hui d'une part comme une affinité chimique et d'autre part comme le thème central de l'individuation ou de l'union des contraires psychiques à l'intérieur de l'homme, ainsi que Jung l'a démontré d'une façon si profonde et impressionnante dans *Psychologie du transfert* et dans *Mysterium conjunctionis.*

Aux environs de l'an mille, il y eut un reflux des connaissances scientifiques de l'Antiquité de la sphère de l'Islam vers celle de l'Occident. C'était avant tout une conséquence des croisades, les Maures et les juifs espagnols ou siciliens faisant fonction de médiateurs principaux. Le texte du *Liber sextus* du grand alchimiste et philosophe perse Ibn Sina (Avicenne) exerça en particulier une influence décisive, aux XIIe et XIIIe siècles, sur la pensée de grands maîtres de la scolastique comme Albert le Grand, saint Thomas d'Aquin, Roger Bacon et d'autres encore, notamment avec la transmission de l'idée fondamentale *que dans l'âme de l'homme vit une puissance imaginative qui, lors d'une grande tension affective et d'une constellation astrologique favorable, est capable de produire des changements concrets dans le monde matériel.* L'idée alchimique d'une imagination active, introvertie et créatrice, effectuait donc un retour dans la sphère de la pensée occidentale. Cette imagination, qui s'exerce à l'aide de substances chimiques, le sorcier mexicain Don Juan la désigne, dans l'œuvre de Castaneda, sous le nom de *dreaming*. Don Juan explique à son élève Castaneda comment on peut apprendre à fixer dans son champ de vision ce que l'on voit en rêve, de façon à ce que cette vision devienne tout à fait réelle. « Alors il n'existe plus de différence entre ce que tu fais en rêve et ce que tu fais dans la réalité[11]. » À ce moment, lui et Castaneda sortent. Dans la pénombre, Castaneda aperçoit soudain un animal à l'agonie qui lui fait une peur terrible — mais il finit par constater qu'il ne s'agit que « d'une branche calcinée[12] ». Alors Don Juan lui adresse ce reproche : « Et voilà — un pouvoir merveilleux que tu as chassé — anéanti ! — ce pouvoir qui avait transformé la branche en animal. Tu aurais dû tenir bon jusqu'à ce que le monde ait cessé d'exister — mais tu n'as pas réussi. » Si nous voulons traduire cela en termes de psychologie jungienne, alors cela signifie que Don Juan tente d'inculquer à Castaneda l'imagination active, grâce à laquelle le monde intérieur devient si réel que sa réalité dépasse même celle du monde extérieur (*stopping the world*). Ce pouvoir que Castaneda a chassé est, bien entendu, l'inconscient. Son imagination active place Don Juan au même niveau que les éléments de la nature, les branches, les pierres — et tout ce qui se manifeste à lui de façon noumineuse.

Albert le Grand et d'autres alchimistes du Moyen Âge, qui se préoccupaient du secret des pierres, des minerais et des substances chimiques, et qui ont parfois vu ces éléments s'animer et se mettre à parler, ont vécu le même phénomène.

Ces conceptions issues de l'Antiquité et qui effectuaient leur retour dans la pensée occidentale ont d'abord eu quelque mal à s'accorder avec les positions théologiques officielles de l'Église : tantôt on identifiait l'âme du monde au Saint-Esprit, tantôt on les considérait comme coexistants ;

tantôt on plaçait le Lapis sur le même rang que le Christ intérieur, tantôt on l'interprétait comme un corps de résurrection sans établir d'équivalence avec le Christ (Petrus Bonus). Cependant, comme Jung l'a montré, l'idée effrayante que l'alchimiste manipulait en réalité le divin et qu'il cherchait à provoquer sa délibération ou son accomplissement, n'a jamais été totalement perçue de façon consciente[13]. Si cet état d'incertitude avait perduré, il en serait résulté, selon moi, une fécondation mutuelle créative et précieuse entre l'alchimie et la théologie chrétienne. Mais un certain courant de l'évolution des idées s'y opposa, et, comme ce courant est devenu aujourd'hui particulièrement destructeur et dangereux, j'aimerais m'y arrêter un peu. Revenons-en donc brièvement aux origines historiques.

J'ai déjà mentionné le fait que certains sophistes grecs n'assimilaient pas, comme dans l'herméneutique, les anciennes divinités aux nouveaux symboles de l'esprit et de la matière, mais qu'ils niaient tout simplement leur existence (Euhemeros). Ce courant d'idées donna naissance à un rationalisme éclairé qui nous pose encore aujourd'hui des problèmes — car cela revient à priver le monde de Dieu et de l'âme. Ce qui motive ce courant de pensée est finalement *l'angoisse*. Ainsi que Jung l'a un jour souligné, on se sent nettement plus à l'aise dans un monde « éclairé » (dépourvu de mystère). La seconde motivation est l'instinct de pouvoir — car c'est en fin de compte revendiquer le pouvoir que de vouloir tout savoir et de façon exacte —, et cet instinct va de pair avec le désir de pouvoir pour toujours se prémunir contre l'imprévu et l'irrationnel. Ce rationalisme des sophistes antiques ne connut, pendant une courte période, qu'un succès médiocre, sans parvenir à mettre à bas la religiosité des hommes de cette époque. Il persista malheureusement avec la polémique religieuse de Philon et surtout avec les apologistes chrétiens des premiers siècles, alors en lutte contre les autres religions et qui les « démasquaient » avec force sarcasmes et mépris comme des illusions et des sornettes de vieilles femmes. Je pense qu'il faut attribuer cet acharnement à la prédominance de l'élément patriarcal dans la pensée judéo-chrétienne — qui est à l'origine d'une certaine agressivité et d'une intolérance certaine dans le domaine de la pensée religieuse.

L'élément féminin ne faisant pas partie de la Trinité divine, le principe féminin, ainsi que Jung l'explique dans sa *Réponse à Job*, se fit sentir d'une façon d'autant plus intolérante et plus concrètement cruelle au sein de la Mater Ecclesia. C'est justement parce que la matière ne faisait plus partie de la globalité divine qu'il s'est produit *un concrétisme matérialiste de compensation*, comme une vengeance émanant de l'archétype refoulé de la Mère. Quiconque a déjà ouvert un livre sur les prescriptions de la théologie morale ou a étudié le comportement du Vatican des finances comprendra de quoi je veux parler. Mais au Moyen Âge, tout cela se manifeste encore d'une façon bien plus primitive et grossière — en ce temps où les papes luttaient ouvertement pour l'argent et pour la conquête des territoires. L'harmonie conjugale d'autrefois entre le Père-Esprit et la Mère-Matière avait bien cessé d'exister. L'esprit connut ainsi une dégénérescence avec l'émergence d'une volonté de puissance qui se manifestait sous la forme d'une prétention à l'autorité dogmatique et qu'une mentalité concrétiste et matérialiste fit triompher. En ce sens, rationalisme et matérialisme vont de pair, ce qui explique pourquoi nous les voyons aujourd'hui, avec la doctrine marxiste, dominer une grande partie du monde. Comme le diraient les cabalistes, on a séparé Dieu de sa Shekinah, et voilà ce qui provoque tous les malheurs qui déferlent sur la terre !

Cette funeste évolution qui, comme nous venons de le voir, avait pris racine dans des temps très anciens, trouva son véritable aboutissement au XVIIe siècle. Il est significatif de constater que c'est justement à cette époque que l'on a définitivement écarté l'hypothèse d'une âme du monde et d'une nature animée. C'est en effet de cette époque que date — avec Descartes — ce que Jung a appelé « cette fantasmagorie stupide de l'horlogerie » selon laquelle Dieu aurait créé le monde une fois pour toutes, et que ce dernier, en tant qu'une combinaison de matière morte, continuerait depuis à faire mécaniquement tic-tac. Descartes fondait son idée d'une causalité mécanique sur l'affirmation formelle que Dieu s'en tient toujours à ses propres lois, qu'il a créées une fois pour toutes. Il ne lui est donc plus permis de se montrer créatif. Pendant que la théologie, à cette époque de la Contre-Réforme, durcissait de plus en plus sa position dogmatique, la pensée rationnelle de l'homme de science se rigidifiait donc aussi avec le préjugé selon lequel la matière serait inanimée et uniquement régie par les lois mécaniques. Les seuls secrets qu'elle pouvait encore receler ne pouvaient donc consister que dans des lois mécaniques non encore découvertes.

Mais où était donc passée la psyché — l'âme du monde —, dans tout cela ? (ce que Jung appelle l'inconscient collectif ou la psyché objective). Le plus souvent on niait tout simplement son existence — seul subsistait le moi conscient, sur lequel le moi des différents penseurs bâtissait ses théories ; Descartes l'identifiait avec la fonction de la pensée (je pense, donc je suis), d'autres avec l'intuition (Spinoza, Hegel). Ce qui avait été auparavant les dieux psychiques du corps s'acheva dans la querelle au sujet du siège de l'âme : dans l'épiphyse (pour Descartes), dans la circulation sanguine, dans le cerveau, etc. Mais comme on ne trouvait jamais l'âme, l'intérêt pour cette question a fini par s'émousser. Cependant, la vengeance de la déesse-mère méprisée continuait inexorablement à s'exercer dans le concrétisme gagnant la pensée scientifique et même religieuse. Et parce que, comme Jung l'a démontré, *toutes* les affirmations religieuses sont en principe paradoxales et parce qu'elles ne recouvrent pas une réalité physique mais prouvent au contraire essentiellement la réalité de l'âme dont elles sont une partie intégrante, on vit donc la foi chrétienne tomber peu à peu dans la déchéance ; le protestantisme fut le premier touché, et c'est aujourd'hui le tour du catholicisme. La thèse de Sigmund Freud en ressort apparemment victorieuse, qui cherchait à démontrer que la religion n'était qu'une illusion névrotique conditionnée par les complexes. Certains théologiens appartenant aux deux confessions citent aujourd'hui volontiers cette thèse.

Mais où est passée la psyché, qui fut jadis toute la multitude des dieux de la nature avant de devenir cette réalité une, l'âme du monde, l'*anima mundi* qui contenait les nombreux dieux des planètes et des substances chimiques ? Il en subsista une petite parcelle dans la superstition concernant les démons ou les « âmes animales » qui prennent parfois possession de certains êtres humains (cf. la persécution des sorcières). Cette petite parcelle de superstition fut pourtant « diabolisée » et combattue à l'extrême, on la regardait comme le « bourbier de l'occultisme », contre lequel Freud a mis si sérieusement en garde son élève Jung. Même si, en opposition au rationalisme scientifique ambiant, de nombreux philosophes de l'époque romantique ont fait référence à l'existence dans l'âme d'une partie inconsciente, définie comme une « face nocturne de l'âme » (Schubert) ; même si, parmi les rose-croix et avec le piétisme dans l'Allemagne du Sud subsistaient encore quelques fleurs tardives de la pensée alchimique, de telles conceptions ne pouvaient désormais plus être admises.

Dans ce contexte, la grand mérite de Jung, ce que l'on ne dira jamais assez, consista à redécouvrir *de façon empirique la psyché objective.* Cette découverte constitue à mon avis l'un de ses plus grands exploits dans le domaine de l'esprit, en permettant, notamment à la pensée alchimique, de développer une nouvelle vision de la réalité. En effet, l'inconscient collectif n'est pas seulement, chez tous les hommes, une identité structurelle psychique innée, mais il est également « un continuum omniprésent, un présent sans étendue. Lorsque, à un point A, des événements se produisent qui touchent à l'inconscient ou dont ce dernier subit les conséquences, alors ce phénomène est intervenu partout à la fois [14] ». C'est sur cette notion que se fonde par exemple l'étonnant parallélisme dans l'évolution des styles entre les arts chinois et européens, ou encore l'émergence, au même moment, de la même idée chez deux scientifiques menant des recherches indépendantes, comme cela s'est produit à plusieurs reprises dans l'histoire des sciences.

Cette nouvelle approche de Jung du problème de l'esprit et de la matière, ou de la psyché et de la matière, pose la question sous un angle différent : l'esprit apparaît ici comme l'aspect dynamique de la psyché objective, il est ce qui meut, ce qui donne des ailes, ce qui inspire, ce qui engendre et ordonne spontanément des images symboliques dans le champ visuel intérieur. Sa forme de manifestation la plus simple et la plus immédiate dans l'espace psychique réside dans le nombre. En revanche, il nous est impossible de connaître ce qui fonde l'essence transpsychique de l'esprit, et c'est en cela que la matière constitue son pôle opposé. Elle se manifeste dans cette sphère de la psyché où se déroulent les processus instinctifs, c'est-à-dire physiologiques, et par des phénomènes que nous pouvons saisir à travers l'assimilation des perceptions sensorielles (y compris dans leurs prolongements expérimentaux et techniques). Comme le dit Jung, les mots « esprit » et « matière » ne sont en fin de compte qu'un étiquetage nous permettant de distinguer deux manifestations inconnaissables de l'être en soi et dont nous expérimentons l'une comme intérieure et spirituelle, et l'autre comme extérieure et matérielle. La nécessité de ce double étiquetage s'explique par l'existence des archétypes de l'esprit-père et de la matière-mère, dont nous ne pouvons connaître la nature ultime — et dont nous ne pouvons observer que les effets dans l'espace psychique. Le seul fond réel de l'être, sa seule réalité immédiate, est *psychique*[15], c'est l'expérience psychique. Les anciens alchimistes l'avaient déjà bien compris ; c'est pourquoi ils menaient leur expérimentation non seulement d'une manière extérieure, avec des substances concrètes, mais prenaient également en compte leur propre situation psychique en tant qu'observateurs. Compte tenu de la faible connaissance scientifique de l'époque quant à la nature de la matière et de la connaissance encore plus ténue de la psyché objective, il était inévitable qu'ils imputent à la matière beaucoup de choses que nous considérons plutôt aujourd'hui comme des manifestations psychiques. Le rationalisme scientifique, dont l'influence n'a cessé de grandir depuis le XVIIe siècle, a eu, à cet égard, le mérite de souligner l'opposition père-mère — entre l'esprit intrapsychique et la matière extérieure. Au début du siècle, ce processus a pourtant été interrompu quand les physiciens se sont vus contraints de reconnaître qu'en essayant d'entrer dans le domaine de la microphysique, ils ne pouvaient plus séparer l'observateur des données de son psychisme, ce qui équivalait bien à un retour, mais à un niveau supérieur, vers le mode de pensée alchimique. L'alchimiste, comme Jung l'a montré [16], vivait sa propre projection au niveau inconscient « comme une qualité propre à la matière. Or ce qu'il expérimentait en réalité, c'était son inconscient. Tous les contenus inconscients se trouvaient alors, dès qu'ils étaient activés, projetés dans la matière, c'est-à-dire qu'ils entraient en contact avec l'homme venant de l'extérieur. En raison du mélange de ce qui est de l'ordre physique et de ce qui est de l'ordre psychique, on ne saura jamais exactement si les transformations finales des processus chimiques sont plutôt à rechercher dans la sphère matérielle ou dans la sphère spirituelle [...] Il n'y avait [...] pas d'alternative à cette époque : *il existait au contraire un monde intermédiaire entre la matière et l'esprit,* c'est-à-dire un *domaine psychique des corps subtils,* qui avaient la propriété de se manifester aussi bien sous une forme psychique que sous une forme matérielle [...] Bien entendu l'existence de ce domaine intermédiaire cesse brutalement dès lors qu'on essaie d'étudier la matière en elle-même et pour elle-même, et dès lors qu'on croit détenir un savoir définitif sur la matière et sur l'âme. Mais vient le moment où la physique touche à quelque chose "d'inconnu, d'inaccessible", et où la psychologie doit simultanément reconnaître que d'autres formes de vie psychique existent en dehors des acquisitions de la conscience personnelle, c'est-à-dire qu'elle atteint elle aussi des zones d'ombre impénétrables, et c'est à ce moment que ce domaine intermédiaire s'anime à nouveau. Le physique et le psychique se fondent alors dans une unité indissociable. Nous sommes aujourd'hui déjà très proches de ce tournant ».

Depuis que Jung a écrit cela, en 1944, ce tournant s'est précisé à l'échelle mondiale. On voit partout apparaître des indices que l'on se tourne à nouveau vers la réalité de l'âme, vers la seule nature véritable de l'imagination créatrice [17], tandis que notre rationalisme et notre matérialisme, placés entre les mains des industriels ou des hommes de pouvoir, connaissent une décadence accrue. Ils n'ont cependant pas fini d'exercer leur pouvoir et on ne les retrouve pas que chez les « autres ». L'élément démoniaque de ce pouvoir existe en chacun de nous. Partout où l'on procède à une planification qui ne prend en compte que l'aspect rationnel des choses et leurs contraintes matérielles concrètes (une bien belle expression pour désigner ce qui en fait n'existe pas à l'extérieur, mais qui devrait plutôt porter le nom de névrose obsessionnelle !), c'est cet esprit diabolique de destruction qui est à l'œuvre. Dès que nous croyons devoir transformer la nature extérieure de façon méthodique, ou devoir « améliorer » autrui par une planification technique, ou par une manipulation sociologique ou psychologique, nous travaillons en fait à la destruction de l'âme en même temps qu'à celle de notre propre vie.

Le travail de Jung, en dépassant le faux problème de l'opposition entre la psyché et la matière, connut encore une grande percée avec l'élaboration du principe de synchronicité. Ce n'est pas un hasard si ce problème est lié à la nature même du temps, car le problème du temps constitue par essence *l'énigme sans solution*, même pour le physicien moderne [18]. La symétrie du miroir se voit opposer son asymétrie, la réversibilité du temps dans le domaine des particules élémentaires se voit opposer le déroulement linéaire du temps (deuxième loi de la thermodynamique !), et tout cela constitue aujourd'hui autant de questions controversées [19]. D'une façon curieuse, c'est également le facteur temporel qui devient déterminant dans la psychologie des profondeurs avec l'hypothèse de la synchronicité. C'est à cet endroit précis de la problématique scientifique que l'avancée de Jung dans le domaine de la psyché objective rejoint l'interrogation des physiciens ; la rencontre a lieu dans la région marginale de l'archétype psychoïde, c'est-à-dire cette zone dans laquelle des archétypes constellés et activés se manifestent de façon relativement simultanée, tant psychiquement que physiquement, dans une identité de sens directe ou symbolique. Il en résulte une autre vision du temps, qui apparaît alors comme un cours d'événements se caractérisant par sa qualité. Ses recherches sur la synchronicité ont par ailleurs amené Jung à établir une distinction importante entre, d'une part l'aspect éternel ou atemporel du principe de synchronicité, dont les manifestations se produisent avec régularité et auquel il a donné le nom d'« ordre acausal et *a priori* », et d'autre part les événements synchronistiques se produisant de façon sporadique et irrégulière et qui font penser à une *creatio continua* — à une activité ou à un ordre *arbitraire* du principe fondamental de l'être dans la transcendance de sa conscience [20]. Si une approche scientifique pourrait permettre d'éclairer le principe de l'ordre acausal en se penchant sur l'archétype des nombres qui est en tout cas invariant dans son rapport au temps, on ne peut tenter d'élucider qu'*a posteriori* les incidents synchronistiques, spontanés, arbitraires, non prédictibles et liés en outre inextricablement au seul individu qui fait l'expérience de leur sens et à sa situation globale.

Arrivée à ce point de mes réflexions, j'aimerais revenir à la distinction établie par Zosime entre les *kairikai baphai*, qui sont l'œuvre des démons, c'est-à-dire les événements synchronistiques déterminés par le temps, et les autres dans lesquels l'esprit divin se manifeste, le Soi. J'ai pu remarquer en effet que les phénomènes de synchronicité se produisent principalement dans deux domaines de notre expérience : tout d'abord au moment où un individu appelé à être créatif se trouve confronté à une amplification de la conscience, et deuxièmement pendant le stade initial d'une crise psychotique. Les malades, à l'approche d'une crise, sont presque toujours sujets à des « signes et miracles » synchronistiques, ce qui a souvent pour effet d'accélérer encore leur chute dans l'inconscient. Il s'agit là de ces « transformations de substance », les *kairikai baphai* réprouvées par Zosime. Dans ce cas, *il manque à l'ego une prise de conscience du Soi.* L'*ombre* du Soi apparaît alors comme une multitude chaotique de démons qui, dans la plupart des cas, semble se coupler avec ce concrétisme de la pensée caractéristique de la mentalité des schizophrènes.

Le centre divin de la psyché objective ne peut donc se révéler d'une manière positive sous la forme d'un ordre porteur de sens que si le moi de l'individu s'oriente vers le

Soi et se met, de façon créative, au service des contenus de l'inconscient pour les aider à prendre forme et pour qu'ils puissent se réaliser en lui. Sinon, leur tendance à la réalisation ne se traduira que par la manifestation parapsychologique d'esprits frappeurs ou par l'apparition de fantômes, phénomènes apparemment dénués de signification, mais qui *pourraient* pourtant en avoir une si le moi conscient se posait correctement la question de leur sens[21]. Les dieux, a écrit Jung[22], n'existent que par l'activité créatrice de l'homme. Il me paraît y avoir là un problème dont la recherche parapsychologique moderne, qui est en train d'acquérir une place de premier plan, n'a pas encore suffisamment considéré l'importance.

Sans doute, le « bourbier de l'occultisme », duquel il a déjà été fait mention, subsiste encore en Amérique avec le satanisme ou la pratique de la magie noire, à laquelle on n'a rien d'autre à opposer que le renouveau inefficace de l'intérêt pour les exorcismes. Malgré tous les inconvénients qu'elle comporte, cette situation me semble pourtant révélatrice de l'approche progressive de la découverte que psyché et matière ne sont que les deux aspects d'une seule et même réalité et qui pourrait donner naissance à une nouvelle alchimie grâce au concept de l'imagination active. C'est elle, et elle seule, qui peut délivrer l'individu des états de possession démoniaque.

Il nous reste cependant un motif d'inquiétude : cela pourrait-il être globalement salutaire pour la situation du monde dans son ensemble ? C'est pourquoi j'aimerais conclure avec une histoire vécue par le sinologue Richard Wilhelm :

Il régnait à Kiou-Chou une telle sécheresse que les hommes et les animaux mouraient par centaines. Plongés dans le plus grand désespoir, ses habitants firent venir des montagnes lointaines un vieux « faiseur de pluie ». Richard Wilhelm a été le témoin de la manière dont il est arrivé dans la ville, porté dans une litière ; c'était un petit vieillard sans âge. Celui-ci demanda que l'on mette à sa disposition, à l'extérieur de la ville, une petite hutte et qu'on l'y laisse seul. Et au bout de trois jours, voilà qu'il se mit à neiger et à pleuvoir des cordes ! Wilhelm réussit à obtenir un entretien avec le vieillard. Il lui demanda de quelle façon il s'y était pris pour faire venir la pluie, et le vieillard lui répondit ceci : « Mais ce n'est pas moi qui ai fait la pluie ! Bien sûr que non ! Voyez ce qui s'est passé : à cause de la sécheresse, la nature et tous les hommes ici étaient perturbés, sortis du Tao. Quand je suis arrivé ici, moi aussi je me suis senti perturbé — c'était très grave —, et il m'a fallu trois jours pour retrouver mon ordre, mon harmonie avec le Tao, et c'est alors, ajouta-il en souriant, c'est alors, naturellement, qu'il s'est mis à pleuvoir. »

Si nous considérons l'inconscient collectif comme un « continuum collectif » ou comme un « présent sans étendue », alors quelque chose qui survient dans *un* lieu et qui touche à l'inconscient collectif arrive partout à la fois [23].

Ce que Jung définit ici comme une omniprésence, il l'appelle ailleurs la relativité du continuum espace-temps dans les couches plus profondes de la psyché. « Le monde archétypique est "éternel", c'est-à-dire qu'il se situe hors du temps, et partout à la fois, car dans... les conditions archétypiques il n'existe pas d'espace [24]. » « Peut-être devons-nous renoncer complètement aux catégories de l'espace et du temps, dit-il dans une autre lettre [25], dès qu'il s'agit d'une réalité psychique ? Il se pourrait qu'il faille concevoir la psyché comme une *intensité sans étendue*, et non comme un corps se mouvant dans le temps. On pourrait supposer que la psyché, à partir d'un degré minimum d'extensité, s'élève peu à peu vers une intensité infinie et qu'elle *déréalise* ainsi le corps, quand par exemple elle dépasse la vitesse de la lumière... On pourrait alors considérer le cerveau comme un transformateur d'énergies dans lequel la tension, ou l'intensité, relativement infinie de la psyché se transforme en fréquences et en "étendues" spatio-temporelles perceptibles. » En elle-même, la psyché n'aurait aucune dimension spatio-temporelle. Jung ne voyait dans cette idée qu'une hypothèse spéculative mais, au vu des découvertes faites depuis, elle m'apparaît de plus en plus comme la clé nécessaire à l'explication de nombreux faits. Si nous admettons cette idée, nous pouvons également mieux comprendre l'histoire du faiseur de pluie : il a pu atteindre ce centre de la plus haute intensité dans la psyché collective qu'est le Tao, et c'est de là que viendrait l'extension apparemment immense de l'événement simultané.

J'aimerais conclure par l'affirmation que c'est bien dans cela que me semble résider le plus grand mérite de Jung : sans nous laisser une doctrine formelle, il nous a au contraire ouvert de nombreuses portes débouchant encore sur d'invraisemblables possibilités nouvelles et créatives.

6.

L'idée alchimique du macrocosme-microcosme à la lumière de la psychologie jungienne*

On pourra s'étonner de l'intitulé de mon exposé, qui tente de réunir des thèmes aussi éloignés l'un de l'autre que la symbolique alchimiste et la psychologie moderne de l'inconscient. Pour ceux qui ne sont pas familiers de l'œuvre de Jung, je voudrais leur faire tout de suite remarquer que la psychologie moderne de l'inconscient est finalement, en tant que branche de la médecine, une descendante de cet esprit de la science de la nature qui se manifestait autrefois dans l'alchimie. Nous, psychologues modernes, lorsque nous nous intéressons à la symbolique de l'alchimie, revenons donc à proprement parler aux racines de notre propre point de vue quant à l'histoire de notre esprit. Nous nous occupons en outre du même objet, à savoir l'étude de ce facteur inconnu et vivant dont les alchimistes supposaient l'existence dans la matière animée, et que nous désignons aujourd'hui par le concept vague de l'inconscient. Pour le moment, nous devrons laisser en suspens la question de savoir comment ce dernier se comporte par rapport à la matière inorganique. Il n'est cependant pas exclu qu'il s'agisse de la même réalité qui, vue de l'intérieur et de l'extérieur, soit décrite d'une manière complémentaire à la fois par la physique et par la psychologie des profondeurs.

Dans les plus anciens textes alchimiques connus à ce

* *Symbolon*, Jahrbuch für Symbolforschung, volume I, 1960, aux éditions Schwabe, Bâle.

jour, on retrouve déjà l'idée que la formation de la pierre philosophale représente un processus parallèle à la formation du monde. On peut même rencontrer certaines traces d'une analogie entre la métallurgie et la création du monde dans certains écrits babyloniens[1]. Les minerais à fondre portent dans les textes babyloniens de la bibliothèque d'Assourbanipale le nom de *Kubus*, un mot dont la traduction est controversée et varie entre embryon et fœtus[2]. Soit les minerais sont des Kubus, soit il faut les chauffer dans un four avec ces Kubus. Cependant, Kubu est aussi le nom du corps monstrueux de la déesse primordiale Tiamat après que Marduk l'a assassinée pour, en tant que démiurge, créer le monde à partir d'elle. Kubu-Embryon désigne donc également la matière primordiale du cosmos. Il en résulte une analogie entre la matière primordiale du monde et les minerais à traiter lors de la première métallurgie.

Cette analogie réapparaît dans les textes alchimiques les plus anciens, des documents grecs datant du IIIe siècle de notre ère, qui la développent d'une façon plus approfondie, parallèlement aux écrits dits hermétiques rédigés à peu près à la même époque. Dans le *Corpus Hermeticus* livre 8.5[3], nous pouvons lire que l'homme serait (χατ' εἰχόνα τοῦ χόσμου γενόμενος) produit à partir de l'image du cosmos, et plus loin[4] que le cosmos serait un fils de Dieu et l'homme un petit-fils de Dieu. Ils seraient tous deux formés à partir de la même image. On trouve dans Olympiodore, qui a rassemblé les anciens textes alchimiques grecs, en grande partie attribués à Démocrite, la citation suivante[5] : « Hermès définit l'homme comme un petit cosmos (μιχρὸν χόσμον), car tout ce que recèle le cosmos, l'homme le possède également. Le grand cosmos a l'eau et les animaux, l'homme a des puces, des poux et des vers. Le grand cosmos a les rivières, les sources et les mers, l'homme a des intestins. Le macrocosme a des habitants aériens et l'homme a les moustiques. Le macrocosme a les vents, l'homme aussi. Le macrocosme a le soleil et la lune, l'homme a deux yeux ; l'œil droit pour le soleil, le gauche pour la lune. Le macrocosme a des montagnes et des collines, et l'homme des os. Le macrocosme a le ciel, l'homme a une tête. Les douze constellations zodiacales célestes vont du Bélier, qui est la tête, jusqu'aux Poissons qui sont les pieds. C'est cela qui constitue le reflet cosmique (μιμήμα) auxquels les alchimistes ont souvent fait allusion et que Zosime mentionne également dans son livre (Περὶ ἀρετῆς). Il s'agit ici du reflet de la Terre dans le cosmos.

Il faut donc ramollir (λεῶσαι) l'homme avant de le projeter (ἐπβαλεῖν), ce qui revient à procéder aux opérations alchimiques fondamentales sur l'homme lui-même), car Zosime a dit : "J'ai apporté la preuve que le cosmos serait l'œuf." Et Hermès fait également dans la "pyramide" une utilisation symbolique de l'œuf quand il dit que la substance de Chrysocolle et l'argent formeraient un œuf. Hermès avait auparavant appelé l'œuf le *cosmos aux cheveux d'or*, car il affirmait que le coq était un homme maudit par le soleil[6]... »

Ce texte fondamental nécessite sans doute quelques explications : il commence par établir un simple parallélisme structurel entre l'homme et le cosmos, que l'on peut facilement comprendre, mais se poursuit avec l'affirmation qu'il serait en fait question ici du reflet cosmique des alchimistes de la *terre dans le cosmos*. Le parallélisme en tant que tel ne constitue alors plus une simple idée mais il représente une substance qui est « l'homme » en tant qu'une matière sur laquelle l'œuvre alchimique peut s'exercer. Il ne semble pas s'agir directement ici de l'homme empirique, par exemple l'alchimiste, mais plutôt d'une « substance » qui serait en quelque sorte également un homme. Et c'est bien cet homme-substance que l'on définit comme un œuf cosmique, comme un coq (dans l'œuf), comme une taupe (dans la terre) ou comme « l'homme maudit du soleil ». Nous devons sans doute considérer l'alchimiste à l'œuvre comme un symbole de l'ego empirique de l'homme mais, malgré sa différence, l'homme-cosmos-œuf-maudit lui ressemble. Il est probablement une sorte d'*anthropos*, dans le sens gnostique du mot. Les textes l'associent à Adam, le premier homme, qui fut créé, selon la doctrine de l'époque, comme le cosmos, à partir de quatre éléments[7]. C'est pourquoi son nom signifie : terre vierge, terre de feu, terre de la chair, terre rouge et terre de sang.

On trouve chez l'alchimiste Zosime de Panopolis (Égypte, IIIe siècle), déjà cité, toute une doctrine gnostique à propos de cet Adam, que Jung rapporte dans son livre *Psychologie et alchimie* et qu'il commente[8] d'une manière que je vais brièvement vous décrire :

Le premier homme, Thot, ou Adam, est un homme divin, un homme de lumière. Son nom signifie la terre vierge, la terre de chair, la terre de feu ou de sang ; et les quatre lettres qui forment son nom sont associées aux quatre éléments et aux quatre directions. Son prénom signifie « Lumière ». Au paradis, les puissances du destin et des éléments l'ont persuadé de se revêtir de l'Adam extérieur et mortel composé des quatre éléments. Il devient donc l'homme, réduit en servitude et capable de souffrir ; mais il ne souffre qu'en apparence, car il offre aux puissances maléfiques son corps mortel en sacrifice avant de *retourner chez son père dans le royaume de la lumière, entraînant avec lui tous les hommes-lumière issus de sa filiation.*

Pour Zosime, l'œuvre alchimique consiste de toute évidence à s'occuper de cet homme primordial qui, comme le coq latent (oiseau de soleil) caché dans l'œuf, doit être couvé. C'est pourquoi Zosime donne aussi à l'œuvre le nom de (ὀρνιθογονία), la création de l'oiseau. L'homme est une image (μίμημα) du cosmos. Il ne s'agit cependant pas ici d'une simple analogie, le *parallélisme en lui-même représente quelque chose de concret,* comme une matière, notamment sous la forme de la *terre du cosmos,* ce qui signifie la matière primordiale du cosmos. Dans d'autres textes, cette matière primordiale se caractérise par des oppositions : masculin-féminin, chrysocolle et argent, etc. Elle est un *anthropos,* l'œuf, le coq (dans l'œuf), la taupe, un « homme maudit par le soleil », une substance charnelle. Cette analogie, en tant que substance, existe de façon latente dans chaque individu. Il importe donc que nous gardions à l'esprit le problème posé par ce parallélisme : ce qui nous semble être une représentation abstraite (un contenu de la conscience) peut être en même temps quelque chose de concret, une sorte de substance première cosmique. Toutefois, j'aimerais encore me référer à quelques autres textes anciens.

Nous venons de voir qu'on établit une analogie entre l'homme primordial Adam, la matière première du monde (qui rappelle le corps de Tiamat, Kubu), et la matière primordiale du lapis, définie entre autres comme un œuf. C'est ainsi que, dans un autre texte, l'œuf est de nouveau associé aux quatre éléments[9] : « Ils l'appelaient l'œuf (τετράτοιχον), parce qu'il est une image du cosmos et contient les quatre éléments ; ils l'appelaient aussi la pierre, car la lune roule la pierre, qui n'est pas une pierre, l'albâtre se trouvant dans le cerveau. Il est aussi l'*"être vivant"* des philosophes. » Au sujet de la pierre, on écrit aussi[10] : « Ils l'appellent pierre du minerai, pierre dans le cerveau, pierre égyptienne ou "image du cosmos", (μίμημα χόσμου). » Olympiodore nous donne d'avantage d'informations sur cet œuf[11] : il s'agit aussi du dragon qui se mord la queue, couvert de points (étoiles) *en raison de l'ordre céleste des étoiles.* Existant *avant* les quatre éléments, il est le général, le moyen, le divin, l'œuf, l'origine immuable, sans fin et (en même temps) limitée.

Tout comme la matière de base des alchimistes connaît en outre une analogie avec la substance primordiale de la création, il en va de même de l'œuvre alchimique. C'est ainsi que Zosime affirme[12] que de même que le Noûs, en tant que démiurge (esprit du monde), a séparé le ciel de la terre[13], l'œuvre devrait séparer l'âme du corps. On peut se demander si Zosime se réfère à l'âme du monde ou à l'âme individuelle. En faveur de la première possibilité, on peut citer le passage[14] où il dit que les personnes qui veulent *sauver et purifier* l'âme divine liée aux éléments doivent tirer un symbole chimique de la cosmogonie. Ceux qui cherchent à sauver le pneuma divin du corps doivent prendre en compte l'analogie suivante : de même que le soleil est la fleur céleste du feu et l'œil droit du cosmos, le minerai, lorsqu'on l'amène à la floraison par la purification, est un soleil terrestre, un roi sur la terre comme le soleil au ciel. Ce dernier texte penche en faveur d'une « âme » cosmique ; mais l'homme, comme nous allons le voir, possède aussi des aspects intrinsèques.

La signification de l'analogie varie donc entre un parallélisme et une *relation,* qui reste encore à définir d'une manière exacte, entre l'aspect microcosmique et l'aspect macrocosmique de l'œuvre alchimique. On peut trouver une *relation* directe et dépassant l'idée d'un simple parallélisme dans le fait que l'on a toujours considéré qu'il fallait, dans les opérations chimiques, prendre en considération *kairos*, le moment magique propice. Cette idée apparaît déjà dans le texte babylonien mentionné ci-dessus, qui dit[15] : « *Quand tu voudras disposer le plan d'un fourneau à Kubu, tu chercheras un jour favorable dans un mois favorable et alors tu disposeras le plan du fourneau...** » Ce texte fait également mention de sacrifices, de libations et de cérémonies de purification. *Le jour favorable* correspond à la tendance fondamentale existant dans toute magie à prendre également le temps en considération. Ici, puisqu'il s'agit de Babylone, on peut même penser à une relation astrologique. L'instant magique, favorable, s'appelle en grec *kairos* et joue un rôle considérable dans l'alchimie de Zosime et chez d'autres alchimistes encore plus anciens. Chez Zosime, cela va si loin qu'il parle de (χαιριχαί βαφαί, χαιρός) teintures conditionnées, c'est-à-dire de transformations chimiques. Ce texte est essentiel, car Zosime, avant d'avoir élaboré son enseignement gnostique, ne parle d'abord, dans le même traité[16], que de la matière primordiale circulaire et secrète qui se divise en deux parties. Elle serait l'« élément rond », l'océan en termes ésotériques, l'origine des dieux, mais non palpable. Cet élément rond comporte le savoir de l'eau divine.

Cependant, certaines teintes dites (χαιριχαί βαφαί = χαιρός) auraient ridiculisé le livre sur les fours de Zosime par le fait que certaines personnes favorisées par leurs démons auraient obtenu des teintes (χαιρός), ce qui les portait à se moquer de Zosime. Or, dit Zosime, on ne peut les raisonner avant que leur démon (ι῎διος δαίμων), « selon les temps du *Heimarmene* [contrainte exercée par les astres], ne se transforme et ne leur porte malheur ». Ces personnes déraisonnables suivent les constellations, alors que ceux qui suivent l'homme-lumière parviennent à sur-

* En français dans le texte.

monter la contrainte exercée par les constellations. Le texte indique clairement que (χαιριχαί βαφαί) la teinture conditionnée signifie ici une *transmutation des métaux produite par une heureuse constellation astrologique.* Or celle-ci ne survient, selon Zosime, que par l'effet de son propre démon, lui-même soumis aux contraintes des constellations (*Heimarmene*). De ce fait, le résultat obtenu ne peut être fiable, c'est pourquoi on devrait, au-delà de tels succès conditionnés par l'astrologie, s'élever au niveau de la puissance supérieure de la gnose divine de l'homme-lumière.

Pour nous, ce qui importe particulièrement est l'indice qu'on établissait déjà couramment à cette époque une relation entre l'alchimie et l'astrologie, ce qui devient évident avec la substitution des noms des planètes par des noms de métaux (Mars est le fer, Saturne est le plomb, Vénus le cuivre, Jupiter l'étain et l'électron, le Soleil l'or, la Lune l'argent ou le magnésium, Mercure le vif-argent, etc.)

Cette relation à *kairos,* à un moment défini astrologiquement, appelle aussi une relation à la tonalité psychique (l'humeur) de l'alchimiste car, à travers son démon, ce dernier est également en relation avec la constellation astrologique. C'est pourquoi certains alchimistes au tempérament introverti se montrèrent enclins dès le début à supposer l'existence d'une influence positive de leur propre situation psychique comme point de départ de l'œuvre chimique. Ils pensaient que cette œuvre constituait justement le point, dans la grande toile tissée par les événements intérieurs et extérieurs, sur lequel l'homme, grâce à son influence, était le plus à même d'intervenir directement. Cette idée va si loin chez Zosime qu'il en arrive même à rejeter le rapport à l'astrologie en faveur de la gnose intérieure, la prise de conscience. Il pense en effet que ce premier rapport suscite la dépendance, alors que la gnose suscite la liberté. Cela apparaît de façon très claire dans le texte suivant, où Zosime dit à son amie spirituelle, Theosebeia[17] : « N'aie pas hâte de chercher Dieu, ô femme, mais assieds-toi dans ta maison et celui qui voit tout, Dieu, va venir à toi — pas seulement un démon limité à un lieu. Une fois que tu seras physiquement assise, assieds aussi tes émotions, l'envie, le désir, la colère, le regret et les douze mille de la mort. Ainsi disposée, alors appelle le divin... Avec ce procédé, tu pourras acquérir le *véritable et naturel kairikai.* Procède donc ainsi jusqu'à avoir parachevé ton âme de tous côtés. Une fois l'âme accomplie, quitte alors la naturel de la matière et dépêche-toi de descendre au Poimandres, plonge-toi dans la cruche de mixtures et hâte-toi de voler vers les tiens. »

Ainsi que Jung l'a démontré dans *Psychologie et Alchimie*, ce passage fait référence à l'enseignement de la secte hermétique de Poimandres, d'après lequel Dieu a envoyé sur terre un récipient rempli de Noûs (le devenir-conscient, l'illumination) afin que les âmes qui s'y plongent en ressortent illuminées. La hâte du retour vers les siens signifie le retour à l'homme-lumière cité plus haut, au paradis. C'est le stade final de la transformation intérieure qui commence, certes, avec (χαιριχαί βαφαί) les transformations de la matière, mais qui va aussi bien au-delà. Ce passage, qui nous est aussi parvenu avec quelques variantes [18], indique en particulier que le travail de la disposition psychique serait d'une signification essentielle pour l'œuvre. Ce passage jette donc une lumière nouvelle sur le texte mentionné ci-dessus de la séparation du corps et de l'âme, en montrant qu'il faut également comprendre cette séparation comme un fait intrapsychique, et donc microcosmique, comme une mortification et une spiritualisation, comme une *mors voluntaria*, ainsi qu'un auteur [19] l'a nommée plus tard. On retrouve toujours une idée similaire chez les différents auteurs alchimistes. En résumé, nous pouvons réduire l'idée microcosmique et macrocosmique dans l'alchimie aux quatre éléments suivants, mis en parallèle : Dieu, le cosmos, l'homme et la pierre. Le parallélisme emploie toujours la même image : Dieu a créé le cosmos et l'homme à son image, l'homme crée à son tour le lapis selon le même modèle, le modèle de Dieu qu'il porte en lui. Le parallélisme *est* pourtant aussi une substance, et non une idée. Il consiste à proprement parler dans une image d'anthropos, l'homme-lumière, l'œuf, la taupe, etc. En plus du parallélisme, il existe une relation, d'une part entre les constellations astrologiques du cosmos et l'œuvre alchimique, et d'autre part entre la disposition intrapsychique de l'alchimiste et l'œuvre alchimique elle-même. Cette dernière est le lieu où l'homme jouit d'une certaine liberté et où, probablement pour cette même raison, la relation la plus intime s'établit entre la chimie et l'ego de l'homme empirique.

À ces considérations s'est ajoutée ensuite la réflexion notamment que le corps de l'homme lui-même serait composé des mêmes éléments que le macrocosme, ce qui lui permettrait, par la connaissance de son propre être corporel, d'approcher le secret de la matière. Cette connaissance ne doit cependant pas venir de « l'extérieur », comme par exemple grâce à l'autopsie des morts, mais par une introspection méditative permettant de s'absorber dans les sensations psychiques endosomatiques. De même que le yoga oriental est parvenu à un modèle intérieur psychique des processus physiques, la même oratique existe dans l'alchimie. Le texte arabe de Morienus, datant probablement du VIIIe siècle[20], en constitue un bel exemple : « Cette pierre est cette chose qui plus (que toute autre) se trouve en toi, créée par Dieu, et toi, tu es sa *prima materia*, et de toi elle est extraite, et peu importe l'endroit où tu es, elle est inséparable de toi... Et tout comme l'homme est composé de quatre éléments, ainsi est la pierre, et ainsi elle provient de l'homme, et toi, tu es sa *prima materia*, par la vertu des procédés, et de toi elle est extraite ; par la séparation ; et posée en toi et inséparable de toi par la science. Autrement dit, la chose est en toi, dans le mercurius du sage ; tu es la *prima materia*, elle est incluse en toi, et tu la conserves en cachette, et de toi elle est extraite, car par toi elle revient à son essence et est libérée, puisque sans toi elle ne peut être accomplie et que toi, tu ne peux vivre sans elle, et ainsi la fin se souvient du début et vice-versa[21]. » L'ancienne idée que le lapis se logerait dans le *cerveau* lui accordait aussi une provenance intrapsychique et somatique car, comme cela arrive encore aujourd'hui, on situait alors le siège de l'âme et de la conscience dans le cerveau.

L'alchimiste arabe et mystique du Xe siècle Mohamed Ibn Umail, mieux connu en Occident sous le nom de Senior, en était arrivé à des formulations similaires : pour lui, Dieu a créé le tout à partir de l'eau[22]. Cette eau est l'arche du monde[23] (*caput mundi*) et du microcosme[24], elle est cette chose vivante qui ne mourra pas aussi longtemps que durera le monde, qui anime tout ce qui est mort et qui révèle les couleurs cachées. Chaque homme a besoin de cette eau, et *elle est avec lui,* et il *ne peut être sans* elle ; elle est aussi « l'œuf rouge », entre le ciel et la terre, comprenant les quatre éléments et que Hermès appelle le microcosme[25].

Mohamed Ibn Umail continue dans un autre texte : l'eau serait ce qui peut transformer les choses à partir de leur état potentiel en leur état actuel, elle est ce qui rend clair, le terme « eau » décrivant un principe mystique divin et créateur. Dans l'homme, cette même eau devient semence et ainsi *la cause de la naissance de l'homme*[26] ; cette eau (semence) se coagule dans la femme, qui lui sert de réceptacle, pour former un être humain qui devient un enfant achevé prêt à entrer dans le monde ; tout ceci, continue Senior, est la description de la préparation de la pierre.

Dans tous ces textes, toute substance inconnue dont s'occupe l'alchimiste est associée physiquement à l'homme sous la forme d'un secret lié au corps. Quand on compare les nombreux textes alchimiques de façon synoptique, il s'avère que la relation microcosme-macrocosme *survient en particulier pendant deux phases de l'œuvre alchimique,* à savoir tout à fait au début, lors de la description de la matière initiale — je rappelle simplement les exemples de l'œuf cosmique et de l'eau —, puis dans la phase finale de l'œuvre, par exemple quand, comme il est dit à la fin d'un ancien texte, l'« art » se coordonne enfin avec la rotation de la voûte étoilée.

Le texte de Comarios à Cléopâtre, qui date probablement du Ier siècle, décrit comment l'âme dit au corps : « Réveille-toi du monde souterrain et lève-toi du tombeau. Revêts-toi du spirituel et du divin, car la voix de la résurrection t'est parvenue et l'élixir de la vie est entré en toi. L'esprit, l'âme et le corps s'unissent pour former un être divin inaltérable. » Le texte parle ensuite d'un secret du tourbillon qui serait le corps et l'art réunis, qui serait la roue supérieure, c'est-à-dire le pôle céleste avec les constellations. Il apparaît donc maintenant clairement que l'alchimie suscite une identification avec le ciel supérieur, et que le ciel inférieur représente également un élixir pénétrant dans tous les corps.

D'autres textes assimilent encore la matière dans la cornue à Osiris mort dans son cercueil de plomb, et le travail des métaux est appelé momification[27]. Pour ce qui nous occupe, il importe simplement de constater que *c'est au stade final de l'œuvre qu'a lieu la réunification de l'esprit et du corps, au-delà de l'unification avec le macrocosme,* car le produit final est un corps subtil capable de tout pénétrer. Tout cela prend probablement son origine dans les procédures magico-chimiques d'embaumement du rituel mortuaire égyptien, pour autant que la momification était bien comprise comme la fabrication d'un corps immortel en même temps que la dissolution du mort en tant qu'Osiris dans le Dieu suprême[28]. Cette idée d'une dissolution de l'homme, projetée dans le temps après la mort, a traversé toute la tradition alchimiste, et on la retrouve clairement énoncée par l'élève de Paracelse, l'alchimiste Gerhard Dorn. L'alchimie se réduit selon lui aux procédés fondamentaux suivants : extraction de l'âme hors du corps et union de l'âme avec l'esprit (*unio mentalis*). C'est, affirme Dorn, ce que tous les mystiques chrétiens comprennent comme la séparation du corps, comme la *mors voluntaria* et la soumission des sens à la partie spirituelle de l'âme. En tant que résultat final, le corps repose toutefois séparément. C'est pourquoi Dorn conçoit une *unio corporalis* dépassant l'image chrétienne et incluant à nouveau le corps dans l'union intérieure, grâce à une procédure alchimique dans la cornue. Il survient en même temps une union de l'âme-esprit-corps (déjà fusionnés en un) avec le *unus mundus,* le monde Un. Par ce terme de monde Un, Dorn entend désigner le macrocosme potentiellement unitaire d'avant la création[29].

Cette idée éclaire également le texte de Morienus, déjà mentionné, selon lequel « début et fin se donnent la main ». À la fin, il se produit en effet, à un niveau plus élevé, plus conscient, un retour et une union avec la matière première du cosmos.

Si nous ne voulons pas simplement nous contenter de collecter ces données comme autant de curiosités dans l'histoire des idées, nous devons nous poser la question de leur éventuelle validité aujourd'hui et de la façon dont nous pourrions les utiliser. On ne peut alors s'empêcher d'évoquer les découvertes parallèles faites par la psychologie de l'inconscient, et en particulier celles de C.G. Jung qui fut le premier à souligner l'importance scientifique de tous ces documents alchimiques. Jung s'essayait, *cum grano salis*, à la même chose que les alchimistes, c'est-à-dire à une introspection purement empirique et aussi peu entachée que possible de préjugés religieux ou de conceptions philosophiques concernant les processus psychiques fondamentaux de l'homme moderne. Il en est ainsi essentiellement arrivé aux résultats suivants :

Les réactions psychiques de l'homme, y compris ses activités intellectuelles, sont influencées et nourries par ce qu'on appelle les complexes, c'est-à-dire des groupes de représentations émotionnelles autour d'un « noyau ». Certains de ces complexes semblent acquis par l'expérience de la vie. Beaucoup d'entre eux semblent en revanche être inhérents à la structure de l'homme, ce qui ressort dans le fait qu'ils occasionnent, sans aucune influence extérieure, sur des personnes, des époques ou des endroits différents, des émotions, des sentiments, des ordres de représentations et des contextes similaires. Ces complexes généraux, que l'on pourrait aussi qualifier de normaux et qui fonctionnent dans la psyché humaine comme des *nuclei*, Jung les appelle les archétypes. Ils créent entre autres des images similaires ou ressemblantes dans l'esprit des peuples et dans les cultures les plus différentes. De même que tous les hommes, malgré leurs différences individuelles, se tiennent debout et possèdent deux yeux, un nez, etc., leur structure psychique détient aussi des éléments structuraux fondamentaux qui contribuent à la similitude relative de leurs activités psychiques.

À ce niveau fondamental de la psyché humaine, Jung donne le nom d'inconscient collectif. Ses contenus représentent d'une part la cause des phénomènes psychiques de dissolution, tels qu'on peut les observer dans la schizophrénie, et sont d'autre part le facteur de guérison par excellence pendant la thérapie, car ils déclenchent des réactions instinctives, comparables en cela aux *pattern of behavior* du monde animal. Pendant cette phase de ses découvertes, Jung laissait ouverte l'idée de la relation de ces archétypes aux processus du corps. Il se fondait d'abord sur l'idée que la psyché devait être étudiée sous son aspect phénoménologique, comme étant quelque chose qui existe en tant que tel mais dont nous ignorons la nature. L'existence des maladies psychogènes ainsi que des guérisons psychogènes de symptômes physiques lui fit supposer dès le début qu'il y avait là une relation avec les processus corporels, ce que nous reconnaissons aujourd'hui avec toute la médecine psychosomatique. Cela revient à dire que nous connaissons l'existence d'une telle connexion, mais que nous ne pouvons pas encore définir *d'une manière causale* et exacte ses détails et ses lois. À vrai dire, on pouvait presque s'attendre à ce que cet aspect psychophysique de l'inconscient soit découvert dans le cadre d'une psychologie adaptée aux sciences naturelles. En étudiant les problèmes inconscients de ses patients, Jung a toutefois découvert un autre aspect tout à fait inattendu et surprenant de cette relation : lors de la constellation d'un complexe archétypique, certains événements qui se produisent dans l'environnement de l'individu concerné peuvent être perçus comme étant en connexion, au niveau du sens, avec les images symboliques des processus intérieurs. Pour décrire ces coïncidences engendrées par le « hasard » et qui donnaient un sens aux événements intérieurs et extérieurs, Jung a forgé l'expression « phénomènes du principe de synchronicité[30] ». Il s'agit ici d'une connexion d'événements qui n'est pas conditionnée par une cause mais par une équivalence de sens. Il est probable que les (χαιριχαί βαφαί) de Zosime se réfèrent aussi à de tels événements synchronistiques.

La constatation d'un sens dans la suite de deux événements ne peut cependant se fonder que sur une interprétation anthropomorphique[31]. La nature du « sens » en tant que tel échappe en effet à notre possibilité de connaissance. La philosophie chinoise en était également arrivée à l'idée qu'il existe dans les choses un élément rationnel, notion que l'on retrouvera, plus tard, dans l'enseignement péripatéticien du Noûs, la conscience du monde traitée comme une petite partie de la physique. Dorn[32] affirmait également : « En vérité, la *forme qui est l'intellect* de l'homme est à la fois le début, le milieu et la fin de tels processus : cette forme se révèle dans la couleur jaune, qui indique que l'homme est la forme supérieure et principale dans l'œuvre spagyrique. » Cela correspond à l'idée d'un arrangement du sens dans le cosmos, qui est similaire à la conscience humaine. En effet, la rencontre d'événements du monde extérieur qui ne sont pas liés causalement mais ne forment pas moins un sens pour l'homme laisse supposer l'existence, pas seulement dans l'inconscient collectif ni dans ses archétypes, d'un savoir ou d'une conscience latente, avec également l'idée que cette dernière peut se manifester en dehors de l'homme[33]. Ceci présuppose l'existence d'un *arrangement psychique a priori*, dont l'archétype serait un aspect intrapsychique que seule l'introspection permettrait de pouvoir acquérir[34].

Ce que les alchimistes déjà cités décrivent comme une image de Dieu, l'œuf, l'eau, l'homme-lumière primordial, le stade initial et final, correspond exactement à cet inconscient collectif présent en chacun de nous et dont on peut démontrer l'existence par des moyens empiriques. La symbolique qui lui est associée est toujours exactement la même dans des rêves des hommes contemporains. L'inconscient ne semble pas consister en un amas chaotique de « noyaux » archétypiques. Il possède une structure qui se cristallise autour d'un centre que Jung a appelé le Soi. On peut représenter empiriquement ce contenu central de l'inconscient collectif avec les diverses images de Dieu ou avec des symboles comme, en Orient, le mandala Dorje, ou la pierre philosophale en Occident.

C'est ce même contenu qui semble conditionner en grande partie l'« arrangement signifiant », ce facteur similaire à la conscience que l'on retrouve dans les événements non organiques et matériels du monde extérieur. Le sens anthropomorphique des événements du monde extérieur ne constitue pourtant pas un simple facteur formel. Il s'agit plutôt d'une réalité qu'à ce jour, malheureusement, nous ne sommes pas en mesure de définir mais seulement de délimiter.

Pour démontrer le parallélisme avec la psychologie, j'aimerais donner ici une brève interprétation psychologique du texte de Morienus, que j'ai déjà eu l'occasion de mentionner : « Cette pierre est cette chose qui plus que partout ailleurs se trouve en toi. » On peut montrer que le Soi est le facteur le plus actif au sein de la psyché inconsciente de l'homme. « Il a été créé par Dieu » — le Soi est un *imago Dei*, une image de Dieu. « Et tu es sa *prima materia.* » L'individu est le point de départ des événements qui amènent le Soi à devenir conscient. « De toi elle sera extraite. » Lorsque nous rendons conscient un contenu inconscient, nous l'extrayons pour ainsi dire de nous-mêmes. « Où que tu sois, elle restera inséparable de toi. » Qui rend conscient un tel contenu par l'expérience se verra uni pour toujours à l'ego impersonnel, il s'agit d'une expérience de transformation que l'homme a acquise une fois pour toutes. « C'est ce que les alchimistes appellent *fixatio.* » Les notions et les enseignements symboliques, d'ordre religieux et traditionnel, servent d'instruments au contenu en le transportant et en l'intégrant à la conscience, c'est-à-dire qu'ils le fixent. « Tout comme l'homme est composé de quatre éléments, ainsi en est-il de la pierre. » Le Soi comme la conscience présentent une structure quaternaire [35]. « Et toi, tu es sa *prima materia,* en vertu des procédés, et de toi elle est extraite, par la séparation, et en toi elle repose, inséparable de toi, par l'action de la science. » Ici, les pensées antérieures se répètent avec une variante : Jung pense que la fin du texte expose une répétition de l'état initial [36]. C'est exactement ce qui se passe avec le processus psychique de la montée vers la conscience, en ce sens que la *disposition globale originelle et inconsciente devient une expérience consciente.*

Tous les symboles mentionnés dans ces textes, l'œuf, la pierre, l'homme-lumière, Adam, etc., sont des symboles du Soi, duquel émanent, selon Zosime, les (χαιριχαί βαφαί) que l'on conçoit avec justesse comme des expériences synchronistiques du sens.

S'il s'avérait que l'idée de Jung de la synchronicité pouvait être une hypothèse utile aux sciences de la nature, les sciences empiriques modernes de la nature pourraient alors peut-être parvenir, à un niveau plus différencié et plus scientifique et d'une façon tout à fait inattendue, à réhabiliter l'idée du microcosme et du macrocosme. Cette idée revient dans la psychologie moderne, non seulement sous la forme d'une représentation, mais aussi comme la manifestation d'un principe concret, vivant, et que l'on ne peut définir comme une matière morte ni comme un élément « seulement » psychique (ce qui impliquerait qu'il n'est pas lié à la matière). Ce principe est actif ; c'est en quelque sorte de lui que semblent émaner les actes de création dans le temps. Au sein de ce principe qui nous est encore complètement inconnu, microcosme et macrocosme fusionnent en effet pour former une complète unité de la réalité [37] psychique et matérielle, c'est-à-dire de la réalité humaine et cosmique, dans laquelle ce serait soi-disant par hasard que des événements éloignés du macrocosme se manifestent dans une cohérence globale avec les constellations psychiques de l'homme individuel.

7.

Quelques aspects historiques concernant l'hypothèse du principe de synchronicité de Jung*

Avant d'aborder les aspects historiques de l'hypothèse du principe de synchronicité élaborée par Jung, j'aimerais récapituler brièvement la définition de ce principe : il ne s'agit de rien de moins que de la proposition de créer un nouveau paradigme, une nouvelle hypothèse fondamentale. Avec Wolfgang Pauli, Jung a proposé la quarternité suivante, comme principe de base pour une nouvelle science de la nature[1] :

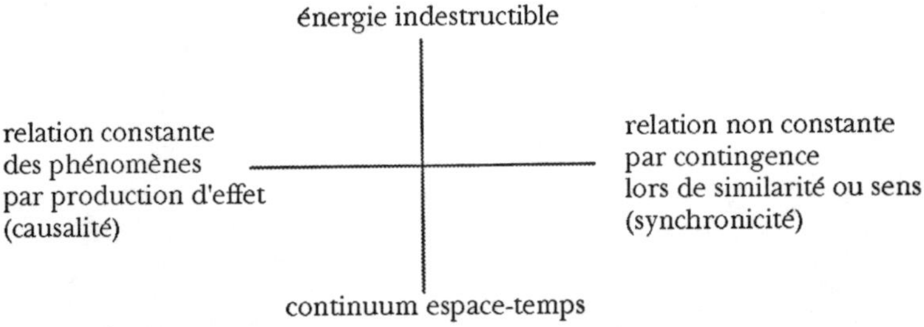

Ce que Jung désigne dans ce schéma par le terme de contingence désigne la concordance, attribuable au hasard mais qui a un sens, d'événements intérieurs avec des événements extérieurs. On peut généralement observer que des

---

* Conférence non publiée lors d'un congrès à Garmisch-Partenkirchen sur le problème de l'espace-temps avec Carl Friedrich von Weizsäcker, le dalaï-lama, Joseph Needham, *et al.*, organisé par les éditions Dianus-Trikont. Il s'agit d'une version abrégée.

personnes connaissent cette expérience quand un archétype se trouve constellé de façon particulièrement intense dans leur inconscient. En ce sens, le modèle archétypique semble non seulement agir dans l'individu lui-même mais se manifester également dans son environnement. Il n'existe pas de relation causale entre l'expérience intérieure et la perception extérieure, cette relation est même impensable dans la plupart des cas. C'est pourquoi Jung, dans son œuvre principale sur la synchronicité[2], définit les événements synchronistiques comme « des actes de création dans le temps », ce qui implique que la création dans la nature se poursuit sans cesse en tant que *creatio continua*. Ces « actes de création dans le temps » ne se manifestent cependant pas par « sauts » dans la nature (comme si sur une planète dénuée de vie un ciel bleu apparaissait soudain), mais de nouvelles créations surviennent simplement de temps en temps, comme autant de cas particuliers au sein d'un « arrangement général sans cause », sous la forme d'une similarité entre des processus psychiques et physiques. La forme reconnaissable d'un arrangement psychique *a priori* est l'archétype[3].

Je pourrais illustrer cette définition abstraite par un petit exemple : il y a quelques mois j'ai reçu, d'un jeune médecin interne juif résidant à Hawaii, le témoignage suivant, qu'il m'a permis de publier : à l'occasion d'une journée de congé, il voulait se préparer par une lecture au bar mitzvah de son neveu, car il ignorait tout de cette cérémonie. Mais comme cela l'ennuyait, il préféra entreprendre la lecture de mon livre *La Recherche du Soi*, dans lequel je donne l'interprétation d'un conte espagnol. La tâche du héros consiste à s'emparer, au bon moment, d'un perroquet blanc qui est le gardien de la source de la vie. Si on le saisit au mauvais moment, on est pétrifié. Le perroquet blanc deviendra plus tard le génie tutélaire du héros et de sa famille. Dans la terminologie jungienne, il est un symbole du centre recouvrant la totalité de la psyché et que Jung appelle le Soi. L'aspect négatif du perroquet correspond au danger qui menace toutes les traditions religieuses et en particulier les religions du livre, dont on n'acquiert les connaissances que pour en répéter les formules, comme un perroquet. L'effet de la tradition religieuse n'est alors pas vivifiant mais rigidifiant.

Pour découvrir l'aspect positif de ces religions, il faut d'abord pouvoir « saisir » leur contenu spirituel d'une manière juste. Le jeune médecin fut troublé par cette interprétation, parce que justement il avait voulu apprendre par cœur les textes et les formules religieuses juifs.

C'est à cet instant qu'il entendit un croassement devant sa fenêtre. En se penchant dehors, il découvrit la présence, dans le buisson situé en face de la fenêtre, d'un perroquet blanc ! Si nous pouvons admettre qu'à Hawaii un perroquet qui s'est échappé a plus de chances de survivre que chez nous, il n'en est pas pour autant normal d'y voir des perroquets blancs voler librement dans les airs ! Il n'est pas concevable que la lecture du conte ait attiré le perroquet à cet endroit d'une façon causale. Il n'est pas pensable non plus que ce soit la proximité du perroquet qui ait provoqué la lecture du conte. Toute connexion causale entre ces deux événements est donc au plus haut point improbable. C'est pourquoi nous verrons plutôt dans un tel événement une coïncidence de sens. Je n'aurai pas le temps de démontrer ici que le symbole de l'oiseau se réfère à un archétype très répandu, et je vous renvoie donc à mon livre[4]. Il est cependant évident que ce jeune médecin avait un problème religieux, et donc un archétype, à refouler. Cet exemple montre d'une façon utile pourquoi Jung préfère employer la notion de similitude à celle de sens quand l'événement n'implique pas le sujet qui en fait l'expérience. Si aucun observateur n'était présent pour établir la similitude entre les deux événements, il n'y aurait dans cette histoire que deux perroquet semblables, l'un intérieur et l'autre extérieur. Le sens ne peut se révéler que grâce à la présence de l'observateur.

Considérons maintenant l'idée de la synchronicité d'un point de vue historique. Nous nous voyons alors contraints de considérer en premier lieu la notion de causalité. Le concept moderne, rigoureux, scientifique, de la causalité a évolué au cours du temps, à partir d'une notion où se mêlaient la magie, le miracle religieux et la réalité scientifiquement démontrable. C'est seulement avec la science moderne de la nature qu'on a peu à peu éliminé de la causalité ses attributs magiques et religieux, considérés maintenant comme des superstitions. Toutes les sciences actuelles connaissent cependant encore des limites, donnant lieu à des querelles sur la question de la validité scientifique. On peut le constater par exemple avec les nombreuses formes alternatives de la médecine, dont les principes sont considérés par certains comme prouvés causalement par la science, et par les autres comme de pures techniques de placebo. En physique, l'hypothèse des paramètres cachés ou des particules fantômes joue un rôle similaire.

Nous sommes en outre en train de ressortir de la poubelle bien des domaines de la magie et de la religion, après avoir enfin compris qu'il ne s'agit certes pas là de connaissances matérielles portant sur des sciences naturelles, mais bien de connaissances psychologiques.

Regardons par exemple un moyen magique datant de l'Antiquité « pour réprimer la colère, obtenir victoire et faveur ». Il s'agit d'une recette hellénique, découverte en Égypte et transcrite sur un papyrus magique : « Adresse-toi ainsi au soleil par sept fois... Sois salué, ô toi qui règnes sur l'est et sur le monde et qui es accompagné de tous les dieux, dans ton heure bénéfique, dans ton jour bénéfique, toi, démon bénéfique du monde, toi, couronne de toute la terre habitée, qui te lèves à partir de l'abîme chaque jour sous la forme d'un jeune homme et te couches sous l'aspect d'un vieillard. Seigneur, ne me porte pas préjudice, ne me précipite pas dans le malheur et l'appauvrissement[5] ! »

Si nous voulons bien tenir compte du fait que, d'un point de vue psychologique, le soleil représente symboliquement le principe de la conscience et de sa clarté, il ne paraît pas trop absurde de le conjurer en soi-même pour se garder des émotions chaotiques et des situations difficiles provoquées par le monde extérieur.

Dans le même texte, nous trouvons une autre prière magique, qui constitue « un moyen de faire revenir sa bien-aimée » : « Écris sur un tesson de poterie avec une pointe sèche : Hécate, Hécate aux trois formes, tous les signes magiques de chacune [des formes] sont au complet : Je te conjure au nom du grand [le mot magique] et par la force du [le mot magique] ; car je te conjure toi, qui gardes le feu sous la forme d'un vautour... que NN soit brûlée, et que tu la chasses vers moi, car dans ma main droite je tiens les deux serpents et le sceau du Iaô Sabaôth, et par le grand nom [le mot magique], [...] pour qu'elle m'aime ardemment, pour qu'elle brûle d'un feu d'amour dévorant pour moi et que ce feu la torture[6], etc. »

Là aussi, la conjuration a un sens si on la considère d'un point de vue psychologique : le magicien invoque Hécate, la déesse de monde souterrain, c'est-à-dire son propre inconscient qui, chez un homme, est féminin. Il invoque également le feu, qui est en possession d'un vautour. Le feu est le symbole de la passion et le vautour, en tant que rapace, symbolise le désir. Lorsqu'on exécute de tels actes de magie, constellant ainsi fortement l'archétype, il arrive parfois, mais pas toujours, des événements synchronistiques. C'est bien pour cela que la magie n'a toujours pas disparu de nos jours !

Plus encore que la magie, l'astrologie jouait dans l'Antiquité un rôle dominant. L'alchimiste le plus important du IIIe siècle précédant notre ère, Zosime de Panopolis, a développé une théorie intéressante sur l'astrologie. Il parle de deux sortes de transformations chimiques. Premièrement ce qu'il nomme les *kairikai baphai*, et ensuite les « transformations véritables du métal ». Les premières sont produites par Kairos, le dieu de l'instant propice qu'on pourrait aussi définir comme le dieu grec du principe de synchronicité, et qui se trouve derrière toutes les influences astrologiques de l'œuvre alchimique. Zosime rejette cependant cette sorte d'alchimie, qu'il considère comme trompeuse. Il exhorte son élève Théosebeia à s'adresser plutôt au Noûs cosmique (l'esprit du monde) pour obtenir les « véritables » transformations du métal.

Cela nous oblige à compléter la définition du principe de synchronicité par l'approfondissement du problème du sens, que jusqu'ici j'ai passé sous silence. Par le sens, Jung n'entend pas quelque chose de partiel, comme par exemple le sens d'une expression linguistique, mais la cohérence au niveau du sens de l'être *dans son entier*. La notion chinoise du Tao, qu'il évoque souvent, est ce qui s'en rapproche le plus. En Occident, il trouve une correspondance dans le Feu-Logos d'Héraclite, et plus tard dans le concept du Noûs en tant qu'intelligence cosmique, telle que le décrit, par exemple, le *Corpus Hermeticum*[7].

L'Antiquité comprenait aussi cet esprit cosmique comme la « sympathie de toutes choses ». Dans un écrit d'Hippocrate (*De alimento*), cela apparaît de la façon suivante : « Un seul flux, un seul souffle (*conflatio, sympnoia*) réunit tout, éprouve tout comme un ensemble. Tout a un rapport avec la totalité ; quant à la partie, les parties [présentes] dans la partie en vue de l'action à produire. Le grand Principe s'étend jusque dans la partie la plus éloignée [du centre], et de la partie la plus éloignée se forme un retour vers le grand Principe : la nature est une, elle est être et non-être[8]. »

Cette idée antique a disparu en Europe avec l'apparition de la religion chrétienne, mais subsista néanmoins dans la culture arabe, avec toutes les autres connaissances de l'Antiquité concernant les sciences naturelles. La mystique religieuse arabe y ajouta certains éléments nouveaux, particulièrement avec l'idée d'une aptitude créative et visionnaire de l'imagination psychique de l'adepte.

J'aimerais renvoyer ici à Henri Corbin, qui s'est largement penché sur ce sujet. Selon le mystique Sohrâvardi (mort en 1191), il existe entre le monde visible et le monde platonicien des idées (les âmes de la sphère divine) un troisième monde intermédiaire, la terre de l'*Hurqalya*, qui est le monde des images autonomes produites par les archétypes et que le visionnaire perçoit grâce à son imagination[9].

Ces images révèlent les formes primordiales de tout ce qui se produit dans le monde visible. Cette terre imaginaire n'est pas matérielle, elle est un *mundus archetypus* subtil[10].

Tout ce que le mystique peut y apercevoir nécessite une interprétation symbolique. Le visionnaire y fait l'expérience d'une réalité dont la signification est essentiellement symbolique, renvoyant à des secrets divins situés au-dessus d'elle[11].

Entre les idées platoniciennes et le monde existe donc

un domaine intermédiaire psychoïde, de sorte qu'un aspect qui n'apparaissait dans la magie et l'alchimie antiques que de manière implicite se déploie maintenant avec une importance accrue. Il s'agit ici de l'idée que le monde des archétypes touche à la profondeur de l'âme humaine et peut être atteint et influencé par certaines formes de méditation religieuse.

C'est le monde de l'imagination créatrice, principalement décrit par le mystique Ibn Arabi (1165-1240) [12]. C'est avant tout le péripatéticien, médecin et alchimiste Ibn Sina (Avicenne) (980-1037) qui a transmis cette tradition à l'Occident. On sait que son *Liber de Anima seu Liber Sextus de Naturalibus*[13] fut traduit en latin, après 1150, par Grundissalinus et qu'il a durablement influencé la philosophie et la théologie scolastiques. Avicenne plaide également pour la doctrine de l'*imaginatio*, qui fait montre de caractéristiques magico-créatives. Étant donné que des « formes » archétypiques existent dans l'âme, elles pourraient exercer une influence sur la matière, non seulement à l'intérieur du corps, mais également — et c'est cela qui est important — à l'extérieur du corps, « comme le fait un regard méchant ou une chimère. Et même quand l'âme est constante et noble et qu'elle s'accorde aux principes, la matière du monde extérieur lui obéit et se trouve influencée par elle, et on percevra dans la matière du monde extérieur ce qui se forme dans l'âme. Cela se produit parce que l'âme humaine n'est pas prisonnière de la matière mais la gouverne [14] ».

Cette conception d'Avicenne devait avoir une influence décisive, en particulier sur Albert le Grand[15] (1206-1280) et Thomas d'Aquin [16], qui tous deux l'utilisaient pour expliquer la transformation alchimique des métaux. Selon eux, cette transformation ne suit pas la voie technico-causale habituelle, mais survient plutôt grâce à l'influence de l'imagination créative des alchimistes. Albert le Grand insiste tout particulièrement sur un élément important, déjà mentionné par Avicenne, à savoir que cette créativité matérielle de l'âme serait en relation avec les états émotionnels. Jung cite le passage suivant d'un texte attribué à Albert le Grand[17] : « J'ai trouvé dans le sixième livre des *Naturalia* d'Avicenne un exposé lumineux, selon lequel l'âme humaine possèderait une certaine faculté de modifier les choses, et celles-ci lui seraient assujetties ; et cela, lorsqu'elle est entraînée dans un grand excès d'amour ou de haine ou de quelque autre chose d'analogue. Quand l'âme d'un homme tombe dans l'excès d'une quelconque passion, l'expérience permet donc de constater qu'il relie les choses et les modifie dans le sens vers lequel précisément il tend, et longtemps je n'ai pas voulu le croire, mais après avoir lu les livres de nécromancie et d'autres ouvrages sur les signes magiques et la magie, j'ai trouvé que la faculté d'affection de l'âme humaine est bien la racine principale de toutes ces choses, soit qu'en raison de sa grande émotion elle modifie son corps ainsi que d'autres choses vers lesquelles elle tend, soit qu'en raison de sa dignité les autres choses, inférieures à elle, lui soient assujetties, soit encore qu'il existe un parallèle entre cette affection violente et dépassant toutes les bornes et le moment sidéral qui lui correspond, ou la situation astrologique ou quelque autre force encore, et que nous croyions que ce qui fait cette force serait alors produit par l'âme [...] Celui qui veut connaître le secret de ces choses, pour les provoquer ou pour y mettre fin, doit donc savoir que chacun peut tout influencer par la magie dès qu'il tombe dans un grand excès... et il doit alors le faire dans le moment même où il est saisi par cet excès, et le faire avec les moyens que l'âme lui prescrit. En effet, l'âme se montre alors tellement avide d'effets qu'elle veut opérer elle-même et qu'elle saisit également d'elle-même le moment sidéral le plus important et le plus propice, qui commande aussi les choses les plus propres à opérer cet effet [...] Et ainsi, plus l'âme désire avec intensité, plus elle rend les choses agissantes, et le résultat est semblable à ce qu'elle a souhaité [...] C'est d'une façon semblable que s'opère la production de tout ce que l'âme souhaite d'un désir intense. Tout ce qu'elle fait en vue d'accomplir son désir possède en effet une force de mouvement et une efficacité qui va dans son sens », etc.

Albert le Grand ne considère pas la « véritable » alchimie comme un domaine des sciences naturelles mais plutôt comme relevant de la magie, cette magie ne pouvant être pratiquée que par un *magister* et trouvant justement sa source dans les états psychiques mentionnés, en relation également avec les influences astrologiques. Thomas d'Aquin a suivi son maître Albert dans cette voie : il affirme également que l'alchimie habituelle ne transforme les métaux qu'en apparence, alors que l'alchimie véritable serait un art occulte ayant un rapport avec l'influence exercée par les astres [18].

Arrêtons-nous un instant et comparons l'exemple que j'ai évoqué au début avec les conceptions de l'Antiquité et du Moyen Âge. D'après ces conceptions, ce serait « l'âme qui désire, avec sa force qui met en mouvement », ou l'imagination du jeune médecin qui aurait attiré le perroquet, au moment astral propice. Ce que nous appelons aujourd'hui des événements synchronistiques, on l'expliquait alors par une causalité magico-psychologique.

En dehors de la doctrine de l'*imaginatio*, on trouve aussi au Moyen Âge d'autres indices de ce que nous appellerions aujourd'hui la synchronicité, avec l'idée aristotélicienne, développée par les Arabes et dominante dans la scolastique du Moyen Âge, du *Noûs poiétikos*. Dans la mystique arabe, le *Noûs poiétikos* est l'énergie irradiante et créative de l'esprit divin, que l'on peut comparer à la lumière. Il est, comme le dit Henri Corbin de façon tout à fait appropriée, une « théophanie », une apparition de la divinité. Cette lumière créatrice de Dieu illumine et inspire aussi l'esprit des théologiens, des prophètes et des mystiques élus. Chez Avicenne, l'*intelligentia agens* est une réalité cosmique [19]. Sa lumière habite les sphères des planètes et constitue en fin de compte la racine extrapsychique de toute connaissance humaine [20]. Lorsqu'en effet l'âme humaine s'élève, lors de l'extase, cette force sacrée se déverse en elle, lui accordant des facultés prophétiques. La doctrine du *Noûs poiétikos* fait également partie de la physique, car il s'agit d'une intelligence divine située dans le monde extérieur mais à laquelle notre âme peut participer.

Thomas d'Aquin a encore franchi un pas décisif en divisant en deux parties la notion de *Noûs poiétikos*. Il identifiait l'une de ces parties à Dieu, ou à la *Sapientia Dei*, et l'autre à une lumière naturelle et intrapsychique, à un *lumen naturale* au sein de l'homme [21]. C'est cette idée qui a contribué, à l'époque de la Renaissance, au clivage entre les sciences profanes et la foi religieuse. À cette époque, des scientifiques de plus en plus nombreux commencèrent en effet à développer l'information issue de la « lumière naturelle », entrant ainsi en conflit ouvert avec les conceptions théologiques traditionnelles.

À côté du *Noûs poiétikos,* une autre « théophanie » joua aussi un rôle décisif au Moyen Âge, avec l'image de la *Sapientia Dei.* Les écrits tardifs de l'Ancien Testament, influencés par les gnostiques, Proverbes et Ecclésiastique et Sagesse, assimilent en effet la sagesse de Dieu à un pneuma créatif de nature féminine.

Cette hypostase divine « jouait », lors de la création, devant Dieu comme une bien-aimée ou comme une « maîtresse ». Elle est une figure parallèle à celle de la déesse d'amour ou de la déesse-mère du Proche-Orient. Elle possède aussi des qualités habituellement attribuées à Éros, car elle est un esprit « philanthropique » (*philanthropon*). C'est pourquoi elle se montre particulièrement apte à réunir les oppositions contenues dans l'image du Dieu de l'Ancien Testament[22].

Alors que le *Noûs poiétikos* hypostasiait plutôt l'intelligence surnaturelle de la force créatrice divine, la *Sapientia Dei* représente plutôt une *sympnoia,* l'inter-relation globale psychique dans l'univers par un esprit d'amour. Cet esprit d'amour, créatif et féminin, de Dieu joue aussi un rôle important dans la mystique islamique[23]. Le poète Jalâluddin Rûmi disait de lui : « La femme est le rayon de la lumière divine, elle n'est pas cet être convoité comme un objet par le désir des sens. Elle est créatrice, et non pas créature. »

Dans la tradition chrétienne, on l'identifie à Marie, et dans l'islam à Fatima. Avec cette figure, le mystique islamique fait l'expérience du « soupir de miséricorde de Dieu » devant sa création[24]. Cette personnification prit également une importance grandissante dans la scolastique des XIe et XIIe siècles. Cependant, on la retrouve déjà avant cela chez un penseur solitaire, appelé Jean Scot Érigène (800-877), qui décrit (suivant en cela Denys l'Aréopagite) le processus de la création comme un passage, sous de nombreuses formes individuelles, de la bonté divine à partir du rien gisant hors de l'être et du non-être [25]. Cette bonté est d'abord une force fécondante « qui se tait encore dans le secret de la nature » [26]. Dieu crée le monde dans sa sagesse, « grâce à laquelle il se connaît lui-même » [27]. Elle représente les causes premières qui ne sont pas seulement en Dieu, mais qui sont Dieu lui-même [28].

La *Sapientia Dei* est une sorte d'unité primordiale, une image monolithique qui se multiplie en une infinité de formes premières, lesquelles font cependant toujours partie de cette unité première (nous les appellerions aujourd'hui des archétypes). Ces formes premières possèdent, toujours selon Jean Scot Érigène, une conscience d'elles-mêmes. Il les appelle également des *idea*, ou *prototypes*[29]. D'autres théologiens comme Hugo de Saint-Victor définissent la *Sapientia* comme un « exemplare » de l'univers ou bien comme un *archetypus mundus*, le modèle dans l'esprit de Dieu d'après lequel le monde fut créé [30].

Dieu ayant créé le monde « conforme à la mesure, au nombre et au poids » (Sagesse 11,12), on assimilait également la *Sapientia Dei* à un ordre mathématique de la création [31]. Ces théologiens accordaient aussi à la *Sapientia* la signification d'Éros, comme cela apparaît très clairement dans la théorie de la prophétie de Thomas d'Aquin. Selon lui, il existe deux formes de connaissance de la vérité. D'abord une connaissance spéculative consistant dans la révélation des secret divins, puis une « connaissance émotionnelle » qui excite chez l'homme l'amour de Dieu [32], et qui est un *donum sapientiae*[33]. La *Sapientia* recèle des mystères supérieurs à la seule foi [34]. En tant que figure féminine, elle touche au domaine du sentiment, fait dont nous devons également tenir compte dans la synchronicité : en effet, la constatation d'un sens ne consiste pas seulement dans un processus de reconnaissance, elle procède aussi du sentiment.

La *Sapientia Dei* concerne aussi un ordre global mathématique latent à l'intérieur de l'être, que l'on a pu concevoir de façon arithmétique avec l'image des rapports numériques, ou bien de façon géométrique sous la forme d'un cercle infini « dont la circonférence ne se trouve nulle part et le centre partout » (pour l'histoire de cette phrase fameuse, je vous renvoie à l'ouvrage de Dieter Mahnke : *Unendliche Sphäre und Allmittelpunkt*[35]).

Avant d'aborder cette image mathématique de Dieu dans son développement historique, j'aimerais encore évoquer un autre aspect du principe jungien de synchronicité. Je cite Jung[36] : « Mais la question se pose maintenant de savoir si notre définition de la synchronicité, qui ne concerne encore que la similitude entre des processus psychiques et physiques, ne pourrait pas, voire ne devrait pas être élargie. La nécessité de cet élargissement me semble s'imposer si nous retenons la conception générale de la synchronicité que j'ai déjà développée comme celle d'un "ordre sans cause". D'une façon générale, c'est de cette notion que relèvent effectivement tous les "actes de création", toutes les données *a priori* comme par exemple les propriétés des nombres entiers, les discontinuités de la physique moderne, etc. Il nous faudrait cependant alors introduire dans le champ de notre concept élargi les phénomènes constants et toujours reproductibles par l'expérience, ce qui ne me paraît pas correspondre à la nature des phénomènes concernés par la définition restreinte de la synchronicité. Car ces derniers constituent pour la plupart des cas uniques, que l'expérimentation ne peut reproduire... » Il apparaît néanmoins « que même dans le domaine des cas uniques échappant à toute référence, il existe — ce qui paraîtra singulier au profane — certaines régularités, et donc des facteurs constants : d'où l'on doit conclure que notre définition restreinte de la synchronicité se montre sans doute réellement trop étroite et qu'il faut donc l'élargir. De fait, j'incline à supposer que la synchronicité dans son sens restreint ne constitue qu'un cas particulier au sein d'un ordre général sans cause, avec la similitude entre des processus psychiques et physiques concernant lesquels l'observateur a l'avantage de pouvoir identifier le *tertium comparationis.* Toutefois, si nous pouvons percevoir le fondement archétypique de ce phénomène, nous serons aussi tentés d'interpréter de façon réductrice l'apparition d'une similitude entre des processus psychiques et physiques indépendants par l'efficacité causale de l'archétype, et donc d'en éliminer le caractère purement contingent. Considérer la synchronicité comme un cas particulier dans un ordre général nous permet ainsi de parer à ce risque, et aussi d'éviter de multiplier les principes explicatifs, ce qui en effet n'est pas admissible : l'archétype est la forme, saisissable par l'observation extérieure, de l'ordre *a priori* dans le domaine psychique. Si un processus extérieur synchronistique vient s'associer au processus psychique, il en suit le même schéma de base, il obéit au même ordre. La différence entre cette forme d'ordre et l'ordre dont relèvent les propriétés des nombres entiers ou les discontinuités de la physique réside dans le fait que ce dernier se manifeste depuis toujours avec régularité, alors que l'autre préside aux actes de création dans le temps. C'est, soit dit en passant, la raison profonde pour laquelle j'ai précisément mis l'accent sur le facteur temporel comme étant caractéristique de ces phénomènes, et pour laquelle je les ai qualifiés de synchronistiques. »

Aujourd'hui, ce n'est plus seulement la demi-vie [37] qu'on impute à un ordre acausal. L'astrophysicien Hubert Reeves [38] propose aussi de considérer le paradoxe EPR comme un témoignage de l'existence d'un ordre acausal, ce paradoxe se traduisant par le rayonnement fossile et le pendule de Foucault. Dans le domaine de la psychologie, ce serait principalement le cas avec les nombres entiers naturels, et c'est entre les deux sciences que je situe ma découverte de la structure numérique du *Yi king* comme correspondant à celle du code génétique [39].

La conception, élaborée au Moyen Âge, de la *Sapientia Dei* comme un modèle du monde dans l'esprit de Dieu, constituait déjà un tâtonnement vers la compréhension de l'ordre sans cause. Les philosophes de l'époque, et plus particulièrement Scot Érigène, tentaient de l'approcher en esquissant des mandalas. Cette tradition s'est étendue jusqu'à Raymond Lulle, puis à Giordano Bruno ainsi qu'à d'autres philosophes de la Renaissance [40]. Si Lull tentait de construire, à partir de son mandala de Dieu, une sorte d'ordinateur théologique d'idées, les philosophes italiens insistaient plutôt sur le caractère érotique et magique de leur modèle circulaire de Dieu [41].

C'est pourquoi Marsile Ficin affirme dans son « symposium »[42] : « Tout le pouvoir de la magie consiste dans l'amour. L'œuvre de la magie réside dans une certaine attraction d'une chose vers une autre, du fait de leur similitude naturelle. Toutes les parties de ce monde dépendent, comme les membres d'un même organisme, d'un amour unique et sont reliées d'une façon naturelle... et ceci est la magie véritable. » Ficin construisait des talismans magiques en forme de mandalas pour attirer cet amour positif et cosmique de Dieu. Mais Giordano Bruno alla encore plus loin, en créant de nombreux mandalas magiques qui devaient « façonner la mémoire et changer l'homme en faisant éclore en lui une personnalité religieuse »[43]. Son texte « Contre les mathématiciens » est rempli de mandalas tracés par lui. À travers ses œuvres[44], Bruno compare aussi cet amour qui pénètre tout à un éclair (*fulgur*) ou à une lumière, et le définit également comme l'« âme du monde », ou comme l'« esprit de l'univers »[45].

À la même époque, il convient également de mentionner, en Allemagne, Agrippa de Nettesheim (qui a influencé de manière décisive Ficin, Bruno et Pic de la Mirandole), et Paracelse, qui tous deux ont profondément pénétré le domaine de la magie[46].

Au cours des siècles suivants, la tradition consistant à esquisser de tels modèles mathématiques du monde ne s'est pas interrompue. On peut relever ici les noms d'Athanasius Kircher, de Fludd, de Kepler[47], et surtout de Leibniz, qui fut le dernier à suivre cette voie avec son modèle du monde d'une *harmonia praestabilita*[48]. Jung abordant Leibniz en détail, je vous renvoie à ses explications[49]. Il m'apparaît pourtant comme une « coïncidence signifiante » que Leibniz, au moment où il traitait ce problème, ait pris connaissance de l'existence du *Yi king* par le père Bouvet[50]. C'est de cette époque que date l'affluence des idées orientales dans l'esprit occidental, dont nous pouvons aujourd'hui percevoir la floraison. L'apport décisif de Leibniz est d'avoir définitivement fait table rase de l'idée d'une causalité magique.

La différence fondamentale entre la synchronicité jungienne et l'*harmonia praestabilita* réside dans le fait que

Leibniz postulait une connexion constante, alors que selon Jung les événements synchronistiques ne se produisent que de manière inconstante, sporadique et arbitraire, et dépendent finalement de la situation archétypique ou psychique de l'observateur[51]. Avec le sacrifice de l'idée d'une connexion constante, l'aspect magique du phénomène disparaît aussi, ainsi que toute possibilité de le manipuler. Pour autant que les événements de synchronicité représentent des « actes de création », ils ne sont justement pas susceptibles d'être prédits et échappent pour cette raison à la recherche scientifique, si on ne modifie pas fondamentalement cette méthode de recherche. Jung a cependant découvert l'existence d'un élément qui pourrait être sujet à prédiction, non pas dans les événements de synchronicité, mais dans « l'ordre sans cause », grâce aux méthodes numériques de divination. Cela signifie que le nombre naturel a quelque chose à voir avec l'ordre sans cause. Il semble qu'il existe quelque chose que l'on pourrait définir comme un « jeu des archétypes » lié au temps. L'oracle numérique, comme par exemple le *Yi king*, nous permettrait de consulter une pendule cosmique reflétant l'ordre acausal de l'instant présent. C'est pourquoi Jung définissait le nombre naturel comme *l'archétype d'un ordre devenu conscient*[52]. Ce qui constitue l'ordre acausal en tant que tel dans l'inconscient psychique échappe à notre connaissance, mais si nous voulons rendre une chose consciente, le nombre en sera l'expression la plus primitive et la plus archaïque.

Perspectives

J'aimerais maintenant brièvement ébaucher de quelle façon cette pensée pourrait trouver des prolongements. Depuis la mort de Jung, deux nouveaux pas ont été franchis, d'abord avec la tentative, selon moi couronnée de succès, de l'anthropologue Hansueli Etter d'appliquer l'idée de la synchronicité à la théorie de l'évolution[53]. Ensuite, dans son excellent livre intitulé *La Science et l'Âme du monde*[54], Michel Cazenave a fait avancer la discussion interdisciplinaire actuelle en essayant de faire admettre l'idée qu'il existe réellement quelque chose comme une *anima mundi*, c'est-à-dire que l'« inconscient collectif » de Jung n'existerait pas seulement dans l'homme mais qu'il représenterait aussi en quelque sorte un aspect psychique de l'univers dans son entier. Un troisième pas a été entrepris par moi-même, en mettant en évidence le retour, déjà exigé par Werner Heisenberg, à un certain pythagorisme [55]. En effet, on a fait en 1931 une découverte révolutionnaire dans le domaine des mathématiques, dont à ce jour on n'a tiré que trop peu de conséquences. Il s'agit de la preuve rigoureuse établie par Kurt Gödel que tout l'édifice des mathématiques est construit sur le fait que les nombres naturels sont un a priori de la nature, mais qu'ils sont et demeurent en eux-mêmes irrationnels. Gödel demandait aussi que l'on revienne au idées platoniciennes, très proches en fait des idées pythagoriciennes.

J'ai tenté pour ma part de démontrer que le nombre naturel possède non seulement un aspect quantitatif mais aussi un aspect qualitatif, et que ce dernier est en relation avec le problème du temps. D'après cette conception, la suite des nombres naturels ne se composerait pas uniquement d'uns additionnés quantitativement, elle serait en même temps un continuum consistant dans le même Un primordial qui se manifeste *dans le temps* par une suite de modifications qualitatives. Ces nombres aux possibilités qualitatives sont comptés de manière rétrograde. Il est significatif de constater que tous les oracles numériques utilisent dans leurs calculs une méthode rétrograde, ce que pratiquement tout le monde sait grâce au *Yi king* [56]. Plus tard, j'ai aussi découvert que l'ancienne mathématique chinoise calculait presque exclusivement avec des « nombres-temps », c'est-à-dire qu'elle proposait une représentation mathématique du principe de synchronicité. L'essai que j'ai entrepris de pénétrer la problématique fondamentale des mathématiques a été, jusqu'à aujourd'hui, à peu près ignoré. Je suis cependant persuadée que les prochaines avancées de la pensée scientifique créative iront dans ce sens : c'est le « jeu temporel » des archétypes qui indique cette direction.

Ce qui pose problème dans l'admission de la synchronicité comme une hypothèse valable est qu'elle rompt avec des habitudes de pensée très anciennes. La toute-puissance de la causalité a certes déjà connu une rupture avec l'émergence de doutes concernant l'image simpliste et fantaisiste du mouvement de l'horloge dans un univers déterminé, provoquant en même temps pour la première fois une rupture dans la toute-puissance de la pensée magique. Cela a constitué un échec pour l'intellect scientifique. Ce qui rend en revanche cette nouvelle hypothèse recommandable, c'est qu'elle introduit dans la nature un élément créatif et un facteur de sens. Le travail scientifique doit aussi y inclure le facteur du sentiment, ainsi que le facteur de l'éthique propre à l'observateur, ce que jusqu'à présent il n'avait jamais pris en considération, bien à nos dépens.

8.

Le principe de synchronicité de C.G. Jung*

Bien que C.G. Jung, à travers son travail quotidien sur les rêves, ait déjà eu bien auparavant l'occasion d'observer que les thèmes des rêves coïncident relativement souvent avec des situations réelles ayant le même sens qu'eux ou leur étant même identiques, il n'en fit cependant officiellement mention pour la première fois que dans son introduction au *Secret de la fleur d'or*[1] de Richard Wilhelm, au mois de mai 1929, puis dans sa deuxième édition en 1930, à l'occasion de la mort de Richard Wilhelm[2]. Il parle alors d'un principe scientifique chinois qui s'oppose à notre hypothèse de causalité et qui prend une signification particulière dans le *Yi king, le Livre des transformations.* Cette conception extrême-orientale du monde ne considère pas comme nous le temps comme un vecteur linéaire ou comme un cadre vide s'offrant aux événements concrets, mais plutôt comme un continuum recelant les conditions de base qui, dans une relative simultanéité en des lieux différents, se manifesteront par le parallélisme de certains événements, qu'il est impossible d'expliquer causalement. Selon Jung, l'inconscient collectif, comme nous l'appelons, serait également un « continuum omniprésent, une omniprésence étendue. Lorsque quelque chose se produit au point A, touchant ainsi l'inconscient collectif ou suscitant en lui des conséquences, alors cela se produit partout[3]... ».

---

* *Die Psychologie des 20. Jahrhunderts*, volume XV, aux éditions Kindler, Zurich, 1979.

Dans cette vision du temps, il est « un cours d'événements empli de qualités [4] ». C'est seulement en 1951 que Jung s'est décidé à exposer cette hypothèse d'une façon plus systématique [5] et à la publier conjointement avec le travail du physicien Wolfgang Pauli [6].

Première description de la synchronicité

Un événement synchronistique peut consister en ceci qu'une scène rêvée d'avance, c'est-à-dire perçue simplement de manière intrapsychique, se réalise quelque temps après (rarement au même moment) dans le monde extérieur, ou bien que plusieurs événements du monde extérieur et intérieur, liés par leur sens, coïncident de façon somme toute improbable. Par exemple, quelqu'un recevra, par une erreur de la vendeuse, une robe noire au lieu de la robe verte commandée, justement le jour de la mort d'un parent proche. En plus de citer des cas qu'il a lui-même observés, Jung renvoie à la compilation établie par Wilhelm von Scholz *Der Zufall und das Schicksal*[7], qui expose des exemples certifiés de tels phénomènes parmi les plus étonnants. Les expériences menées par J.B. Rhine, où il s'agit de deviner par avance les cartes qui restent à jouer ou le nombre que vont former les dés, peuvent aussi être considérées sous l'angle de la coïncidence signifiante entre une idée intérieure et un événement extérieur. Avec une telle anticipation intérieure d'événements extérieurs, l'idée d'une quelconque connexion causale devient absolument impensable, car on ne peut imaginer qu'un événement qui n'a pas encore eu lieu puisse agir sur notre psyché, ni supposer qu'une représentation psychique puisse produire un événement extérieur (comme on ne peut croire par exemple que la vision que Swedenborg a eue de l'incendie de Stockholm ait pu être à l'origine de ce dernier) [8]. « Étant donné que l'on ne peut percevoir ce qui n'existe pas, il est à supposer qu'un phénomène existe néanmoins sous une forme quelconque, de sorte qu'il puisse être perçu. L'explication s'en trouve dans la supposition qu'il existe, parallèlement à l'événement objectif (à venir), un ordre similaire ou identique, subjectif, c'est-à-dire psychique, qui ne peut s'expliquer par aucune influence causale[9] ». Avant de poursuivre nos réflexions sur la synchronicité, considérons d'abord de plus près son opposé complémentaire, le principe de causalité : grâce aux résultats obtenus par la physique atomique moderne, nous savons aujourd'hui que la causalité stricte n'est qu'une manière de voir de notre entendement, et qu'il n'existe dans la nature que des probabilités (dans le sens du calcul des probabilités), ce qui laisse par conséquent supposer aussi l'existence de hasards. Parmi les hasards innombrables qu'il est d'usage d'appeler des hasards « aveugles », notre attention se portera sur ces coïncidences significatives, qui n'apparaissent pas à celui qui en fait l'expérience comme « de simples hasards » mais auxquelles il peut attribuer « un sens » et qu'il considère comme « magnifiques » ou semblant être « arrangées par la providence ». En font partie tous les « signes et miracles », tous les noumens (signes divins) et tous les oracles réalisés, que l'on peut depuis toujours observer dans toutes les cultures primitives aussi bien que dans les cultures supérieurement développées. Bien entendu, ces coïncidences possèdent leur propre connexion causale, mais en tant que telles, il faut les regarder comme dépourvues de cause.

L'expérience astrologique de Jung

Prenant exemple sur J.B. Rhine, Jung a tenté de saisir la combinaison numérique de ces événements, qui semble facilement vérifiable, notamment avec la coïncidence entre les constellations astrologiques classiques et le mariage (soleil-lune, Mars-Vénus, etc.) de certaines personnes, en comparaison avec des mariages dus seulement au hasard[10]. Dès la première tentative, il put obtenir des résultats incroyablement significatifs. En dépit de cela, cet événement, considéré d'un point de vue purement statistique, ne signifiait rien d'autre que la combinaison extrêmement hasardeuse de deux éléments, coïncidant pourtant (« par hasard » ?) de manière éclatante avec l'attente astrologique classique[11]. Ce résultat était aussi inattendu que si, après avoir pris trois boîtes d'allumettes dont deux auraient été remplies de 9 999 fourmis noires et d'une fourmi blanche, et la troisième de 2 999 fourmis noires et d'une fourmi blanche, nous ayons vu d'abord la fourmi blanche sortir des trois boîtes ! Bien que l'expérience n'apporte aucune preuve statistique, elle démontre l'existence d'un « arrangement » préconçu[12]. Ce résultat positif ne semble cependant pouvoir être obtenu que si l'expérimentateur montre un vif intérêt pour l'expérience, lui donnant ainsi une assise émotionnelle. Avec la forte augmentation du nombre d'expérimentateurs ou la répétition trop fréquente de l'expérience, ce facteur émotionnel disparaît et l'expérience ne produit plus que des résultats négatifs[13]. Si en revanche l'intérêt, la curiosité, l'attente et l'espoir restent vifs, il en résultera une prépondérance de l'inconscient ou une activation de ses archétypes[14]. Autant que nous puissions en juger d'après la situation actuelle, les incidents synchronistiques sont toujours en relation avec un archétype activé[15].

Les archétypes de l'inconscient collectif

Comme on le sait, Jung désigne par le terme d'archétype un modèle de comportement psychique transmis héréditairement et commun à toute l'espèce humaine. Il ne s'agit pas de représentations héritées mais de l'expression intellectuelle des instincts, c'est-à-dire des structures et non des contenus[16]. L'archétype est une structure générale et imprécise qui ne se manifeste individuellement que lorsqu'elle est excitée, par la perception d'images intérieures et d'idées mythiques, ou par des gestes rituels traduisant une forte émotion[17]. Les archétypes constituent de la sorte un champ psychique de probabilités où ils mettent en image des modèles d'événements instinctifs et non conscients ; il s'agit de « modèles d'un arrangement *a priori* connaissable par l'introspection[18] ». Les archétypes étant collectifs, on peut les localiser, quand ils sont activés, ailleurs que dans l'individu : en effet, il n'est pas certain que ce qui se produit dans l'inconscient collectif d'un individu ne se produise pas aussi dans d'autres individus, ou d'autres êtres vivants, ou des objets, ou des situations. Par exemple, au moment où Swedenborg avait la vision de l'incendie de Stockholm, l'incendie réel faisait rage. Jung a qualifié l'archétype de « psychoïde » parce que, dans son essence impalpable, il ne se différencie plus des objets également impalpables de la microphysique, c'est-à-dire qu'on ne peut plus le décrire avec certitude comme purement psychique [19].

Physique et psychologie

Dans la nouvelle vision du monde établie par la mécanique quantique, il n'est plus possible d'ignorer l'influence de l'observateur sur le système observé, ce qui a permis au facteur psychique subjectif d'envahir la conception physique du monde. En complément de cela, la psychologie des profondeurs a également développé l'idée qu'en décrivant les couches les plus profondes de l'inconscient collectif, nous approchons quelque chose d'impalpable qui ne serait pas différent de la matière [20]. On assiste ici à la manifestation d'une certaine énergie physique latente dans le psychisme. De ce fait, on devrait aussi attribuer à la matière une psyché latente [21]. C'est dans ce domaine intermédiaire que se constellent les événements parapsychologiques [22]. Jung a supposé que tous les phénomènes de télépathie, de prémonition, et aussi de psychokinésie se fondent sur le même principe, à savoir l'identité d'un ordre subjectif avec un ordre objectif apparaissant tous deux conjointement dans le temps (d'où la notion de synchronicité). Les phénomènes de synchronicité vont de pair avec une étrange relativisation de la relation espace-temps habituelle et de la connexion causale, qui peuvent même s'annuler complètement. Cette dernière présuppose en effet l'existence de l'espace et du temps et dépend de l'observation des corps en mouvement. La causalité, ou la notion de probabilité en physique, est liée à une conception énergétique de la nature au sein de laquelle l'énergie cinétique produit des facteurs mesurables. Ces facteurs paraissent au premier abord incommensurables avec la réalité psychique. La psychologie des profondeurs utilise cependant aussi la notion d'énergie qui a, il est vrai, des racines archaïques, pour caractériser une intensité psychique qui n'est certes pas mesurable avec des appareils mais qui peut être pesée par le sentiment[23]. « Alors que le constat psychologique est essentiellement qualitatif, il détient néanmoins une certaine puissance énergétique physique, car les phénomènes physiques possèdent un caractère quantitatif. Si ces quantités étaient mesurables, la psyché devrait apparaître comme une chose qui se meut dans l'espace et à laquelle on pourrait appliquer une formule énergétique[24]. Étant donné que la masse et l'énergie sont de même nature, alors la psyché [...] devrait avoir l'aspect [...] d'une masse en mouvement. Si on ne veut pas postuler directement l'existence d'une harmonie préétablie au cœur des événements physiques et psychiques, alors il ne peut s'agir que d'une "interactio". Cette dernière hypothèse implique cependant que la psyché, d'une manière ou d'une autre, possède une matière, et inversement que la matière possède une psyché latente... Si de telles considérations s'avéraient, elles aboutiraient à des conclusions lourdes de conséquences sur la nature de la psyché, en ce sens que son objectivité serait alors en relation plus étroite avec les phénomènes d'ordre physiologique et biologique, mais aussi avec les phénomènes physiques, et tout particulièrement avec ceux de la physique atomique[25]. » De même que la physique est une reconstruction psychique et mentale des processus matériels, il se peut qu'il existe dans le sein même de la nature une reconstruction physique des processus psychiques : « Cette reconstruction se produit probablement de façon tout aussi constante que la psyché perçoit le monde physique[26]. » Dans une lettre à R. Smythies, Jung va encore plus loin, tout en insistant sur le fait qu'il ne s'agit pour l'instant que de formuler des spéculations[27]. Jung commence par rappeler la relativité de l'espace et du temps dans les événements parapsychologiques et poursuit ainsi : « Peut-être y aurait-il lieu d'envisager la psyché comme une intensité non déployée dans l'espace et non pas comme un corps se mouvant dans la temporalité. On pourrait admettre que la psyché passe peu à peu de l'étendue la plus limitée à une intensité infinie et qu'elle déréalise le corps, par exemple lorsqu'elle dépasse la vitesse de la lumière.... Cette hypothèse est dans une large mesure spéculative, et même irresponsable et téméraire. Pourtant les phénomènes psi dérangent tout autant nos habitudes de pensée et nous poussent à en dépasser les limites. On peut raisonnablement faire état de n'importe quelle hypothèse, du moment qu'elle explique des faits observables et qu'elle possède une cohérence interne. Dans cette perspective, on pourrait considérer le cerveau comme un convertisseur qui aurait pour fonction de transformer la tension ou l'intensité relativement infinie de la psyché en soi en fréquences ou en "étendues" perceptibles... Comme il n'existe pas dans l'univers psychique de corps se mouvant dans l'espace, le temps n'y existe pas non plus. L'univers archétypique est "éternel", c'est-à-dire qu'il se situe en dehors du temps, et en même temps partout, car sous des conditions psychiques, c'est-à-dire archétypiques, il n'y a pas d'espace. Chaque fois qu'un archétype se manifeste, nous pouvons nous attendre à voir apparaître des phénomènes de synchronicité [28]. »

Ailleurs, Jung insiste : « Il existe dans la nature un arrière-plan d'acausalité, de liberté et de sens qui est complémentaire au déterminisme, à la mécanique et à l'absurde [29]. » Avec les événements synchronistiques, « le même sens (transcendantal) se révèle à la fois dans la psyché humaine et dans l'arrangement au même moment d'un événement extérieur indépendant [30] ». En raison de leur caractère accidentel, il est toujours possible de mettre en doute l'existence de phénomènes synchronistiques significatifs. Sinon ils ne seraient plus ce qu'ils sont, c'est-à-dire des événements acausals, indéterminés et dotés de sens.

Une définition plus détaillée de la synchronicité

Pour nous résumer, nous pouvons réduire le phénomène de synchronicité aux deux aspects suivants : une image parvient directement à la conscience (indiquant la situation réelle telle qu'elle surviendra ultérieurement), ou de manière symbolique (indiquant la situation réelle avec son sens symbolique) sous la forme d'une image onirique, d'une idée ou d'une intuition ; un état de fait coïncide avec cette représentation [31]. Dans la mesure où la perception de cet état de fait constitue également un événement psychique, on devrait pouvoir parvenir à une formulation plus exacte ; il s'agit de la coïncidence de deux états psychiques : 1) de l'état normal, causalement explicable de notre perception du monde extérieur ; 2) d'un état critique provoquant une superposition ou une interruption de l'état normal par une constellation conditionnée par l'archétype. Souvent les deux états de fait ne se produisent pas au même moment (ce qui les rendrait synchrones) ; ils sont synchronistiques, dans la mesure où l'événement, qui se vérifie souvent légèrement plus tard, semble déjà actuel dans la représentation intérieure [32]. On peut aussi penser que de tels événements similaires se produisent souvent sans qu'aucun observateur ne puisse constater leur sens. Jung propose de parler plutôt dans ce cas d'une similitude, ou d'une conformité entre les événements. C'est en revanche le facteur du sens qui représente la partie inéluctable du phénomène de synchronicité, la nature de ce dernier se dérobant largement, il est vrai, à notre possibilité de connaissance [33].

Les précurseurs de l'hypothèse jungienne de la synchronicité

L'idée d'un sens du monde a joué, avec de nombreuses variantes, un rôle essentiel dans l'histoire des idées humaines [34]. En Chine, on retrouve cette idée dans la notion de Tao, qui traduit la connexion globale signifiante de tout ce qui est. Les Chinois pensaient généralement d'une façon synchronistique : chaque instant représentait pour eux une configuration significative de choses arrivées par hasard, sans le moindre indice d'un enchaînement causal. Tout ce qui se produit à un moment donné participe inéluctablement à la qualité singulière de cet instant, y compris la disposition psychique de l'observateur. Le point de vue causal décrit pour sa part comment D se produit à partir de C, C à partir de B, B à partir de A, etc., alors que le Chinois, avec son approche synchronistique, se demande pourquoi tous les états A', B', C', D' se rencontrent à tel moment dans le temps, avec la présupposition que la situation représente en elle-même une « image » lisible et compréhensible. Il s'agit là d'une idée fondamentale pour les taoïstes, mais aussi dans toutes les sciences classiques chinoises [35].

En Occident, on peut voir une anticipation de l'idée de la synchronicité dans la « sympathie de toutes choses » d'Hippocrate — qui consiste à réunir toutes les choses du cosmos, même les plus petites, en soufflant ou en versant. Théophraste (371-288 av. J.-C.) voit dans ce « lien collectif » la divinité elle-même. Philon d'Alexandrie (25 av. J.-C.-42 ap. J.-C.) y voit une « nécessité et une amitié unissant l'univers » (la nécessité anticipe notre notion de la causalité, l'amitié celle de la synchronicité). L'alchimiste Zosime (IIIe siècle) accordait aussi à la Monas la signification de l'unité de tout ce qui est.

Parmi les scolastiques, c'est principalement Albert le Grand (inspiré par le *Liber Sextus* du mystique perse Ibn Sina) qui a défendu cette idée. Selon lui, la psyché possède la capacité (virtus) de transformer les choses extérieures et matérielles quand elle se trouve dans un état émotionnel extrême et lorsque la constellation astrologique est favorable à cela. Cela constitue le fondement de la magie et de tous les événements surnaturels.

À l'époque de la Renaissance, cette idée a encore été reprise par Pic de la Mirandole, Marsile Ficin, Agrippa von Nettesheim, ou encore par Johannes Kepler et Robert Fludd.

C'est dans cette perspective que G.W. Leibniz a élaboré l'idée d'une harmonie préétablie, de l'arrangement acausal ordonné par Dieu de toutes choses, et en particulier de l'âme et du corps. Arthur Schopenhauer donne à cette idée, qu'il tient lui-même de Leibniz, une coloration plutôt déterministe, dans la mesure où il attribue cet ordre ou cette liaison transversale synchronistique de tous les événements entre eux à une volonté issue du fond du monde. Jung, dans la description détaillée qu'il donne de tous ces précurseurs, affirme que sa propre opinion ne diverge de celle de Leibniz que sur un seul point, à savoir qu'il considère pour sa part que la liaison transversale synchronistique des événements entre eux ne constitue pas une règle générale. Dans la réalité empirique, les événements synchronistiques observables ne se produisent que de façon sporadique et irrégulière. Pour Jung, ce sont même ces cas singuliers qui caractérisent la synchronicité. Et finalement, ajoute-t-il, toute la réalité est composée de cas singuliers[36]. Nos méthodes statistiques s'opposent donc à la réalité en créant des schémas mentaux qui n'existent que dans notre imagination et qui sont en dehors de la réalité. Si nous établissons par exemple d'une façon statistique que les pierres qui forment un certain tas pèsent en moyenne un kilo, il peut pourtant arriver que nous soyons incapables de dégager de ce tas une seule pierre qui pèse un kilo. La réalité se compose finalement d'une certaine somme de suppositions individuelles.

Le savoir absolu dans l'inconscient collectif

Agrippa von Nettesheim, Leibniz et d'autres encore postulaient l'existence d'une sorte de « savoir d'anticipation » de tout événement dans le monde et qui serait à l'origine de l'ordre global de toutes choses[37]. Jung, en s'inspirant notamment des travaux de Driesch[38], est parvenu à la même conclusion. « Bon gré mal gré, nous sommes contraints de supposer l'existence d'une sorte de savoir d'anticipation dès lors qu'on réfléchit sérieusement aux procédés de la biologie quand elle poursuit un but fixé d'avance, ou quand on effectue des recherches sur la fonction de compensation de l'inconscient, ou même quand on veut expliquer le principe de synchronicité. »

Il ne s'agit certainement pas ici d'une connaissance liée à l'ego, ou d'un savoir conscient au sens où nous l'entendons, mais d'une connaissance inconsciente en tant que telle et que j'aimerais qualifier de savoir absolu. « Il ne faut pas entendre par là une connaissance mais plutôt, selon la formule de Leibniz, une représentation constituée d'images, de *simulacra* sans sujet. » D'après Jung, ces structures résideraient dans l'inconscient collectif[39]. L'existence de ce « savoir absolu » dans l'inconscient collectif et caractérisant les phénomènes de synchronicité renforcerait également l'hypothèse d'un sens existant en tant que tel dans la nature[40], mais qui ne lui serait pas identique[41]. Sur ce savoir absolu, ou cette connaissance indépendante de la perception des sens ou de leur traitement cérébral, la recherche médicale et zoologique a révélé des faits surprenants. Jung lui-même mentionnait les observations faites par Jantz et Beringer, lors de syncopes profondes précédées de graves dommages cérébraux[42], desquelles il ressortait que le blessé, même avec les yeux fermés, pouvait faire des observations précises, et qu'il pouvait éprouver des expériences psychiques intenses. Jung propose également en exemple le cas d'une de ses patientes, qui n'était pas blessée mais qui était tombée dans une profonde syncope et qui pouvait malgré cela avoir des perceptions précises du monde extérieur. Pour Jung, ces expériences démontrent que « dans des états d'évanouissement, quand on a la garantie que l'activité de la conscience et surtout que la perception des sens sont interrompues, on s'aperçoit que, contre toute attente, la conscience, la représentation reproductible, les actes de jugement et la perception subsistent encore[43] ». Le sentiment de flotter que l'on éprouve alors souvent indiquerait une modification de la localisation de la conscience, dans le sens d'une séparation d'avec le cortex. Il est possible que le système sympathique se mette alors à fonctionner comme un substrat nerveux. Il s'est avéré que des insectes qui possédaient un simple système à échelle de corde présentaient aussi un comportement que l'on pourrait qualifier d'« intelligent » (Jung se réfère ici à la recherche sur les abeilles menée par K. von Frisch). Même dans ce domaine, il serait toujours question d'une *interactio* de la psyché et du soma, ce qui conduisait Jung à penser que, d'une façon générale, la relation entre ces deux éléments pourrait être saisie par des moyens statistiquess. Ce n'est que dans les cas d'ESP (extra-sensory-perception — perception extrasensorielle), où le temps, l'espace et la causalité s'annulent, qu'on pourrait parler avec une plus grande certitude d'une relation synchronistique. Le problème du rapport entre le corps et l'âme est encore loin d'être résolu[44]. Mais si nous laissons ce problème de côté, nous pouvons quand même affirmer avec assez de certitude que les événements synchronistiques sont sporadiques et rares. Contrairement à ce qu'implique l'idée de l'harmonie préétablie, nous ressentons la disharmonie des choses autant que nous sommes surpris de leur harmonie occasionnelle[45].

C'est également avec une régularité relative que l'on peut expérimenter les phénomènes synchronistiques, au moyen de procédures intuitives et « magiques ». Bien qu'ils se montrent subjectivement convaincants, il est très difficile d'établir leur preuve objective ou de les appréhender statistiquement (Jung a également mentionné ce problème, en demandant que l'on révise la conception du calcul de la probabilité). L'hypothèse de la synchronicité pourrait en outre entrer en ligne de compte, en tant que principe d'explication, dans certains aspects de la morphogenèse biologique[46]. Wolfgang Pauli, qui faisait appel à des biologistes pour mener ses recherches, était particulièrement attaché à cette idée.

L'ordre acausal

L'idée de la synchronicité, en opposition au « sens » constatable empiriquement, recèle également de façon implicite la notion d'un savoir absolu, qui pourrait renvoyer à l'existence d'un sens transcendantal. C'est par exemple le phénomène de la demi-vie dans la désintégration du radium. Sir James Jeans écrit à ce sujet, dans *Physique et philosophie* : « La désintégration radioactive se présente comme un effet sans cause et suggère l'idée que les lois ultimes de la nature ne seraient même pas causales[47]. » C'est entre autres pour cette raison que Jung a choisi d'employer le terme d'ordre acausal, ce dernier n'étant pas identique au « sens » déjà mentionné : « Un être organique n'est, malgré son arrangement signifiant, pas nécessairement significatif dans le contexte général... sans la conscience réflexive de l'homme, le monde est d'une immense absurdité, car l'homme est, d'après notre expérience, le seul être capable de constater du "sens" [48]. » Contrairement au « sens », il s'agit avec l'arrangement acausal d'une catégorie d'événements que nous pouvons généralement expérimenter de façon empirique. Les discontinuités ou l'ordre des quanta d'énergie fournissent la preuve de l'existence d'un tel ordre dans le domaine de la physique ; l'exemple le plus simple dans le domaine psychique en est fourni par les caractéristiques des nombres entiers naturels, qui représentent aussi un arrangement psychique sans cause. Il est absolument évident que 6 est la somme de 1 + 2 + 3 autant que de 1 fois 2 fois 3, sans qu'on puisse fournir une explication logique à cela. Contrairement aux événements de synchronicité décrits jusqu'ici, de tels exemples d'un ordre acausal sont d'une nature générale et tout à fait constante. C'est pourquoi Jung en arrive finalement à la conclusion suivante : « La question se pose alors de savoir si notre définition de la synchronicité, se référant à une similitude des processus psychiques et physiques, ne serait pas susceptible d'être élargie, voire ne nécessiterait pas un tel élargissement. Cette exigence semble s'imposer si nous prenons en considération notre version de la synchronicité sous la forme d'un "ordre sans cause". En effet, cette notion rassemble tous les "actes de création", toutes les données *a priori* comme par exemple les caractéristiques des nombres entiers, les discontinuités de la physique moderne, etc. Ceci, il est vrai, nous obligerait à inclure dans cette notion des phénomènes reproductibles à tout moment et d'une manière constante, ce qui ne paraît pas correspondre au sens strict que l'on donne à l'idée de synchronicité [...] J'incline en effet à croire que la synchronicité au sens strict ne constitue qu'un cas particulier dans un ordre général sans cause, notamment avec la similitude des processus psychiques et physiques, lorsque l'observateur se trouve dans une position favorable pour en reconnaître le *tertium comparationis* (le sens) [...] Cette forme d'arrangement se différencie de l'ordre des caractéristiques des nombres entiers ou des discontinuités de la physique en ceci que ces dernières ont été observées de tout temps et de façon régulière, tandis que les premiers représentent des actes de création dans le temps [...] [49] [Il s'agit d'actes de création] dans le sens d'une part d'une *creatio continua* existant de tout temps, et d'autre part d'un arrangement qui se répète de façon sporadique mais que l'on ne peut déduire d'aucun antécédent. De ce point de vue la contingence (le hasard) serait, d'une part un principe général existant depuis toujours, et d'autre part la somme de nombreux actes individuels de création se produisant dans le temps [50]. »

La signification des nombres naturels

Comme le montrent les expériences de Rhine et les expériences astrologiques de Jung lui-même, les nombres entiers naturels semblent être liés d'une façon particulière au principe de synchronicité. C'est pourquoi les arts divinatoires, tant en Occident qu'en Orient, utilisent très volontiers des combinaisons numériques afin de « lire » intuitivement une situation globale. L'affinité des nombres avec la manifestation d'événements synchronistiques a incité Paul Kammerer [51] à établir toute une collection d'événements où des nombres entiers se « concentraient » en coïncidences, de façon apériodique. Par exemple, le même jour le même numéro est apparu à une personne sur son billet de tram, sur son billet de théâtre, et lui est aussi communiqué lors d'une conversation téléphonique. Kammerer expliquait ces phénomènes par l'attraction, l'imitation ou par une « sérialité conforme aux lois », ce qui équivaut, comme Jung le remarque d'une manière critique, à une explication pseudo-causale qui n'est pas démontrable statistiquement [52].

Arthur Koestler [53] se référait également à Kammerer sans s'occuper de la critique de Jung. D'après Jung, il faudrait avoir une approche différente de la relation des nombres au principe de synchronicité, en effectuant une recherche sur les procédés mantiques qui se réfèrent aux nombres et au fait de compter. Le *Yi king* chinois, le *Livre des transformations*, doit sa notoriété à l'utilisation de tels procédés. Ses messages divinatoires émergent à partir des combinaisons formées à partir du premier nombre impair (1 = Yang) avec le premier nombre pair (2 = Yin). Leibniz, qui fut le premier en Occident à découvrir l'arithmétique binaire, se réfère d'ailleurs au *Yi king*. Jung insiste sur ce point : « La série des nombres entiers est, de façon inattendue, plus que la simple juxtaposition d'unités identiques : elle recèle déjà en elle seule toute la mathématique, avec tout ce qui reste encore à y découvrir. Le nombre constitue donc une grandeur dont on ne peut définir les limites, et ce n'est sans doute pas par hasard si le dénombrement constitue précisément une méthode adéquate pour traiter le hasard... [C'est pourquoi] je ne puis m'empêcher de souligner que non seulement le nombre et la numération ont été de tout temps mis en rapport avec la synchronicité, mais encore que l'un et l'autre possèdent en commun les caractères du mystère et de la nouminosité [...] Ce qui sert à ordonner la multiplicité chaotique au sein du monde phénoménal, c'est d'abord le nombre. Il est l'instrument qui nous est donné pour établir un ordre ou pour saisir une régularité déjà existante mais encore inconnue, c'est-à-dire une structure ordonnée du réel. Il est sans doute l'élément ordonnateur le plus primordial dans l'esprit humain ; à cet égard, la plus grande fréquence et l'extension maximale reviennent aux nombres de 1 à 4, car les schémas primitifs de l'ordre primitifs se composent pour la plupart de triades et de tétrades. Que les nombres possèdent un fond archétypique n'est pas une simple supposition de ma part, c'est également l'avis de certains mathématiciens [...] Il ne serait donc sans doute pas trop audacieux de conclure que la définition du nombre est, en termes psychologiques, celle d'un archétype de l'ordre monté à la conscience[54]. » Les nombres sont probablement les archétypes les plus primordiaux, ils représentent la matrice propre des archétypes[55]. La collection de leurs caractéristiques « biologiques » pourrait nous permettre de mieux comprendre ces matériaux fondamentaux dans la physique et la psyché objective[56].

Le nombre se trouve à l'arrière-plan du psychisme comme un élément primordial que Jung désigne par le terme d'esprit et qui est notamment un principe ordonnateur dynamique[57]. En tant qu'archétype, le nombre devient ainsi non seulement un facteur psychique, mais plus généralement un facteur qui ordonne du monde ; en d'autres termes : les nombres renvoient à un arrière-plan de la réalité dans lequel psyché et matière ne sont plus différenciées. Jung était particulièrement impressionné par le fait que la suite de nombres dite de Fibonacci corresponde aux lois de la croissance végétale, et en général à ce qu'Eugene Wigner a appelé « *the unreasonable effectiveness of mathematics in the natural sciences* » (l'efficacité déraisonnable des mathématiques dans les sciences naturelles)[58]. Cela lui semblait particulièrement démontrer que le même ordre sert bien de base à la matière vivante en même temps qu'à la psyché humaine, et qu'il existe « donc une propriété générale de la matière (ou de l'énergie...) et par conséquent de tous les corps en mouvement, y compris le "mouvement" psychique[59] ». La synchronicité ne semble malgré tout avoir aucune relation avec une quelconque régularité, révélant plutôt l'existence d'un « ordre manifestement arbitraire » et non définissable. Les phénomènes de synchronicité irréguliers ne constituent cependant qu'un aspect secondaire dans la coïncidence primaire d'événements psychiques avec des événements physiques. C'est donc aux nombres qu'il revient de former un véritable pont entre l'ordre acausal régulier et les phénomènes de synchronicité irréguliers[60].

Unus mundus *et* creatio continua

Jung a donné le nom d'*unus mundus* à cet arrière-plan du monde. Ce terme prend son origine dans la philosophie scolastique, où il désigne le plan du monde archétypal potentiel dans l'esprit de Dieu, avant que celui-ci ne commence la création du monde. Dans l'*unus mundus*, tous les contraires sont encore réunis, même ceux formés par la diversité et l'unité, par le principe psychique et le principe matériel. Les nombres sont également en relation avec l'*unus mundus.* Jung affirme que, bien que la synchronicité se produise rarement, elle témoigne cependant de l'existence d'un facteur général, « ou d'un principe dans l'univers, c'est-à-dire dans l'*unus mundus,* au sein duquel ce que nous appelons matière et psyché ne sont pas des grandeurs incommensurables [...] Dans ce contexte, je me heurte de plus en plus à l'énigme des nombres entiers. Je suis certain que le nombre représente la clé de l'énigme ; car on l'a autant découvert qu'inventé. Il est à la fois une qualité et un sens[61] ». L'*unus mundus* constitue pour ainsi dire le fond primordial, qui se manifeste sporadiquement dans les événements synchronistiques, dans le sens d'une *creatio continua* qui, d'une part existe depuis toujours, et d'autre part consiste dans la répétition sporadique d'un ordre qu'il est impossible de dériver d'antécédents observables. Cependant, tout événement dont la cause est inconnue ne doit pas être considéré comme dépourvu de cause, car cela n'est valable que dans des cas où une cause n'est même pas pensable[62]. C'est le cas quand l'espace et le temps perdent leur signification ou se relativisent, ce qui rend impensable toute relation causale. L'autre danger dans la fausse interprétation du principe de synchronicité consisterait dans la régression vers une forme de pensée magico-causale, inhérente à toutes les cultures primitives et dont notre pensée scientifique rigoureuse n'a pu se libérer qu'à grand peine. Une telle régression consisterait par exemple à regarder l'archétype comme la cause des événements synchronistiques[63].

C'est justement ce dont Arthur Koestler accuse Jung, ce contre quoi ce dernier protestait vigoureusement. En conclusion de son travail avec le physicien W. Pauli sur la synchronicité, Jung proposait d'établir les quatre hypothèses suivantes, dans le but de pouvoir donner une explication encore plus complète de la nature[64].

Ce modèle pourrait permettre le rapprochement de la physique des particules avec la psychologie des profondeurs et la parapsychologie, qui culmine avec la conception des archétypes comme autant de constantes psychophysiques dans la nature et comme autant de facteurs créatifs dans l'élaboration du monde. La relative multiplicité des archétypes semble être annulée par l'unité de l'*unus mundus*[65].

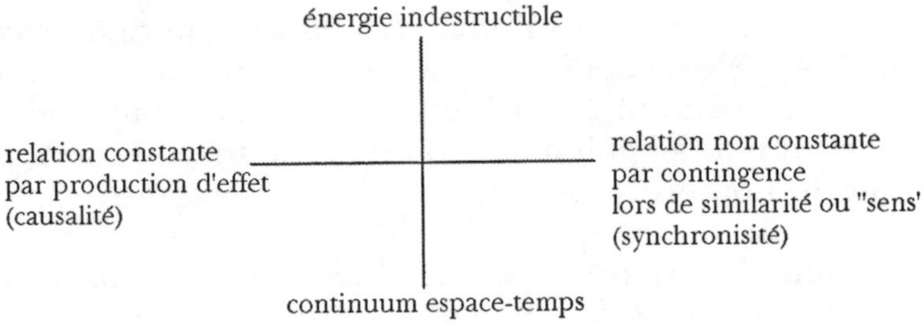

C'est à cela que renvoie la structure des mandalas de l'inconscient collectif[66]. Selon Jung, le mandala serait un événement psychique de synchronicité, comme un équivalent parapsychologique de l'*unus mundus.* « Il ne fait aucun doute que l'idée du "monde un" se fonde sur l'hypothèse que la multiplicité du monde empirique repose sur la base d'une unité présente dans ce même monde, et que deux ou plusieurs univers séparés dans leur principe ne peuvent exister ensemble ni se confondre l'un dans l'autre. Bien au contraire, tout ce qui est séparé et distinct fait partie, selon cette conception, d'un seul et même monde qui n'est toutefois pas perceptible, mais qui représente un postulat dont la vraisemblance est renforcée par le fait qu'il n'est jusqu'à présent jamais arrivé à l'homme de pouvoir découvrir un monde dans lequel nos lois de la nature n'auraient pas cours [...] La microphysique avance à tâtons dans l'inconnu de la matière comme la psychologie des profondeurs dans l'inconnu de la psyché. Ces deux voies d'exploration aboutissent à des découvertes que l'on ne peut illustrer que par des antinomies, et développent des idées qui présentent, à bien des égards, des analogies remarquables[67]. » Si ce développement devait se poursuivre, on en arriverait à élaborer l'hypothèse que ces deux voies d'exploration de la réalité n'ont qu'un seul et même objet. À vrai dire, il n'y a guère d'espoir que l'arrière-plan unitaire du monde puisse jamais être représenté, « mais nous savons aujourd'hui d'une façon indubitable que les phénomènes empiriques reposent sur une base transcendantale ». Cette dernière est « autant physique que psychique, c'est-à-dire qu'elle n'est ni l'un ni l'autre, mais constitue un troisième terme, une nature neutre qui ne peut au mieux être saisie que de manière allusive, car son noyau est transcendantal [68] ».

D'autres auteurs, élèves et critiques

Wolfgang Pauli, qui a publié son travail sur Kepler avec l'essai de Jung, considérait avec sympathie le principe de synchronicité élaboré par ce dernier, qui n'apparaît pas encore dans cet ouvrage mais dans un essai ultérieur : « Des aspects scientifiques et... des idées de l'inconscient » [69]. Il avait conscience de sa signification possible pour la théorie de l'évolution biologique. Il admettait également la signification archétypique des nombres, en mettant l'accent sur le fait que d'autres « intuitions primordiales » en mathématique, telles que celle du continuum et de l'infini dans la suite des nombres pourraient aussi être de nature archétypique. Un autre physicien, par la suite, a également montré un intérêt particulier pour l'idée de la synchronicité ; il s'agit de J.T. Fraser, auteur de *Voices of Time*[70]. Dans son vaste ouvrage *Time, Passion and Knowledge,* il évoque avec bienveillance et à plusieurs reprises l'idée de synchronicité de Jung [71].

Différents élèves de Jung ont aussi décrit la synchronicité, comme Aniela Jaffé dans son livre *Themen bei C.G. Jung,* ou dans *Der Mythus vom Sinn im Werk C.G. Jungs*[72]. Malheureusement, l'auteur fait concorder chez Jung l'« ordre acausal » avec le « sens préexistant », ce qui ne correspond pas à la pensée de Jung. Pour Jung, le « sens » semble en effet exister *a priori* dans la nature, et ne peut être créé par l'homme que dans la mesure où sa conscience revêt une importance cosmogonique. Ceci ne concerne pas seulement le sens mais tous les événements de la nature. L'essai d'Aniela Jaffé : « C.G. Jung und die Parapsychologie », est également important [73]. Le travail de Fordham offre aussi une bonne représentation des vues de Jung [74]. Un élève de Jung, C.A. Meier, qui évoque souvent la synchronicité, diverge cependant de Jung sur un point essentiel, son opinion se rapprochant plutôt de celle de Leibniz ; il postule notamment l'existence, dans le rapport corps-âme, d'une relation régulière de synchronicité[75]. Il faut rechercher le « lieu » de la convergence dans une sorte de « *subtle body* » (corps subtil). C'est pourquoi il propose de concevoir, en plus de la théorie restreinte de la synchronicité, une théorie générale. La réponse de Jung à cette proposition fut qu'il ne s'agissait là que d'une simple supposition, mais que, dans le cas où elle se verrait confirmée, il faudrait effectivement réviser la conception de la synchronicité comme un phénomène relativement rare[76]. Cependant, il ne croyait pas à la justesse de cette supposition ; il considérait d'abord le rapport psyché-soma comme une *interactio*, et seulement exceptionnellement comme une relation de synchronicité.

Quant à la prémonition, dans le sens de la synchronicité, c'est un élève de C.A. Meier, M. Rhally, qui en fait l'étude dans « Varieties of paranormal cognition »[77]. Dans ce livre, C.T. Frey-Wehrlin rapporte également un rêve prémonitoire[78]. C'est enfin le psychiatre L.C. Kling qui se penche sur la « symbolique archétypique et les synchronicités des événements mondiaux[79] ».

K. Friedrich propose, dans son travail « Sur la coïncidence et la synchronicité », une analyse critique de la synchronicité[80]. Friedrich aimerait remplacer le mot de synchronicité par celui de coïncidence, parce qu'il n'arrive pas à percevoir cette relation au temps sur laquelle Jung insiste tant. Aussi accuse-t-il Jung de ne pas faire un usage suffisant de l'idée d'un ordre global psychoïde de la nature (ce qui sans doute a été réfuté par les explications données dans cet exposé). Dans la deuxième partie de son travail, Friedrich se préoccupe principalement du problème de la morphogenèse et du rôle éventuel de la synchronicité dans le déroulement de l'évolution, rôle auquel Pauli déjà avait fait référence. Dans le journal où paraissait l'article de Friedrich figurait également une analyse critique de Peter Urban de l'hypothèse jungienne de la synchronicité[81]. Urban, faisant preuve de plus de compréhension que Friedrich, souligne cependant et à juste titre que de nombreuses questions de détail ne sont toujours pas résolues, dont la solution exige la coopération de nombreuses disciplines. Il affirme aussi que la synchronicité, la causalité et la finalité peuvent très bien coexister, ce que Jung lui-même ne contesterait sans doute pas. Urban pense en outre que Jung n'a pas suffisamment insisté sur le fait que la synchronicité devrait être considérée comme un principe supérieur. Il penche également en faveur de la « causalité magique » de E. Ringer, que Jung rejette. Urban propose enfin de créer le concept d'une relation temps-émotion. On sent bien chez ces trois critiques, C.A. Meier, P. Urban et K. Friedrich, que la spontanéité et la non-régularité des phénomènes de synchronicité les perturbent, et qu'ils préféreraient revenir, sous une forme quelconque, à quelque chose qui ressemblerait à l'harmonie préétablie de Leibniz. Les réserves émises par Jung à ce sujet ont été déjà mentionnées. Selon moi, ce que les critiques recherchent existe déjà dans l'« ordre acausal » et dans la notion d'*unus mundus*, alors que la particularité de la synchronicité réside justement dans son émergence sporadique et arbitraire.

Tout comme celui d'Urban, le vaste ouvrage d'Ernst Anrich *Physik und Tiefenpsychologie* relève plutôt de la philosophie [82]. Anrich montre en détail quels sont les points de rencontre entre les deux domaines et les complète par un exposé précieux sur l'aspect quantitatif et qualitatif possible des nombres dans la physique. Il donne aussi une description de la synchronicité, mais sans en tirer de nouvelles conclusions et sans lui accorder la position clef que selon moi elle détient. Dans une étude qui mérite d'être lue, Mary Gammon met en relation l'idée de la synchronicité avec la théorie d'Einstein de la relativité [83].

Jung a qualifié les événements synchronistiques de phénomènes parapsychologiques. Par conséquent, ce sont avant tout des parapsychologues qui se sont intéressés de plus près à cette hypothèse. Hans Bender regardait ainsi la synchronicité comme une explication possible de certains phénomènes télépathiques.

Avec J. Mischo, il a examiné une série de plus de mille rêves faits par une actrice à la recherche de coïncidences signifiantes avec des situations réelles, et en est arrivé à la conclusion suivante : « Les coïncidences des rêves avec des situations réelles semblent correspondre à une sorte de “force d’attraction par correspondance”. Certains semblent pouvoir être mieux saisis par le modèle de la synchronicité (“l’extraordinaire est intrinsèque à l’événement”) que par le modèle d’une capacité psi où l’événement futur n’est considéré qu’en tant qu’objet d’une perception extrasensorielle. Ces deux conceptions ne s’excluent pas mais peuvent se compléter » [84].

Lors de rencontres entre physiciens et parapsychologues on évoque parfois l’idée de Jung, comme lors du congrès « Physique quantique et parapsychologie » à Genève, en 1974, avec C.T.K. Chari et N. Whiteman ou Arthur Koestler. Dans le livre d’Edgar Mitchell *Psychic Exploration*, Jung se trouve également incidemment cité, mais il n’y a pas la moindre amorce d’une réflexion sur l’idée de la synchronicité [85].

Bien que ses accusations à l’encontre de Jung aient reposé sur des malentendus, Arthur Koestler a contribué en réalité dans *Racines du hasard* à propager l’hypothèse de la synchronicité [86]. Alors que Jung lui-même s’en est explicitement défendu, Koestler lui reproche d’assimiler l’archétype à une cause de l’incident synchronistique. Il bâtit ensuite sa propre hypothèse du « holon au visage de Janus [87] » qui, comme Nathan Schwarz l’a bien fait remarquer [88], n’est rien d’autre qu’une copie de l’idée de Jung de l’archétype. Dans son exposé « Physik und Synchronizität », Koestler dépeint en revanche la conception jungienne de façon correcte [89], de même qu’il a défendu l’hypothèse de la synchronicité lors du congrès « Quantumphysics and parapsychology ».

Friedberg Karger, tout en mentionnant le travail de Jung dans son écrit « Paraphysik und Physik » [90], n’accorde cependant aucune importance à l’hypothèse de la synchronicité de son point de vue de physicien, car elle n’est pas exploitable statistiquement. Sven Crohn [91] se montre pour sa part plutôt bienveillant à son égard. W. von Lucadou et K. Kornwachs [92] sont même allés jusqu’à concevoir un modèle mathématique dont ils affirment qu’il pourrait intégrer le modèle de Jung. Comme je l’ai déjà indiqué,

Jung a souligné l'affinité des nombre naturels, archétypiques, avec le principe de synchronicité. Dans mon livre *Nombre et temps*[93] et dans ma contribution « Le temps et le principe de synchronicité dans la psychologie analytique »[94], j'ai tenté de percer à jour les bases arithmétiques de ce problème, en démontrant notamment, grâce aux preuves qu'ils en fournissent eux-mêmes, l'existence d'une relation entre les nombres et l'inconscient des mathématiciens, et aussi en tentant de mettre en évidence l'aspect qualitatif des représentations numériques. Dans l'ancienne Chine par exemple, le nombre était regardé comme un élément purement qualitatif et lié inéluctablement au temps ; il servait à désigner des « ensembles » colorés par la qualité de l'instant, c'est-à-dire qu'il était le symbole de certaines configurations rythmiques et temporelles. J'ai ainsi pu découvrir que l'arrangement des nombres du *Yi king* correspondait exactement aux codes de l'ADN et de l'ARN. Ce que l'on a découvert en Occident, grâce à la biochimie, sous la forme d'un « porteur d'information », les Chinois le connaissaient déjà sous la forme d'un ordre fondamental de situations typiquement psychophysiques. Le reste de mon livre traite de la distinction du rôle du nombre dans le calcul des probabilités, contrairement à son rôle dans les techniques divinatoires et ludiques, où il apparaît comme un indicateur archétypique de probabilités psychiques ou comme un « catalogue d'attente » qualitatif, c'est-à-dire comme un moyen d'approcher l'ordre acausal. À la fin de mon livre, j'essaie aussi, par un apport mythologique, de développer la notion d'*unus mundus*.

Peter Urban[95] a accueilli ce livre d'une façon positive. Il pense cependant que l'un de mes exemples, plutôt que de se référer à une idée créative, devrait plutôt être mis en relation avec un procédé submental de l'inconscient. D'après lui, les manières de voir autant causales que finales devraient être appliquées conjointement.

Il acceptait aussi le modèle de l'*unus mundus*. Mon travail a également reçu un accueil positif du physicien Edward Russel. Il ajoute à mon idée d'un « continuum-Un » se mouvant au travers de la suite entière des nombres l'amplification de l'« équation ondulatoire générale », qui pourrait résoudre tous les problèmes et que l'on peut concevoir comme un « oscillateur » harmonique. Ceci constitue l'une des structures les plus fondamentales de la physique moderne. Le sinologue Manfred Porkert a souligné l'importance de l'hypothèse de synchronicité de Jung dans la compréhension de la pensée scientifique chinoise [96]. L'idée chinoise du *ch'i*, qui réunit en une seule l'énergie psychique et l'énergie physique, devient ainsi un concept énergétique qu'en Occident nous abordons d'une manière plus différenciée.

9.

Une contribution au débat sur l'hypothèse de la synchronicité de C.G. Jung*

Depuis ma contribution « Le principe de synchronicité de C.G. Jung[1] », le débat sur la synchronicité a évolué, rejet aussi bien qu'approbation prenant de l'ampleur[2].

Pour la pensée occidentale et depuis Descartes, le terme d'« explication scientifique » signifie une justification causale : D a été causé par C, C par B, et B par A. Notre propre langue est construite de telle façon que l'on est obligé d'utiliser des modes d'expression « embrouillés » quand on veut expliquer une cohérence acausale. Il ne faut donc pas s'étonner si la réflexion sur l'hypothèse de Jung du principe de synchronicité a donné lieu à de nombreux malentendus[3]. Certaines personnes originaires d'Extrême-Orient m'ont assuré que chez eux il n'en va pas ainsi. Le mode de pensée synchronistique leur est naturel, et ce serait plutôt notre notion de causalité au sens strict qui leur poserait problème.

Bien que Jung, avec son hypothèse du principe de synchronicité, ait empiété expressément pour la seule fois de sa vie sur le domaine de la parapsychologie, ce sont justement des parapsychologues qui semblent avoir des difficultés avec cette nouvelle manière de voir. La raison s'en trouve dans le fait que de nombreux parapsychologues s'efforcent aujourd'hui avec beaucoup d'acharnement de fonder et de rendre acceptable la parapsychologie par des

---

* *Spektrum der Parapsychologie — Festschrift zum 75. Geburtstag von Hans Bender,* aux éditions Aurum, Fribourg-en-Brisgau, 1983.

méthodes scientifiques « dures », notamment par des méthodes quantitatives et par la pensée causale. L'hypothèse de Jung propose justement de renverser cette pensée, dont seule l'apparence est « scientifique ». Il est intéressant de constater qu'aujourd'hui ce sont plutôt des physiciens qui montrent de l'intérêt pour l'hypothèse de Jung, la manière de penser causale ayant trouvé ses limites dans leur propre domaine[4].

Le psychiatre et psychanalyste Jules Eisenbud a souligné[5] que la synchronicité ne serait rien d'autre que ce à quoi on donnait jusqu'ici le nom de psi. Il convient de souligner ici que l'hypothèse de la synchronicité n'explique pas *causalement* les phénomènes psi. Elle les place, par comparaison aux résultats de certaines recherches, dans une relation tout à fait nouvelle et élargie, représentée par le domaine des « archétypes ». Ce domaine donne déjà lieu à des études biologiques et psychologiques détaillées, mais semble rester ignoré des parapsychologues. Il y a là une « explication » partielle, qui justement n'est pas « causale » mais plutôt « descriptive », comme le note si justement Hans Bender[6]. Pour progresser dans ce domaine, nous pouvons seulement nous aider de nouvelles études, plus approfondies, de cas particuliers, la recherche quantitative de cas ne pouvant aboutir à aucun résultat substantiel, puisque leur examen, à chaque fois, n'aura pas porté sur l'arrière-plan psychologique.

Une autre tendance à refuser l'hypothèse de synchronicité se révèle dans la tentative de *postuler* des explications causales d'ordre psychologique ou neurologique, sans faire appel à la moindre explication empirique. Barbara Honegger[7], par exemple, suppose que les événements synchronistiques découlent de la même source que les rêves, c'est-à-dire d'un substrat neurologique dans le cerveau (le lobe pariétal inférieur, en anglais : *inferior parietal lobule* — IPL). Il faut noter que la dépendance de certaines facultés psychiques de l'individu (sommeil, éveil, etc.) à l'égard du cerveau n'est absolument pas prouvée[8], et que leur localisation est donc hautement discutable. En outre, l'idée d'une relation causale semble, justement quand il s'agit d'événements synchronistiques, totalement absurde : si, me trouvant à Zurich, je rêve de façon prémonitoire qu'un avion va s'écraser en Hollande qui porte, disons l'immatriculation XA_3-137 et que le jour suivant un avion portant la même immatriculation s'écrase en Hollande[9], il serait plutôt absurde de supposer que mon « substrat neuronal » ait pu provoquer cet accident dû, d'après les journaux, aux conditions météorologiques.

Jules Eisenbud[10] tombe dans un piège similaire quand il veut sauver la causalité en supposant que les événements synchronistiques seraient « produits » par les pouvoirs psi (*powers*) de l'observateur[11]. Cela est en totale contradiction avec nos autres expériences sur l'inconscient collectif, qui consiste, selon Jung, non pas dans l'expression de désirs et de buts personnels, mais dans une partie neutre de la nature psychique dont l'essence est absolument transpersonnelle. Imputer l'arrangement d'événements synchronistiques à l'inconscient de l'observateur ne serait rien d'autre qu'un retour à la pensée magico-primitive avec laquelle on supposait par exemple autrefois que les éclipses de soleil avaient pour « cause » la « volonté mauvaise » d'un sorcier. Jung nous a même expressément mis en garde contre toute supposition qui ferait des archétypes (ou l'inconscient collectif) ou des pouvoirs psi les *auteurs* des événements synchronistiques.

Le philosophe Stephen E. Braude a critiqué de façon particulièrement sévère l'hypothèse de la synchronicité[12]. Une de ses objections principales consiste à dire que le « sens » (d'un événement synchronistique) présume qu'un observateur est présent pour percevoir ce sens. C'est là une banalité : l'espace, le temps ou la relation causale n'existent pas non plus, ou seulement de façon hypothétique, s'ils ne sont pas perçus par un observateur. Notre conscience est ce qui « actualise » tout ce qui est. C'est une vérité que tout physicien pourra confirmer aujourd'hui. À cet égard, un phénomène de synchronicité et son sens ne se différencient donc pas de n'importe quel autre objet de la recherche scientifique. Cependant, à partir de cette constatation, Braude saute à la conclusion que les événements synchronistiques et leur signification seraient produits par l'observateur ! Ce qui reviendrait à dire qu'avant que nous ayons eu connaissance de l'existence de « trous noirs » dans le cosmos, ils n'existaient pas pour nous, et que ce serait donc notre psyché qui aurait produit ces trous ! C'est la façon de penser des hindous que Jung n'approuvait pas : il « croyait » à une existence indépendante de notre conscience, dont nous ne pourrons toutefois jamais faire l'expérience *per se* (comme Kant l'a démontré), à savoir indépendamment de la structure de notre conscience. Il est donc vrai de dire que notre conscience possède véritablement une signification cosmogonique, mais ceci concerne *tout* ce qui est et ne se limite pas au sens des événements synchronistiques.

La deuxième grande objection de Braude est également de nature philosophique [13] : en accord avec John Beloff, il affirme que les connexions signifiantes mentionnées lors d'incidents synchronistiques n'auraient un sens qu'au sein d'une cosmogonie dans laquelle la nature serait en quelque sorte une pièce artisanale, une œuvre d'art, ou un drame organisé [14]. Cela nous ramènerait encore à une explication causale (*prima causa*). Selon Braude, ceci tiendrait « de la grossière théologie anthropomorphe » [15]. Il s'agit pourtant ici de ce que Braude projette lui-même dans son argumentation ; ce qui brille en effet derrière les événements synchronistiques n'est pas un *Deus faber* judéo-chrétien (*prima causa*), mais un *arrangement sans cause* (une notion dans l'exposé de Jung sur la synchronicité que Braude ignore totalement) et un « être connu » que Jung définit comme un « savoir absolu », qu'on pourrait en quelque sorte assimiler à un arrière-plan du monde, tel qu'il est postulé aujourd'hui par de nombreux physiciens et qui a très peu de rapport avec un « Dieu » théologique. On pourrait encore postuler l'existence d'un *Deus faber*, mais cela échappe à toute possibilité de vérification.

Les Chinois voient derrière les phénomènes synchronistiques un fond primordial, le Tao ; les Indiens considèrent la nature non pas comme un artefact, mais comme une forme de manifestation émanant du divin (Brahma), etc.

C'est pourquoi Jung s'est prudemment contenté de parler d'un arrière-plan du monde (*unus mundus*) transcendantal, afin de ne pas porter préjudice aux recherches futures sur le principe de synchronicité.

Braude pose également la question, qu'il faut prendre davantage au sérieux, de la façon dont nous pouvons « lire » le sens des événements synchronistiques de façon objective (*context-independent*), au lieu de nous contenter de les investir subjectivement. J'aimerais renvoyer à mon exposé « sens et ordre » [16], dans lequel je traite ce problème de manière plus détaillée.

Jung reconnaissait lui-même qu'il était bien entendu toujours possible de voir prêter un sens à des événements qui n'en ont pas [17]. Jung oppose à cette fabulation subjective la technique de l'« imagination disciplinée » ou de l'« énoncé nécessaire », que l'on applique aux images et aux situations mythologiques, voire archétypiques. De même qu'il m'est impossible de dire que quatre est un nombre impair, je ne peux pas dire de l'image (archétypique) du roi dans les mythes et dans les contes qu'elle symbolise l'instinct. Je suis obligée d'en arriver à la conclusion qu'il représente un « individu exemplaire garantissant l'ordre collectif conscient, social (et souvent religieux) ». Il est en effet toujours possible de justifier par de nombreux faits la dernière proposition, mais non la première. Il existe ainsi une « logique » de l'énoncé relative aux phénomènes archétypiques que Jung appelle l'« énoncé nécessaire » [18]. Puisque les événements synchronistiques se produisent volontiers lors de la constellation d'un archétype, il est nécessaire, lors de la lecture de leur « sens », d'utiliser la même « logique mythologique » qu'avec tous les autres phénomènes archétypiques. On peut penser que Braude n'avait pas connaissance de tout cela, de même qu'on peut attribuer de nombreuses objections émanant de parapsychologues au fait qu'ils ne connaissent de Jung que son travail sur la synchronicité. Ce travail est une réflexion tardive de Jung présupposant toute sa recherche antérieure. Hans Bender est l'un des rares à avoir saisi cet aspect du problème d'une façon juste [19]. Toujours est-il que Charles Tart s'est également laissé impressionner, du moins en partie, par le nouveau paradigme de Jung. Wilhelm Gauger et Alan Vaughan semblent aussi avoir saisi de façon juste l'hypothèse de la synchronicité[20]. Charles Tart a essayé d'élaborer certaines distinctions dans son exposé[21] : 1) une causalité physique ; 2) une causalité psychologique (les deux étant bien connues) ; 3) une « State-Specifique-Causality », une liaison causale seulement reconnaissable dans des états psychiques spécifiques ; 4) une causalité paranormale : la corelation de forces psi non comprises à ce jour ; 5) une « Being-Specific Synchronistic Causality », des corrélations « causales » qui demeurent inconnaissables en raison des limites de notre structure humaine ; 6) une « synchronicité absolue » : définissable, mais probablement inutile de façon empirique. Il convient ici de mettre en garde contre la tentation de jouer — comme le font également certains physiciens — avec l'idée de « paramètres cachés » qui ne sont pas encore découverts. Du point de vue psychologique, il ne s'agit que d'une projection de l'inconscient. Il serait plus simple et plus juste de dire qu'il est question de choses que nous *ne savons pas*. Néanmoins Tart a sûrement raison en ce que certaines coïncidences qui aujourd'hui *paraissent* acausales pourront s'avérer plus tard être causales, sous certaines conditions. C'est pourquoi Jung proposait même de n'employer, pour l'instant, l'expression de synchronicité que lorsqu'une liaison causale n'était *pas pensable*, ce qui bien entendu présupposait une clarification de la notion de causalité. Certains chercheurs reprochent à Jung de défendre une idée « naïve » de la causalité, parce qu'il écarte l'idée d'une causalité ayant *un effet rétroactif dans le temps*, de même que l'idée d'une *causa finalis* (Beloff) (il faut également mentionner ici le principe d'une « Formative Causation » par un *morphogenetic field* de R. Sheldrake)[22] ; Jung ne défendait pas — comme l'écrit Braude — l'idée réfutée par Hume qu'il devrait y avoir entre la cause et l'effet une sorte de « colle » matérielle. Braude oublie également de mentionner le fait qu'il n'existe pas de consensus à l'heure actuelle parmi les philosophes quant à la définition de la causalité. Jung a simplement supposé la même chose que presque tous les physiciens contemporains : au sein d'un continuum physique d'espace-temps, la causalité implique une *interactio* démontrable. Toute autre expression signifie pour Jung une surinterprétation de la notion de causalité, ce qui revient à une *contradictio in adiecto.*

D. John Beloff, dans son article « Psi Phenomena : Causal versus Acausal Interpretation[23] », expose un jugement équilibré de la situation. Simplement, il ne peut s'accorder avec l'affirmation d'Arthur Koestler[24] selon laquelle les phénomènes psi resteront à jamais non prédictibles et que leur répétition est impossible ; il croit que les phénomènes psi et d'autres phénomènes similaires, liés à une personne, possèdent un arrière-plan causal, même si pour le moment nous ne pouvons le décrire comme une *interactio.* C'est peut-être là qu'une *causa finalis* pourrait entrer en ligne de compte. Jung a refusé la notion aristotélicienne de *causa finalis* parce qu'elle comportait une contradiction interne, voire une surinterprétation de la notion de cause[25]. Mais E. John Beloff a cependant raison d'indiquer que les phénomènes paranormaux liés à une personne *pourraient* avoir une cause indirecte ; de même que, selon Jung, on ne peut sérieusement prendre en considération une explication synchronistique que lorsque toute explication causale paraît *absurde.* Quand il est impossible de prouver une *interactio* entre deux événements, les physiciens modernes parlent également en général d'une connexion acausale. L'astrophysicien Hubert Reeves a mis l'accent, dans son exposé « Incursion dans le monde acausal »[26], sur cinq découvertes récentes, considérées aujourd'hui comme acausales et correspondant au concept jungien de l'*ordre acausal* (l'ordre acausal étant, comme on le sait, la catégorie supérieure à laquelle les événements synchronistiques appartiennent en tant que cas isolés). Les cinq phénomènes mentionnés par Reeves sont les suivants : 1) la règle de la demi-vie de la désintégration de l'atome (déjà rapportée par Jung) ; 2) l'impossibilité de prédire le comportement d'un atome isolé en mécanique quantique ; 3) le « rayonnement fossile » dans le fond de l'univers ; 4) le pendule de Foucault qui semble prendre en compte la masse totale de l'univers au lieu de celle de notre planète ; 5) le paradoxe d'Einstein-Podolsky-Rosen, qui interdit la localisation de la propriété d'un atome et semble ainsi indiquer une sorte d'unité, ou de non-séparabilité de toutes les particules de l'univers[27]. Toute tentative d'explication causale à ces phénomènes se traduit par un échec[28], et on se trouve alors en mesure de parler d'un ordre sans cause englobant la totalité.

Le paradoxe d'Einstein-Podolski-Rosen pourrait encore servir à démontrer une autre notion de Jung, qui consiste dans l'hypothèse d'un « savoir absolu » qui semble s'étendre à la totalité de ce qui est[29] et qui se met à briller de façon ponctuelle dans le « sens » objectif des événements synchronistiques. Parmi les orateurs du colloque de Cordoue de 1979 consacré à la discussion sur la relation entre matière et psyché (ou conscience, en anglais *mind*)[30], certains ont fait référence à ce « savoir absolu », le qualifiant de « protoscience[31] », de « conscience de l'univers[32] », de « sous-conscient universel », d'« information d'un infrapsychisme cosmique » (Costa de Beauregard), d'« inconscient universel », de « créateur », etc.

C'est ici que commencent à se dessiner certaines convergences entre divers domaines du savoir, qui semblent tous indiquer l'existence, dans l'arrière-plan du monde, d'une qualité de sens qui serait *similaire* (et non identique) à la conscience. Les psychologues de l'école jungienne sont familiarisés avec cette notion depuis bien longtemps, étant donné qu'elle émerge lors de chaque traitement en profondeur et que le véritable processus de guérison consiste le plus souvent à se mettre en relation de façon adéquate avec cette « louménosité » des profondeurs de l'âme[33]. Le fait que dans la nature une telle sorte de savoir absolu, semblable à la conscience, pourrait exister apparaît parfois dans les rêves, ainsi que Jung le mentionne dans son exposé, et comme je l'ai moi-même affirmé[34]. Jung supposait que ce savoir était sans sujet, consistant seulement en des images et comparable en cela à la description de Leibniz du « savoir » de ses monades[35]. Ce savoir est *préconceptuel* et il faudrait plutôt l'assimiler à un « nuage de connaissance » qu'à un savoir précis, tel que notre conscience pourrait en produire. Dans un autre contexte, Jung définissait également ce savoir de l'inconscient collectif ou du fond psychophysique du monde comme une *luminositas*[36], c'est-à-dire comme une « conscience approximative » qui n'est pourtant pas liée à la conscience du moi. Dans l'expérience quotidienne, cela se manifeste comme si notre inconscient savait « en quelque sorte » tout, et cependant rien de précis. Rendre conscients des aspects partiels de cet omni-savoir, au moyen de l'interprétation des rêves ou par la reconnaissance du sens dans les événements synchronistiques, constitue la tâche quotidienne du psychanalyste[37]. C'est pourquoi il se réjouit d'entendre aujourd'hui que les physiciens se voient confrontés, dans leur domaine, à des phénomènes parallèles.

La théorie de l'évolution en biologie soulève également la question de la synchronicité. Jusqu'ici, on avait toujours supposé que les mutations des gènes qui sous-tendent l'évolution étaient fondées sur *le pur hasard* (Monod), jusqu'à ce que Wolfgang Pauli démontre que, pour ce faire, le temps de l'évolution *était trop court.* Dans un travail qui mérite d'être lu, le biologiste Hansueli Etter, à l'aide du développement de l'omoplate humaine, montre d'une manière convaincante que « l'accumulation des hasards signifiants », et donc des événements synchronistiques, pourrait servir à expliquer les phénomènes de mutations qui interviennent souvent dans l'évolution par sauts, et de façon massive dans des laps de temps très courts[38]. M. Cazenave nous promet d'apporter d'autres développements à partir de la biologie[39]. Le nouveau paradigme d'un « champ morphogénétique » de Sheldrake trouve également sa place ici, étant donné que ce champ est conçu comme étant comparable à ce que Jung désigne par l'archétype. Sheldrake en fait à nouveau malheureusement une *cause* de l'événement biologique.

À cette occasion, nous renvoyons une nouvelle fois à la formulation plus prudente de Jung :

« J'incline moi-même à supposer que la *synchronicité au sens restreint du terme n'est que le cas particulier d'un ordre général sans cause,* le cas de la similitude entre des processus psychiques et physiques, dans lequel l'observateur a l'avantage de pouvoir identifier le *tertium comparationis.* Le fondement archétypique de ce phénomène pourrait toutefois nous conduire à interpréter, de façon réductrice, l'apparition d'une similitude entre des processus psychiques et physiques indépendants par une efficacité causale de l'archétype, et donc d'en laisser échapper le caractère de pure contingence. On peut parer à ce risque en considérant *la synchronicité comme le cas particulier d'un ordre général.* On évite aussi par là de multiplier les principes explicatifs, ce qui n'est pas admissible : *l'archétype est la forme, saisissable par l'observation extérieure, de l'ordre a priori dans le domaine psychique*... Si de tels événements existent, il nous faut les considérer comme des *actes de création,* dans le sens d'une *creatio continua,* d'un ordre qui, d'une part se perpétue depuis toujours, et d'autre part se renouvelle à des occasions ponctuelles, et ne peut être déduit d'aucune cause antécédente[40] ».

L'arrangement archétypique « apparaît », devient « visible » dans l'événement synchronistique mais ne le cause pas ; il est une *creatio,* ce qui signifie ici l'émergence spontanée de quelque chose d'entièrement nouveau *ex nihilo,* qui n'est pas déterminé d'avance de façon causale.

Sommes-nous pour autant obligés, comme le pense Koestler, de renoncer à étudier expérimentalement de telles *creationes* à cause de leur caractère irrégulier et non reproductible ? L'« expérience astrologique » de Jung a montré que les méthodes statistiques ne sont guère utilisables ici, parce que le principe de synchronicité peut y « jouer des tours ». En effet, certains résultats synchronistiques peuvent ainsi être produits, alors qu'une approche plus large semble dissoudre les irrégularités synchronistiques. Étant donné que les événements synchronistiques semblent être irréguliers, ils ne peuvent être saisis statistiquement, mais l'ordre acausal pourrait néanmoins être étudié expérimentalement, parce qu'il est un ordre général et régulier. Jung a élaboré à la fin de sa vie une proposition en vue d'une future procédure. Pour comprendre celle-ci, nous devons soigneusement examiner une autre remarque de Jung dans une lettre adressée à Wolfgang Pauli, où il écrit[41] :

« Maintenant, en ce qui concerne l'allusion aux phénomènes paraphysiques par Jordan[42], la voyance à distance se montre naturellement, parmi les phénomènes qui démontrent la non-existence relative de notre représentation spatiale empirique, des plus révélatrices. Pour compléter cet argument, il devrait nécessairement prendre en compte la faculté d'incursion dans le temps qui démontrerait la relativité de la représentation temporelle. Jordan considère naturellement ces phénomènes [...] du point du vue physique, tandis que moi, je pars du point du point de vue psychique, c'est-à-dire de l'inconscient collectif [...] qui représente un niveau du psychisme dans lequel les différences entre les consciences individuelles ont plus ou moins disparu [...] *il n'en reste pas moins que toute perception dans l'inconscient se produit pour ainsi dire comme dans une personne*[43]. Jordan dit que l'émetteur et le récepteur, placés dans un même espace de conscience, considèrent en même temps le même objet. On pourrait aussi bien retourner cette proposition et dire que, dans l'« espace » inconscient, émetteur et récepteur sont un seul et même sujet qui perçoit [...]. La conception de Jordan, si on la poussait jusqu'à son ultime conséquence logique, conduirait à admettre l'existence d'un espace inconscient absolu, dans lequel une infinité d'observateurs observent le même objet. La version psychologique en serait : *il n'y a dans l'inconscient qu'un seul observateur observant une infinité d'objets*[44]. »

Si nous abordons cette dernière phrase d'une façon empirique, elle signifie que, quand il arrive à un individu un événement d'ordre archétypique (= une part de l'inconscient collectif), *un* observateur dans l'inconscient collectif devrait avoir, sur cet événement, un « savoir » ou une « conception ». Or, les procédés de divination (et en particulier les procédés numériques) constituent traditionnellement un moyen, par le biais de hasards synchronistiques (en jetant des dés, en attribuant des lots, en choisissant des morceaux de tiges, en triant des graines), de trouver ce qu'en « pense » l'inconscient (cet observateur *un*)[45]. C'est pourquoi Jung a proposé d'étudier des cas où l'on pourrait supposer que la couche archétypique de l'inconscient est constellée, comme chez certaines personnes après un grave accident, ou chez des individus en situation de conflit, etc., et de les laisser procéder à des oracles divinatoires différents, en consultant le *Yi king*, en tirant les cartes du tarot, en interrogeant le calendrier divinatoire mexicain, en établissant un horoscope, en consultant un oracle géomantique, etc. Si l'hypothèse de Jung est juste, les résultats de tous ces procédés devraient converger. Malheureusement, aucune des expériences de ce type n'a été tentée à ce jour[46]. Un institut, dirigé par un spécialiste de la psychologie jungienne, devrait s'occuper de cette affaire[47]. Il va de soi que l'on devrait justifier pourquoi ce seraient justement des oracles structurés numériquement qui devraient être considérés comme le procédé à employer dans une telle expérience. C'est ce que j'ai tenté d'expliquer dans mon livre *Wissen aus der Tiefe, Über Orakel und Synchronizität,* auquel j'aimerais renvoyer, n'ayant pas le temps de développer ici cette explication. Il s'agit de réflexions sur les fondements mathématiques — un domaine qui occupe aussi quelques chercheurs[48] (de la même manière que la notion de temps mériterait un traitement particulier)[49]. Avec l'hypothèse de la synchronicité, il s'agit en effet précisément, comme le soulignent Beloff et Braude avec justesse, d'un principe supérieur qui met en cause toute la conception déterministe du monde promulguée par la science contemporaine. Or comme je l'ai déjà dit, cette question se pose aujourd'hui dans plusieurs autres sciences[50], particulièrement avec le « big bang » en astrophysique, qui semble une hypothèse incertaine.

À vrai dire, la proposition de Jung est extrêmement audacieuse. Mais il me paraît souhaitable qu'un parapsychologue puisse s'y consacrer *sine ira et studio,* car de cette idée émerge une nouvelle conception du monde dont nombre de physiciens et de biologistes s'approchent aujourd'hui prudemment. Il serait bien que les parapsychologues ne s'obstinent pas à vouloir faire entrer de force leurs phénomènes psi, non encore expliqués, dans une conception scientifique du monde qui est finalement déjà dépassée.

10.

Quelques réflexions sur la synchronicité *

Depuis le commencement de notre siècle, les courants des recherches en physique et dans la psychologie des profondeurs de Jung ont de plus en plus convergé sans qu'il y ait eu (du moins pendant longtemps) un échange d'opinions. Ce fut plutôt l'*objet* des deux sciences : le monde atomique et subatomique d'une part et la « psyché objective » (c'est-à-dire l'inconscient collectif[1]) de l'autre, qui imposa aux chercheurs la nécessité de créer des hypothèses semblables. Je cite les plus importantes :

1. Configurations énergétiques

Les physiciens ne cherchent plus aujourd'hui à trouver dans la matière des *building blocks* (briques fondamentales), mais à comprendre ces derniers comme les configurations éphémères d'une énergie universelle. De même, Jung a observé que les dernières « entités » observables dans la psyché objective, les archétypes, ne semblent pas être des structures statiques, mais plutôt des systèmes d'énergie psychique ou un « mode de relations diverses énergétiques[2] », des manifestations d'une énergie psychique générale[3].

---

* Publié en français sous le titre « Quelques réflexions sur la synchronicité », dans *La Synchronicité, l'âme et la science,* éditeur Michel Cazenave, Edition Poiesis, Paris, 1984, 3e éd., Albin Michel, « Espaces libres », 1985.

2. *Indivisibilité du Tout*

La notion de complémentarité, que Niels Bohr a introduite pour mieux expliquer la relation paradoxale entre l'onde et la particule, peut aussi être appliquée à la relation des états conscient ou inconscient d'un contenu psychique. Jung a découvert ce fait, mais il a surtout été élaboré par Wolfgang Pauli[4]. Bernard d'Espagnat a relevé que la non-séparabilité dans le monde particulaire, prouvée par l'expérimentation scientifique (suggérée par le paradoxe d'Einstein-Podolski-Rosen), confirme l'idée de Bohr d'une « indivisibilité du Tout »[5] : des particules qui ont été unies puis qui se sont séparées, se comportent comme si l'une « savait » ce qu'est l'état de l'autre, même à très grande distance, ce qui semble exclure l'idée d'une interaction. Même si on admettait d'ailleurs la possibilité d'une interaction superluminale (ce qui est souvent discuté), il resterait, comme le souligne d'Espagnat, le fait d'une indivisibilité du Tout.

Jung a constaté de même que la dimension totale de la psyché objective est ultimement *une*; il appelle cet aspect unitaire de la psyché : le *Soi*[6].

3. *Causalité*

Dans la mécanique et la théorie quantique (et en particulier dans la théorie de la matrice S), la notion de causalité se trouve très relativisée par rapport à sa conception traditionnelle : elle est réduite à une probabilité statistique[7]. Ce qui est toutefois encore plus important, c'est qu'on a découvert des phénomènes qui se refusent complètement à une explication causale. Je les cite ici en renvoyant pour les détails à l'excellent article de Hubert Reeves, « Incursion dans le monde acausal »[8]. Il s'agit de la loi de la demi-vie dans la décomposition radioactive, du paradoxe d'Einstein-Podolski-Rosen que j'ai déjà mentionné, du problème du pendule de Foucault et de la « lueur fossile » des débuts de l'univers qui a été récemment observée par les astrophysiciens. Tous ces phénomènes ne peuvent pas être expliqués par une cause convenable, ils semblent plutôt manifester un ordre global et *a priori* du Tout cosmique.

Jung a été poussé pour sa part à postuler une unité ultime de la psyché objective et à poser l'existence d'un ordre global de cette unité. Quoiqu'il existe des structures archétypiques relativement séparables, elles se trouvent toutes dans un état de contamination *(overlapping)* et interdépendantes les unes des autres[9], formant ainsi un seul ordre total et acausal. Un autre aspect d'un ordre total acausal dans le monde psychique est, comme l'a encore relevé Jung[10], la donnée mentale immédiate de l'existence des nombres positifs entiers, avec toutes les particularités individuelles qui s'y attachent et qui n'admettent pas, elles non plus, d'explication causale[11].

4. *Prédilection pour les structures quaternaires*

Le « monde » d'Einstein-Minkowski possède une structure quadridimensionnelle. La physique moderne croit pouvoir distinguer quatre forces fondamentales dans l'univers[12]. Jung a indépendamment observé que les mandalas, qui sont des symboles du « Tout psychique », ont, quand ils sont normaux, une structure quaternaire. Notre champ de conscience se fonde d'autre part sur quatre fonctions fondamentales : la pensée, l'intuition, la sensation (fonction de perception) et le sentiment (fonction d'évaluation). Toute réalisation consciente complète s'accomplit par la coopération de ces quatre fonctions.

5. *La relativité de la dimension spatio-temporelle*

Dans le monde des particules, la dimension de l'espace devient un problème car, dans l'expérience suggérée par le paradoxe d'Einstein-Podolski-Rosen, « les objets, même s'ils occupent des régions de l'espace très éloignées l'une de l'autre, ne sont pas vraiment séparés[13] ». De même que, lors de certains incidents synchronistiques [14] (surtout dans les cas de télépathie), l'espace semble disparaître.

Le temps est aujourd'hui aussi devenu un problème [15]. David Bohm et d'autres relèvent que le temps ne peut plus être représenté par un simple vecteur [16]. D'après Bohm, un électron, par exemple, est un groupe *(set)* d'ensembles impliqués [17] et ce n'est qu'à certains instants qu'il se manifeste comme localisé — ce qui inclut qu'il n'existe pas de temps linéaire [18]. Bohm propose de concevoir le temps comme multidimensionnel et pense qu'il consisterait en « occasions actuelles » plutôt qu'en un continuum [19]. Il possèderait en outre un aspect qualitatif et créateur [20]. L'ordre impliqué ou involué de l'univers se situerait au contraire en dehors du temps, « mais il est présent en chaque instant ».

Parallèlement, Jung a relevé que la psyché objective semble exister elle aussi partiellement au-delà de la dimension spatio-temporelle [21]. Les incidents synchronistiques (exposés *infra*) sont en fait, comme l'a relevé Michel Cazenave [22], des irruptions d'un non-temps dans le temps. Comme je l'ai démontré ailleurs [23], dans toutes ses images mystiques, le temps est conçu comme une émanation ou création du Soi, c'est-à-dire du tout global de l'être.

Du fait de l'émergence de toutes ces analogies surprenantes, il devient probable que la dimension de la matière universelle et celle de la psyché objective puissent être une. J'ai pourtant surtout relevé jusqu'ici des *analogies* et non pas des identités dans les découvertes des deux sciences. Ce n'est qu'avec la création de l'hypothèse de la synchronicité, fondée sur l'observation d'innombrables incidents synchronistiques, que s'impose l'idée que les deux mondes de la matière et de la psyché pourraient être plus que deux dimensions à lois semblables, mais pourraient former un *tout psychophysique.* Cela veut dire que le physicien et le psychologue observeraient en fait un même monde par deux canaux *(channels)* différents. Ce monde se présenterait, si on l'observe de l'extérieur, comme « matériel », et si on l'observe par introspection, comme « psychique ». En lui-même, il ne serait probablement ni psychique ni matériel, mais tout à fait transcendant[24].

Par incident synchronistique, Jung entend la coïncidence signifiante[25] d'un événement matériel extérieur avec l'émergence d'un symbole intérieur, ou événement psychique, ces deux événements n'ayant aucune relation causale entre eux, ou même de connexion causale concevable[26]. Les deux événements sont uniquement liés par leur sens commun. Comme toute observation de faits extérieurs est aussi un événement psychique, Jung précise : « *Les événements synchronistiques reposent sur la simultanéité des deux états psychiques différents.* L'un est le normal, le probable (c'est-à-dire susceptible d'une explication causale suffisante) et l'autre, l'état qui ne peut être déduit du premier d'une façon causale, c'est-à-dire l'événement critique [...] Les choses se passent comme s'il s'agissait d'une ESP spatio-temporelle, d'une simultanéité de l'état normal ou habituel avec un autre état ou une autre expérience ne pouvant être déduits d'une façon causale, dont l'objectivité ne peut la plupart du temps être vérifiée qu'*a posteriori* [...] Ils sont vécus dans le présent comme images psychiques, comme si l'événement extérieur objectif coïncidait avec l'état psychique habituel. C'est ce phénomène que je dénomme synchronicité et je suis d'avis qu'il s'agit exactement de la même catégorie d'événements, même si leur objectivité apparaît comme séparée de ma conscience dans l'espace ou le temps. »

Cette coïncidence signifiante d'événements psychiques (visions ou rêves d'un événement symbolique), avec l'aperception d'événements « extérieurs ou matériels », révèle, dans un instant ponctuel dans le temps, une unité de la matière et de la psyché. Ces phénomènes sont sporadiques et irréguliers et semblent, à ce que nous savons, ne se manifester que quand un archétype est constellé dans l'inconscient collectif. En opposition à Jung, le Dr C.A. Meier a postulé que la connexion de la psyché avec le corps pourrait être un phénomène synchronistique régulier, et Michel Cazenave mentionne dans son article les découvertes nouvelles des psychopharmacologies, qui semblent démontrer une relation intime entre l'âme et le corps[27].

Pour moi, ces relations me semblent plutôt pointer vers une relation causale, une *interaction* entre psyché et matière. Seuls les processus de guérisons « miraculeuses » qui ne peuvent être prédites, pourraient à mon avis être compris comme des incidents synchronistiques. Les faits que relève Cazenave me semblent plutôt confirmer une autre hypothèse de Jung, qu'il a avancée en 1952 dans une lettre adressée à Raymond Smythies[28]. Smythies avait souligné qu'il croyait à l'existence d'un *subtle body* (corps subtil), qui serait placé entre le corps et la psyché consciente. Jung répond : « J'apprécie votre idée d'un *subtle body* perceptuel. Je trouve une confirmation de cette idée dans le fait curieux que notre conscience ne possède que si peu d'information directe sur notre corps vu de l'intérieur, et aussi que notre inconscient (rêves et autres produits inconscients) se réfère très rarement à notre corps ou seulement d'une façon symbolique et indirecte. J'ai considéré longtemps ceci comme une preuve négative contre l'existence d'un *subtle body* — une lacune étrange entre le corps et l'âme. Ceci demande une explication... »

Jung mentionne alors la relativité du temps et de l'espace dans les phénomènes ESP, et continue : « Le comportement arbitraire du temps et de l'espace dans l'ESP nous force à postuler une hypothèse. Ne devrions-nous pas quitter tout à fait les catégories spatio-temporelles quand il s'agit de la psyché ? Peut-être devrions-nous définir la psyché comme une *intensité sans étendue* et non point comme un corps qui se meut dans le temps ?

« On pourrait penser que la psyché se transforme graduellement d'une extension minimale à une intensité non étendue, assumant une fréquence supraluminale et rendant ainsi le corps *irréel (thus irrealizing the body)*... Vous protesterez contre le paradoxe d'une “intensité non étendue” comme étant une *contradictio in adiecto*. Je suis d'accord : l'énergie est masse et la masse est extension. En tout cas, un corps qui se meut avec une vitesse supraluminale est inobservable... ainsi que son “temps” aussi.

« Cette idée est très spéculative et d'une audace inexcusable. Mais les phénomènes PSI sont aussi décourageants et demandent un saut de pensée élevé. Cependant, chaque hypothèse est acceptable si elle explique des faits observables et si elle est consistante en elle-même. Dans cette perspective, le cerveau pourrait être considéré comme un transformateur d'énergie, dans lequel la tension ou intensité infinie de la psyché serait transformée dans des fréquences perceptibles et en "étendues". D'autre part, le manque de perception introspective de notre corps serait explicable par une "psychification" graduelle, c'est-à-dire par une intensification "de l'énergie" au détriment de l'extension. Psyché = intensité maximale dans un espace minimal. »

Cette idée d'une unité ultime de l'énergie physique et de l'énergie psychique, qui se distingueraient seulement par leurs fréquences ou leurs intensités, pourrait très bien expliquer les relations psychosomatiques que relève Cazenave, mais ces dernières seraient alors de l'ordre d'une *interaction* et ne représenteraient pas des événements synchronistiques. Seules les coïncidences sporadiques qui n'admettent pas une explication causale, comme les guérisons « miraculeuses », me semblent appartenir à la dimension de la synchronicité.

L'existence possible d'un corps intermédiaire ou *subtle body* se laisse aussi très bien appréhender dans le terme de « psychoïde » dont Jung se sert pour caractériser le fait que les archétypes de la psyché objective semblent parfois faire transgression dans le domaine de la matière[29]. Les archétypes sont indistincts et ne sont qu'approximativement perceptibles et définissables. « Sans doute ils accompagnent les "processus causaux", c'est-à-dire qu'ils sont "portés" par ceux-ci, mais ils en dépassent en quelque sorte le cadre d'une manière que je qualifierais de *transgressivité* en tant qu'*ils ne sont pas nettement et exclusivement constatés dans le domaine psychique seul, mais peuvent aussi bien apparaître dans des circonstances non psychiques*[30]. »

Cela semble encore affirmer la possibilité d'un *unus mundus* et une unité ultime de l'énergie physique et psychique.

Il me semble que ce concept d'un Tout psychophysique,

manifestation d'une seule énergie de fond, se rencontre d'une manière frappante dans la théorie qu'a proposée David Bohm [31]. Dans sa perspective tout est en flux et tout *est* flux — une façon de voir que beaucoup d'autres physiciens partagent avec lui. Tous les objets, événements, entités, conditions, structures, etc. ne sont finalement que des formes abstraites de ce flux global [32]. Leur arrière-plan ultime est la Totalité inconnaissable de ce flux universel que Bohm appelle *holomouvement* [33]. Inséparable de ce holomouvement existe aussi le « train » de notre pensée, qui est partiellement déterminé par notre mémoire mais qui subit aussi des moments créateurs quand une énergie très intense que Bohm appelle une « énergie intelligente [34] » crée de nouvelles réalisations mentales dans ce qu'on nomme un *insight.* Ces moments créateurs re-forment tout notre être, et peut-être même les sillons gravés dans notre cerveau [35]. Le holomouvement (flux total) contient dans sa dimension matérielle, ainsi que dans notre conscience, deux ordres fondamentaux : l'un est celui d'une évolution ou d'un déploiement *(unfolding)* et l'autre celui d'une involution *(implicate).*

Ces termes de Bohm peuvent extrêmement bien s'appliquer aux idées que Jung a avancées dans le domaine de sa recherche. Les archétypes, par exemple, seraient dans ce cas des structures dynamiques et inobservables des spécimens de l'ordre impliqué. Si, au contraire, un archétype se manifeste comme image archétypale onirique, il se déploie et devient plus « évolué » ; si, ensuite, nous interprétons cette image avec la technique herméneutique de Jung (qui demande une amplification associative de l'image onirique), cette image évolue et se déploie encore plus. Si nous oublions en revanche cette réalisation consciente, elle ne se dépose pas telle quelle dans notre mémoire, mais elle est remaniée dans l'inconscient selon certains *schemata* (voir Suzanne Langer et Bartlett) [36] : elle s'involue de nouveau de ce fait, c'est-à-dire qu'elle redevient alors plutôt un hologramme qu'un ensemble de pensées, de sentiments ou d'intuitions distincts et discursifs.

David Bohm dit du holomouvement qu'il est « indéfinissable » et non mesurable — en fait inconnaissable [37] ; et c'est vrai aussi pour le holomouvement du Soi (Totalité de la psyché collective). Jung a essayé néanmoins de démontrer, en analysant un petit secteur temporel d'environ quatre mille années de ce mouvement dans *Aïon*[38], où il esquisse les changements millénaires des manifestations de la psyché collective, qu'il existe un mouvement du Soi, un mouvement de rejuvénescence cyclique intérieure, qui retourne cependant au même point sur un niveau de conscience plus haut, c'est-à-dire un mouvement en forme de spirale[39]. Cette spirale ne serait toutefois elle-même à l'évidence qu'une toute petite partie spécialisée et limitée du Tout — le holomouvement psychique (du Soi) étant très certainement tout aussi inconnaissable.

Le concept jungien d'une seule énergie qui se manifesterait dans ses fréquences ralenties comme matière et dans ses fréquences plus intenses comme psyché, ressemble sous beaucoup d'aspects à l'idée du *ch'i* des Chinois.

Selon Thou-tseu, le ch'i « est un continuum "sans couture" de matière, de nature gazeuse, énergie matérielle universelle qui envahit tout, et dont les deux configurations principales sont le Yin et le Yang... Il tend à subir une condensation et une raréfaction partielle[40] ». Jung au contraire donne la priorité à l'aspect *psychique et spirituel* de cette énergie, qui se condenserait pour apparaître dans des étendues matérialisées.

David Bohm, lui aussi, présuppose l'existence d'un « océan d'énergie » à l'arrière-plan de l'univers, arrière-plan qui ne serait ni matériel ni psychique, mais tout à fait transcendant. « Finalement nous pourrions dire qu'il existe un fond, qui se trouve à l'arrière-plan de la matière d'une part et des profondeurs de la conscience de l'autre [...], le même arrière-plan, mais d'une dimension supérieure, parce qu'il ne peut être embrassé ni par l'une ni par l'autre[41]. » Cet arrière-plan selon Bohm transcende même tout ce qu'il appelle ordre involué et évolué. Il correspond de façon ultime exactement à la même chose que ce que Jung appelle l'*unus mundus*, qui se situe au-delà de la psyché objective et de la matière, et qui, lui aussi, se situe en dehors de l'espace-temps[42].

Une autre dimension où il existe peut-être plus qu'une

simple analogie des concepts de la physique et de la psychologie jungienne, est celle du « savoir absolu ». En 1963, Costa de Beauregard, prenant comme point de départ les théories de l'information, a postulé l'existence d'un « infrapsychisme » coextensif avec le monde quadridimensionnel de Einstein-Minkowski, infrapsychisme qui contiendrait un savoir ou une information de « survol du Tout »[43]. Cette même idée d'un « savoir cosmique » s'impose, comme l'a déjà relevé Cazenave[44], par l'expérience réalisée du paradoxe d'Einstein-Podolski-Rosen, puisque cette expérience mène à penser que la particule B « sait » instantanément et sans transmission (subluminale du moins !) le changement qu'a subi la particule A qui lui était liée au départ — et changement imposé à la particule A par le fait même de l'observation[45]. Ce même savoir cosmique apparaît enfin dans la loi de la demi-vie de la désintégration radioactive. Chaque atome qui se décompose « sait » quand il doit le faire par rapport à l'ensemble auquel il appartient. Il n'y aurait donc pas seulement là un *ordre* total acausal, mais cet ordre posséderait même un « savoir » d'une nature qu'il faudrait examiner de plus près.

Jung a démontré de son côté que ce que nous appelons la psyché collective possède un savoir qu'il a appelé « savoir absolu » par ce qu'il a de complètement différent du savoir de notre conscient. En citant Leibniz, Jung décrit ce savoir comme des représentations « qui consistent — ou mieux, paraissent consister — en *simulacra* sans sujet, en images[46] ».

Il y a aujourd'hui un certain nombre de physiciens qui admettent quelque chose comme un *universal mind* (esprit universel), mais il existe des divergences sur la question de savoir si cet esprit serait conscient ou inconscient[47]. Jung l'appelle une « luminosité »[48], pour l'opposer à la lumière plus claire et plus définie de notre conscience. Il l'appelle aussi ailleurs un « nuage de savoir »[49]. Ce savoir semble être une *awareness*, qui d'une part embrasse une information beaucoup plus vaste que ne l'est la nôtre, mais qui manque d'autre part de précision focale et détaillée. On pourrait (mais il s'agit là d'une métaphore) comparer ce « savoir absolu » de l'univers inconscient à cette « lueur fossile » dans l'arrière-fond cosmique[50], un continuum « lumineux », en ondes millimétriques qui se distingue cependant des « lumières » des étoiles et des soleils, qui correspondraient dans ma comparaison aux images d'un ego plus ou moins conscient.

Dans tous les concepts modernes de « protoconscience »[51], d'*universal mind*, etc., etc., il faudrait encore préciser de beaucoup le fonctionnement et le « savoir » qu'ils semblent posséder ou non. Il me paraît certain que ce savoir est d'une nature très différente de notre savoir conscient. David Bohm lui aussi parle d'une « énergie intelligente » existant dans l'ordre involué, qui nous pousserait de temps en temps à des découvertes créatrices ; mais il ne précise pas si cette intelligence est ou n'est pas de même nature que la nôtre. Il dit seulement qu'elle est préconceptuelle — ce qui la rapproche certainement du « savoir absolu » de Jung.

En tout cas, les vrais symboles ne sont pas inventés par la conscience, mais révélés spontanément par l'inconscient. Les images archétypales oniriques et les images des grands mythes et des religions possèdent encore un peu par exemple de cette nature « nuageuse » du « savoir absolu » en ce qu'elles semblent toujours contenir plus que nous ne pouvons — même avec des interprétations élaborées — assimiler à nos vues conscientes. Elles gardent toujours un aspect ineffable et mystérieux qui semble nous révéler plus que nous ne pouvons effectivement savoir. S'il n'en était pas ainsi, elles ne seraient pas des symboles mais seulement des « signes » ou des métaphores linguistiques. Le « sens » d'un incident synchronistique ne se révèle lui aussi qu'à condition que nous comprenions l'événement d'une façon symbolique, et non pas seulement intellectuelle[52].

Les physiciens se méfient en général des images mythologiques et se servent exclusivement pour cette raison de symboles mathématiques. Ils sont cependant presque tous d'accord aujourd'hui pour dire que les mathématiques qu'ils emploient pour l'instant ne suffisent pas pour formaliser les découvertes les plus récentes[53]. Ils essaient toutefois très souvent d'ignorer, comme le font aussi la plupart des mathématiciens, la démonstration révolutionnaire et géniale de Kurt Gödel qui, en 1931, a démontré avec un argument impeccable et strictement logique que le fondement ultime de toutes les mathématiques est la série des nombres entiers naturels (1, 2, 3, etc.) et que cette fondation est *irrationnelle*. Elle ne se laisse pas déduire ou subsumer par des principes mathématiques ou logiques quelconques[54]. La série des nombres entiers présente un domaine de *données naturelles* qu'on devrait explorer comme telles, c'est-à-dire de la même façon que l'on étudie par exemple des animaux ou des métaux. Elle contient une infinité de constatations possibles qui seraient encore à découvrir. Quelle est donc la conséquence de cette découverte ? Gödel était lui-même arrivé à la conclusion que les mathématiciens devraient retourner à une conception platonicienne du nombre (ce qui veut dire aussi pythagoricienne). Indépendamment de Gödel, Werner Heisenberg a exprimé le même postulat : que les physiciens devraient aussi retourner à l'étude des nombres dans un contexte pythagoricien. David Bohm à son tour insiste pour constater que les mathématiques actuelles ne sont plus suffisantes[55]. Il demande l'invention ou la découverte d'algèbres nouvelles[56] — non pas une algèbre du holomouvement, car celui-ci est insaisissable, mais de nouvelles sub-algèbres pour certains problèmes dits unifiés ; et il termine par ces mots : « D'une manière ultime, il se pourrait même que des sortes plus générales de mathématisations puissent devenir importantes[57]. »

Sans avoir pu être informé de ces développements récents, Jung avait trébuché sur le même problème des nombres entiers, parce qu'il avait constaté que presque toutes les techniques divinatoires qui se basent sur l'idée de la synchronicité emploient les premiers nombres entiers pour établir leurs prédictions. Jung avança donc l'idée que *le nombre est un archétype d'ordre qui est en train de devenir conscient.* Il est la manifestation la plus primitive ou la plus « séminale » de toute manifestation d'un archétype ou d'un processus archétypique[58].

Comme nous voyons partout aujourd'hui plutôt des processus que des structures ou des ordres statiques, j'ai proposé d'envisager aussi les nombres sous cet angle : *comme des configurations rythmiques de l'énergie psychique*[59]. On parle parfois de nos jours entre physiciens d'une « protoconscience » dans la matière inorganique. Je proposerais donc de dire que cette protoconscience consisterait en un « savoir compter ». (Cela serait un premier pas vers une plus grande précision focale de la luminosité du « savoir absolu », une première individualisation dans la « lueur fossile » du savoir diffus de l'*unus mundus*.) À ce que nous savons aujourd'hui, les particules les plus élémentaires comme les quarks, les protons, les mésons, les baryons, etc. « savent compter » ; ils se combinent en hexagones, en triplets, en octoplets, etc. Les particules ne sauraient cependant pas compter comme nous, mais plutôt comme un berger primitif qui, ne sachant pas compter au-delà de trois, peut constater en un clin d'œil si son troupeau de 137 bêtes est complet. Comme l'a postulé Kreittner, l'homme possède un « sens numérique » inconscient, et ce serait probablement ce sens que posséderaient les particules subatomiques. À partir des nombres dans la dimension subatomique, il y aurait alors un long chemin à suivre jusqu'au premier être vivant unicellulaire et à sa programmation génétique qui elle aussi est numérique. Mais il semble exister des *récurrences périodiques* des premiers nombres simples. Il me semble être spécialement significatif que — par exemple — l'ordre numérique du *Yi king*, l'oracle chinois, suit les mêmes lois numériques que le code génétique. J'ai publié ce fait la première en 1974, mais, très peu après, d'autres que moi ont fait la même découverte[60]. L'idée était « dans l'air », un exemple de synchronicité !

En essayant d'étudier les nombres comme des données irrationnelles de la nature, comme de curieux *animalia*, il m'a semblé nécessaire de ne plus les concevoir comme des structures statiques, mais comme des configurations rythmiques de l'énergie psychique, et j'ajouterais aujourd'hui — de l'énergie psychophysique. Comme un équivalent numérique de l'*unus mundus*, j'ai proposé le terme de *un-continuum* dans lequel tous les nombres (y compris l'unité) seraient des configurations de rythme.

Un second aspect me semble important à étudier sur ce

point : la relation du nombre avec le temps. Les vieux Chinois ne considéraient pas les nombres comme des indicateurs de quantités (ils le savaient aussi, mais n'y attachaient pas d'importance). Pour eux, les nombres étaient plutôt des *indicateurs de qualités des phases temporelles du Tout*[61]. « Les nombres servent avant tout à figurer les formes circonstancielles de l'Unité ou plutôt du Tout. »

Dans cette perspective qualitative et temporelle des nombres il se pose, tout comme dans la perspective quantitative, le problème du continu-discontinu. (Ce que j'ai appelé le un-continuum est pour les Chinois le nombre 11, nombre du Tao, car il est « l'un des dix ».) Entre le un et le deux, il y a le « saut » de l'impair au pair ; entre le deux et le trois, le « saut » à la première prime, et le passage vers le quatre est un « saut » au premier nombre carré, etc. La série des nombres entiers représente donc un discontinu, mais, comme je l'ai démontré, elle est aussi un un-continuum.

David Bohm a relevé pour sa part dans son propre domaine que le holomouvement partiel d'involution et d'évolution n'est pas continu, et que le continuum peut seulement être appliqué à l'ordre involué du Tout[62]. Je dirais même qu'une mathématique de *continua* ne pourrait être utilisée sans retouches et sans escamoter les valeurs infinies que pour une symbolisation de l'*unus mundus* ; tous les phénomènes que nous pouvons observer actuellement ont un aspect discontinu, la discontinuité ou « discrimination » étant l'essence de la conscience de l'ego.

Revenons cependant aux incidents synchronistiques et aux techniques divinatoires numériques qui en explorent le « sens ».

Jung a souligné que le « sens » est une notion transcendantale que nous ne pouvons pas définir consciemment[63], et il cite Lao-tseu et Tchouang-tseu sur l'impossibilité de concevoir ou de nommer le Tao. Le « sens » d'un phénomène synchronistique participe visiblement à la nature de ce « savoir absolu » de l'inconscient qui est seulement cependant un « nuage de savoir » pour notre intelligence consciente. La réalisation du « sens » n'est donc pas une simple acquisition d'information ou celle d'une connaissance, elle est plutôt une expérience vécue qui touche le cœur tout autant que l'esprit. Elle nous semble être une illumination d'une grande clarté en même temps que quelque chose d'ineffable — une fulguration pour employer l'expression de Leibniz (qui l'emploie quant à lui pour les actes créateurs de la Monade divine). La pensée discursive ne se révèle que très peu dans cette réalisation du sens, car le « sens », dans le contexte dans lequel l'emploie Jung, n'est pas du tout la même chose que l'ordre de la pensée discursive qui se fonde sur un ordre mathématico-logique. La réalisation du sens est un saut quantique dans la psyché.

Le « sens » d'un événement synchronistique n'est toutefois pas identique au « savoir absolu », car il s'y ajoute une réalisation ponctuelle et temporalisée faite par un individu conscient à un certain moment de sa vie. Une telle réalisation, qui coïncide avec l'acte de création que sont les phénomènes synchronistiques, est un *événement psychique*, un vécu dont l'essence a souvent un effet curatif ou au contraire destructif. S'il est porteur de guérison, même la plus grande souffrance devient supportable quand nous pouvons en entrevoir le sens. Le sens nous lie avec le numineux — le sens du Tout — le Tao, et nous remet pour ainsi dire à notre juste place dans ce Tout. Il nous donne un sentiment de « ce qui est juste comme il est » — une réconciliation avec la vie *et* la mort, la joie *et* la souffrance, le conflit *et* la paix. Ce n'est pas un Nirvana, un au-delà spirituel, c'est plutôt une acceptation complète de « ce qui est ». Pour Jung l'individuation et la réalisation du sens de la vie sont identiques — individuation voulant dire trouver *son* sens qui n'est rien d'autre que *sa* connexion avec le Sens universel. Il s'agit bien d'autre chose que de tout ce qu'on désigne aujourd'hui par les termes d'information, de supra-intelligence cosmique ou d'*universal mind* parce que le sentiment, l'émotion, le Tout de la personne y sont inclus. Cette connexion soudaine et illuminative qui nous frappe dans la rencontre avec un événement synchronistique représente, Jung l'a bien décrit, une unification momentanée de deux états psychiques : de l'état normal de notre conscience qui se meut dans un train de pensée discursif et dans un processus d'aperception continue qui crée notre idée du monde dit matériel et « extérieur », et d'une couche de profondeur où se situe le « sens » du Tout dans la sphère du « savoir absolu ». C'est pourquoi toute technique de divination qui opère avec le principe de synchronicité (par exemple le *Yi king*), recommande de vider d'abord le champ de la conscience pour ouvrir pour ainsi dire la porte à une irruption de la dimension du « sens ». C'est pourquoi les philosophes chinois insistent aussi pour dire que, si l'on est tout à fait et constamment lié au Tao, on n'a plus besoin de consulter le *Yi king*. En fait, Jung à la fin de sa vie cessa d'utiliser le *Yi king* parce que, me dit-il un jour, il « savait » toujours à l'avance ce que serait sa réponse.

Comme toute idée, celle d'un « sens » a un opposé, qui est celle d'un non-sens (dans l'acception anglaise de *nonsense* : un chaos absurde). Il existe des chaînes de causalité qui nous semblent n'avoir aucun sens (comme les machines de Tinguely), et il existe aussi des coïncidences aléatoires qui n'ont aucun sens. Il faut donc se garder, Jung y a insisté, de voir des coïncidences significatives là où il n'y en a pas réellement. J'ai montré ailleurs comme il peut y avoir là un danger pour des personnes schizophréniques[64].

Comment donc pouvons-nous lire des messages de sens dans les événements synchronistiques, sans tomber pour autant dans des idées superstitieuses ou magiques absurdes ? Les vieux alchimistes distinguaient entre une *imaginatio vera* et une *imaginatio phantastica*, ce que Jung amplifie en soulignant le contraste de l'« amplification nécessaire » ou de l'« imagination disciplinée » avec l'association arbitraire[65]. Cette dernière est opérée par le moi, tandis que la première se développe dans une ouverture au message d'une structure archétypique qui nous « impose » pour sa part les « justes » associations. Ce processus se démontre de la façon la plus simple avec les structures archétypiques des nombres entiers. La conclusion que six est un nombre parfait (1 x 2 x 3 = 1 + 2 + 3) s'impose à notre pensée consciente, que nous le voulions ou non. Or, il semble exister des lois similaires pour la pensée mythique. Dans son livre *Le Héros aux mille visages*[66], Joseph Campbell a bien fait ressortir les « catégories », ou sous-mythologèmes, qui appartiennent régulièrement à la structure d'un mythe héroïque. Si un conte commence par la description d'un couple stérile ou âgé souhaitant avoir un enfant, *il est impossible* que le conte ne continue pas par le motif d'un enfant né *surnaturellement*, ou d'un enfant prodige, ou semi-divin, ou monstrueux, selon les cas. Il n'y a pas d'exception ! Ou bien : si une figure dans un conte montre des symptômes d'inflation vis-à-vis du noumineux, cet être sera toujours humilié, ou puni, ou détruit — ici non plus, il n'y a pas d'exception. Dans le contexte d'un rêve, cette « logique imaginale » est plus difficile à découvrir, mais il m'est souvent arrivé qu'un analysant escamote un petit épisode à l'intérieur d'un rêve, et que je l'aie remarqué, parce qu'il m'avait semblé qu'il y avait un « trou » dans la « logique » interne du rêve. Il y a là encore beaucoup à découvrir. Il me semble pourtant qu'il n'existe certainement pas seulement des lois logico-mathématiques (engendrées par l'archétype de l'ordre que représentent les nombres), mais aussi des lois logiques particulières dans les connexions d'associations mythiques et oniriques. (Peut-être pourrait-on assigner ce phénomène à la spécialisation des deux hémisphères cérébraux.) La « juste » pensée dans le contexte mythique est celle qui suit les « implications nécessaires », c'est alors celle qui mène le plus près de la réalisation du « sens ».

Du point de vue historique, ces deux logiques (logique mathématique et logique mythologique ou imaginale) n'ont pas toujours été séparées comme elles le sont aujourd'hui. Dans l'arithmétique de Pythagore, les nombres et les images mythiques étaient étroitement liés. De même dans le système du *Yi king*. C'est seulement la « démythologisation » progressive des mathématiques modernes qui nous a menés dans cette situation, où les sciences qui sont fondées sur des mathématiques formalisées s'opposent aux sciences humaines. C'est pourquoi le concept de synchronicité, comme proposé par Jung, est si choquant, parce qu'il réunit sur un plan supérieur les deux domaines. Avec la mathématique statistique comme elle est pratiquée aujourd'hui, il n'y a pas moyen d'approcher de la synchronicité comme l'a très justement relevé Hubert Reeves[67]. Si cela fonctionne par hasard (!), cela ne démontre rien d'autre que l'indépendance du principe de synchronicité[68] !

Les mathématiques chinoises sont à mon avis plus aptes à pouvoir nous fournir un instrument qui nous permette de nous rapprocher de ce principe élusif. Mais comment s'y prendre en principe pour étudier *expérimentalement* la synchronicité, qui est en elle-même si irrégulière et consiste en actes créateurs imprévisibles ?

Les techniques numériques de divination ne prétendent pas qu'elles peuvent prédire des incidents synchronistiques en tant que tels, mais elles prétendent pouvoir prédire la *qualité générale* des phases temporelles dans lesquelles des événements synchronistiques peuvent arriver. Il y a donc peut-être quand même une possibilité que Jung a seulement esquissée à la fin de sa vie, mais qu'il n'a pas pu réaliser avant sa mort. Il avait rassemblé un groupe d'élèves qui devaient se livrer à la tâche suivante : trouver des individus dans une situation relativement cruciale (après un accident, dans le cours d'un divorce, etc.), où l'on peut soupçonner l'activation d'un archétype. Établir ensuite un horoscope de transit, consulter le *Yi king*, le Tarot, le calendrier mexicain[69], l'oracle géomantique, les rêves avant et après l'accident, etc. — et rechercher alors si les résultats de ces techniques convergeaient ou non. Il se serait agi là d'un renversement, ou d'un procédé complémentaire à l'expérience classique des sciences modernes. Dans ces dernières on répète les mêmes types d'événements pour voir si toutes les mesures coïncident. Ici, au contraire, on observerait *un* incident avec une multitude de techniques différentes.

Michel Cazenave cite dans son étude une remarque faite par Jung dans une lettre adressée à Wolfgang Pauli au sujet de l'inconscient[70]. Si on se place dans la position d'un observateur humain, il s'agit « d'une dimension inconsciente absolue dans laquelle un nombre infini d'observateurs contemplent le même objet » ; si on essaie au contraire de le réfléchir à partir du Soi (archétype de la Totalité), il n'« y aurait en revanche qu'un seul observateur (situé dans l'inconscient collectif) qui contemplerait une infinité d'objets ».

La première position est la situation normale en science, où un grand nombre de psychologues observent par exemple (enveloppés qu'ils sont eux-mêmes par le même inconscient collectif) un phénomène psychologique identique. Cela les mène à une description convergente de ce phénomène. Le procédé complémentaire que j'ai décrit plus haut consisterait à étudier un incident (accident) par la convergence — si elle s'avère — d'une multitude de méthodes, grâce auxquelles on tenterait de trouver ce que le Soi « pense » de cet accident particulier.

Malheureusement, le groupe choisi par Jung n'a pas continué ses études. Il faudrait donc qu'un institut avec quelques ressources en étudiants et en argent puisse reprendre cette idée.

Les formulations généralement assez vagues des techniques divinatoires ressemblent à ces « nuages de savoir » dont se constitue, selon Jung, le « savoir absolu ». Elles ne produisent toutefois que des fragments, jamais le sens total qui reste inconnaissable. Quand il s'agit de la vie d'un individu, nous ne saurons probablement jamais d'où il vient, où il ira après sa mort, et quel est donc le sens global de son existence. Nous pouvons toutefois entrevoir avec les méthodes mentionnées, et surtout avec l'interprétation des rêves, quelques *substructures* du sens total ; nous pouvons par exemple percevoir à quelle fin un individu a épousé telle ou telle femme, à quelle fin il a subi un accident qui pourrait pourtant paraître comme le fruit du hasard. Dans les premiers rêves d'enfance, on trouve souvent le *pattern* (le modèle) symbolique de toute une partie de la vie d'un individu. Mais ce sont seulement là des sortes d'éclairs qui illuminent momentanément une partie du paysage nocturne — la réalisation d'un sens partiel, mais qui nous laisse deviner l'existence d'un sens bien plus vaste, quoique insaisissable par notre moi conscient.

Avec la notion de synchronicité, la psychologie se transcende en quelque sorte elle-même en tant que science pure. Mais, comme l'a relevé Jung, chaque science fait de même dans ses sphères limites. Alors, la « science » devient une partie du processus d'individuation lui-même, et non plus une préoccupation partielle de notre intelligence consciente.

À partir de ces réflexions, je ne crois donc pas qu'on puisse insérer la notion de synchronicité dans le corpus des sciences comme elles sont aujourd'hui, mais que nous nous trouvons plutôt avec elle au seuil d'une transformation radicale de ce que peuvent être les sciences, une transformation qui ne les abolira pas, mais les mettra à leur « juste place » dans une vision du réel beaucoup plus étendue. L'acceptation générale de ce concept de synchronicité dépendra en fin de compte du Soi universel et de ses actes créatifs de synchronicité. En d'autres termes, cela dépendra de la question du savoir si les notions de synchronicité et d'individuation se situent dans le plan créateur d'une évolution générale des sciences en Occident. Ce qui me semble certain, c'est le fait que la recherche d'un sens est un problème beaucoup plus vital pour nous que la recherche de toute information partielle. « Sans la conscience réfléchie de l'homme, écrit Jung, l'univers serait une énorme machine sans signification car, dans notre domaine d'expérience, l'homme est la seule créature qui est capable d'affirmer un sens [71]. »

11.

Sens et ordre*

Convergences et différences entre la psychologie des profondeurs et la physique

Dans son exposé sur la synchronicité, C.G. Jung introduit dans la psychologie des profondeurs deux nouveaux concepts concernant le phénomène dit du hasard. L'un est le concept dit de « l'ordre acausal », l'autre de « l'événement synchronistique ». Le premier signifie que quelque chose existe simplement, de manière régulière et omniprésente, comme par exemple la vitesse spécifique de la lumière, la quantification de l'énergie, la demi-vie de la désintégration radioactive ou toute autre constante de la nature. Comme il nous est impossible d'expliquer ces constantes, nous exprimons leur existence par un nombre, qui se fonde cependant sur une longueur espace-temps choisie de façon arbitraire. On pourrait désigner un quantum d'énergie théorique par le nombre 1, puis y ajouter 2, 3, 4, etc., mais cette méthode se révélerait vite totalement impraticable, eu égard à la petitesse de h. Cependant, l'ordre acausal n'existe pas seulement dans le domaine de la physique, mais aussi dans l'esprit humain, voire dans l'âme. L'exemple le plus simple en est celui des nombres naturels, car nous nous trouvons là aussi en présence d'un état tel qu'il est, sous la forme de la constatation que nous sommes

---

* Conférence au congrès Panarion à Los Angeles, 1979, sous le titre « Meaning and Order — Concerning meeting points and differences between depth psychology and physics ». Première publication en anglais dans *Quadrant*, C.G. Jung Foundation for Analytical Psychology, New York, printemps 1981, vol. 4, n° 1.

tenus de faire au sujet d'une quantité. Jung nomme cela la « méthode de l'implication nécessaire[1] ». Par exemple l'implication que 6 est un nombre parfait parce que $1 + 2 + 3$ donne le même résultat que $1 \times 2 \times 3$. C'est un fait évident, et pourtant nous ne pouvons indiquer aucune cause qui « produise » ce résultat. On peut seulement dire qu'il en va ainsi parce que 6 est la somme de 1, 2 et 3, ce qui est une tautologie.

Dans le domaine de l'interprétation des rêves, cette technique des implications nécessaires équivaut à ce que Jung a souvent appelé l'« amplification ». La méthode de l'amplification n'est pas non plus une méthode arbitraire et ne fait jamais appel à notre imagination subjective, mais à ce que Jung appelle l'« imagination disciplinée » pour trouver des associations qui correspondent à une image-symbole. Par exemple, nous ne pouvons pas dire que la Circé de l'*Odyssée* est une figure maternelle bienveillante, parce que le contexte va à l'encontre de cette idée. En ce qui concerne les nombres naturels, la constatation d'une relation comme $2 + 2 = 4$ est une implication « nécessaire » encore plus contraignante même que celles que l'on peut trouver dans les images mythiques, ce qui explique la relation de ces implications avec la logique et la démonstration logique. Certains mathématiciens modernes ont essayé de rendre leur discipline aussi étanche que possible à toute implication psychologique, considérée par eux comme purement subjective[2], étant donné leur foi dans une logique mathématique qui n'aurait à voir qu'avec une réalité purement objective, vraie et non psychique[3], une réalité qui sert à tous les observateurs[4]. Pour Gottfried Frege par exemple, constater que $1 + 2 = 3$ ou que $6 : 2 = 3$ revient exactement au même ! On considère cette réalité comme étant le résultat d'une relation formulée, et c'est cette dernière qui compte. Même si je dis, dans un contexte mathématique, d'un nombre qu'il est 4, cela ne signifie « rien d'autre que quatre ». Cependant les nombres en eux-mêmes ne peuvent être définis, mais ils procèdent d'une « logique simple »[5].

En 1931, Kurt Gödel a fait basculer toutes les tentatives antérieures visant à élaborer des formules mathématiques certaines et définitives[6], en démontrant que « tout système logique au sein duquel il est possible de développer une arithmétique est essentiellement incomplet. En d'autres termes, si nous partons d'une quelconque implication logique d'axiomes arithmétiques, nous pouvons constater qu'il existe des axiomes arithmétiques véritables qui ne sont pas déductibles de cette implication[7] ». La démonstration de Gödel est trop compliquée pour que je me lance ici dans son explication. En un mot, il arithmétise toutes les constatations formelles des mathématiques sous la forme de nombres spécifiques uniques. Il montre ensuite que « l'arithmétique est incomplète, dans ce sens qu'il existe toujours au moins *une* vérité arithmétique qui ne dérive pas des axiomes posés et qu'on ne peut démontrer qu'à l'extérieur du système... Contrairement aux suppositions faites antérieurement, il est impossible d'ordonner systématiquement le continent “immense” de la vérité arithmétique en définissant une fois pour toutes un ensemble d'axiomes duquel on pourrait déduire toutes les vérités arithmétiques ». Notre pensée créatrice se trouverait toutefois toujours en mesure d'établir des implications mathématiques nouvelles grâce à une pensée métamathématique « informelle »[8]. En d'autres termes, les nombres naturels, qui forment la base de l'arithmétique, constitueraient en quelque sorte le fondement irrationnel de notre pensée rationnelle.

C'est pour cette raison que Weyl, en parlant de la série des nombres naturels, qui forment la base des mathématiques, fit remarquer qu'elle représentait, à notre grande surprise, un aspect de « l'insondable », même si nous avons tendance à ne voir en elle qu'une construction de l'esprit.

Pour Jung, cet aspect insondable des nombres (ce qui veut bien dire que du point de vue de la logique ils ne sont pas transparents) vient de ce qu'ils sont des symboles archétypiques[9]. Ils sont des individus tout en ayant l'aspect d'« être simplement tels qu'il sont », ce que l'on peut tout à fait faire semblant d'ignorer, comme le font la plupart des mathématiciens, mais ce qu'au fond de nous-mêmes nous savons fort bien. Vu sous cet angle, on pourrait dire de la plupart des mathématiciens de jadis qu'ils étaient en quelque sorte les théologiens des dieux numériques. Ils partageaient avec les « autres » théologiens leur résistance vis-à-vis de la psychologie ! Les mathématiciens fondent leur argumentation sur les « énoncés nécessaires », induits par les archétypes, mais ignorent l'expérience psychologique qui les accompagne, qu'ils considèrent comme étant purement subjective.

Jung va un peu plus loin et définit le nombre comme « un archétype de l'ordre parvenu à la conscience » [10]. C'est pourquoi le nombre est l'outil prédestiné à établir un ordre, et c'est pourquoi il nous sert aussi à comprendre un arrangement régulier ou encore un « ordre » déjà existant mais encore inconnu.

Depuis Archimède et plus tard encore, surtout depuis Galilée, les physiciens ont toutefois concentré leurs recherches sur les aspects mesurables de la réalité extérieure, dite naturelle, et par conséquent sur sa mathématisation. Et cela fonctionne ! Les formes mathématiques de l'ordre, qui sont l'objet de l'étude du physicien, s'accordent « merveilleusement » avec les mesures expérimentales. Le calcul différentiel par exemple, issu de l'imagination du mathématicien Riemann, est devenu par la suite l'outil par excellence dans la théorie de la relativité d'Einstein et ses applications [11]. C'est pourquoi Eugene Wigner parle d'une « effectivité irraisonnable de la mathématique dans les sciences naturelles » [12].

Les physiciens d'aujourd'hui s'intéressent principalement au concept de l'ordre : ils ont pleinement conscience que celui-ci est inséparable de l'activité de leur propre esprit. Leurs équations ne sont plus comprises comme des images exactes et objectives de la réalité matérielle, mais seulement comme la liaison de relations structurellement exactes. Tout comme les mathématiciens, les physiciens n'étudient plus les nombres mais utilisent le plus souvent l'algèbre ou la topologie, qui représentent les abstractions logiques des relations numériques et qui sont moins irrationnelles que les nombres individuels mêmes. Elles expriment la plupart du temps des relations qui valent pour *tous* les nombres (par exemple, si $a + b = c$, alors $a = c - b$). Vue sous cet angle, l'algèbre constitue une sorte de « psychologie de groupe » des nombres, tandis que la topologie s'occupe de leur place éventuelle dans l'espace, où on peut la considérer comme un arrangement de points dans une multitude de relations possibles.

Il reste qu'une représentation archétypique renferme aussi toujours un sens. Si nous supposons que « le nombre est un archétype de l'ordre parvenu à la conscience », alors il renferme également une réalité cachée, préconsciente et indéterminable. C'est seulement quand il est devenu conscient que nous nous sentons obligés de donner au Un des noms comme unité, l'unité, l'unité du tout, l'individualité, la non-dualité, l'unité pour compter, etc., ou de dire du Deux qu'il partage l'Un en deux, qu'il double l'Un, qu'il est la dualité, la distinction, le caractère non unique, etc. Notre esprit n'est nullement libre de spéculer au hasard sur un nombre ; ce que nous disons de lui est déterminé et limité par l'idée de l'unité, de la dualité et de leurs implications [13].

Parmi les « énoncés nécessaires » suscités par les nombres, une partie seulement constitue ce que l'on a appelé la logique mathématique (pour effectuer une opération, cette dernière utilisera par exemple la constatation suivante : l'Un est une unité pour compter — et ignorera les autres). Nous pouvons dire que les mathématiques s'occupent de l'« arrangement acausal » mental issu des nombres, alors que la physique s'occupe de l'« arrangement acausal » existant dans la nature, comme la vitesse de la lumière et la demi-vie de la radioactivité, que l'on peut également désigner par des nombres. Mais ces nombres ont-ils aussi un sens ? Jung écrit : « La notion de "l'ordre" n'est pas identique à celle du "sens". Même un être organique, malgré l'ordre significatif qui le fonde, n'est pas nécessairement lui-même significatif dans un contexte global. Si par exemple le monde avait pris fin à l'époque oligocène, il n'aurait pas de sens pour l'homme. Sans la conscience réflexive de l'homme le monde n'est qu'un gigantesque non-sens, car l'homme est, d'après notre expérience, le seul à pouvoir y trouver du "sens" [14] ».

Jung emploie ici la notion d'« ordre » comme une sous-notion du « sens », signifiant par là que l'ordre n'en est qu'un aspect partiel, un modèle signifiant que l'on trouvera par exemple dans tout phénomène mathématique ou biologique organisé ; le « sens » en revanche concerne plutôt un holon, ou *le* holon, l'*unitas* (dans le sens des gnostiques de Princeton), et en même temps il concerne cet individu seul qui le perçoit. Cela ne signifie pas pour autant que c'est l'homme qui crée le sens [15] ; il le réalise seulement en le rendant conscient ; mais le sens existe déjà, caché dans la nature et indépendamment de notre perception consciente [16].

Comme je l'ai déjà dit, Jung a subdivisé le principe de synchronicité en deux notions se subordonnant l'une à l'autre : premièrement celle de l'arrangement acausal, qui regroupe tous les faits existant a priori comme par exemple les caractéristiques des nombres entiers (et) les discontinuités de la physique moderne [17], et deuxièmement les événements synchronistiques qu'il faut considérer comme des cas spécifiques dans l'arrangement acausal global, celui de la similitude des processus psychiques et physiques qui place l'observateur dans une position favorable afin de pouvoir en reconnaître le *tertium comparationis* [18], c'est-à-dire son sens [19]. Les événements synchronistiques sont des « actes de création dans le temps [20] » et ne sont pas *causés* par l'archétype, mais ne font au contraire que révéler son sens caché. C'est pourquoi le contingent ne serait « d'une part qu'une donnée de portée générale et présente depuis toujours, et d'autre part... la somme d'un grand nombre d'actes de création ponctuels se produisant dans le temps [21] ». Bien que probablement de tels actes se produisent continuellement dans la nature, ils ne prennent le titre de hasards significatifs que lorsqu'un individu les expérimente comme tels.

Dans le cas cité par Jung dans son exposé, il s'agissait d'une patiente qui, ayant rêvé d'un scarabée, vit à sa grande surprise une *Cetonia aurata* (cétoine dorée) voler dans la pièce au moment où elle racontait ce rêve. En l'absence d'une personne capable de relever la signification de cet événement, on aurait pu ne voir là qu'une similitude entre l'événement extérieur et l'événement intérieur ; c'est seulement lorsqu'on sait que le scarabée était en Égypte le symbole de la résurrection matinale du dieu solaire et qu'il signifie une nouvelle naissance de la conscience que l'événement prend tout son sens. Dans ce cas précis, il a eu un effet salutaire sur la rêveuse. Les incidents synchronistiques sont donc des instants qui voient un sens « cosmique » ou « plus grand » parvenir à la conscience d'un individu, ce qui constitue généralement une expérience bouleversante. Bouleversante parce que, tels des primitifs, nous nous sentons alors investis par une puissance supérieure, esprit ou dieu, qui est en train de nous jouer un tour. Cependant, expliquer les choses ainsi équivaudrait à régresser au niveau de la pensée magique, ce que Jung voulait à tout prix éviter. L'archétype ne produit pas de tels événements par magie, mais s'y donne à voir sans qu'il y ait d'antécédent. Comme le souligne Jung, de tels événements peuvent aussi se produire sans que personne n'en relève le sens, mais ce dernier existe de toute façon de manière latente et continue. À l'inverse, il peut aussi arriver que l'on attribue un sens à un événement qui n'en a pas[22], ou bien qu'on lui attribue une signification erronée. En voici un exemple : un homme qui, dans sa folie, se prenait pour le sauveur de l'humanité, avait attaqué sa femme avec une hache afin de « l'exorciser ». La malheureuse appelait au secours. Exactement à l'instant où un policier et un psychiatre entraient dans la maison, la seule lampe qui éclairait la scène explosa. Ils se virent donc plongés dans l'obscurité et couverts d'éclats de verre, tandis que le malade s'écriait : « Vous voyez, c'était pareil quand on a crucifié le Christ ! Le soleil s'est obscurci. » Il se sentait donc conforté dans son idée d'être le Sauveur. Mais si nous voulons amplifier cette symbolique correctement, avec les « implications nécessaires », c'est-à-dire avec une « imagination disciplinée », on voit surgir un tout autre sens : une ampoule électrique n'est pas le soleil, le symbole d'une source noumineuse de la conscience cosmique ; elle ne symbolise qu'une « petite lumière », produite par l'homme et notamment par sa conscience du moi. L'événement signifie donc le *black-out* de la conscience du moi de cet homme, c'est son moi qui se brise. C'est exactement ce qui se passe au début d'une poussée psychotique. Lorsque j'ai rencontré le malade et sa femme, quelques jours plus tard, j'ai compris le sens de tout cela et j'ai pu le leur expliquer, ce qui a eu un effet bénéfique sur ce pauvre homme en le ramenant à la raison. Ainsi, la juste interprétation d'un événement synchronistique est essentielle, et elle ne peut être établie que par un esprit objectif, discipliné et qui, s'en tenant aux « implications nécessaires », n'ira pas se perdre dans des suppositions arbitraires.

On peut trouver un autre exemple amusant de la mauvaise interprétation d'un événement synchronistique dans les annales chinoises de l'époque des Tang[23]. Un tremblement de terre avait donné naissance à un nouveau lac, pourvu en son centre d'une montagne. L'épouse de l'empereur d'alors, appelée Wu Tse t'ien, y vit un signe favorable et donna à cette montagne le nom de « montagne du bonheur ». Or il advint qu'un habitant de la capitale lui adressa une lettre rédigée en ces termes : « Moi, votre sujet, j'ai appris que le froid et le chaud tombent en désordre lorsque la puissance respiratoire des cieux perd de son harmonie, et qu'une tumeur se forme lorsque la puissance respiratoire de l'homme entre en discordance, et que les buttes et les collines explosent lorsque la puissance respiratoire de la terre se trouble. Aujourd'hui c'est Votre Majesté qui occupe, en sa qualité de femme, la place du principe premier, le Yang, à savoir le trône. Cela signifie l'inversion du fort et du faible... Votre Majesté devra donc pratiquer le repentir et subir la crainte afin de rendre justice aux avertissements du ciel. Sinon je crains qu'il n'arrive malheur. » L'impératrice, courroucée, bannit de la cour le pauvre sujet qui s'était montré trop franc.

Le fait est que l'interprétation qu'elle avait faite de la « montagne du bonheur » était tout à fait arbitraire. Son sujet en revanche avait employé les associations archétypiques chinoises classiques : *Ken* — la montagne — représentant le principe masculin, et *Tui* — le lac — le principe féminin, d'après ce qu'en dit le *Yi king*. L'impératrice, devenue trop virile, dominait un époux faible et féminisé. L'événement extérieur de la formation du volcan constitue un hasard significatif. La coïncidence n'a pas de connexion causale plausible : le volcan n'est pas né de l'attitude erronée de l'impératrice (supposer cela tiendrait de la pensée magique), et ce n'est pas non plus à cause de l'éruption du volcan que l'impératrice fait montre d'un comportement dominateur. La relation entre ces deux événements est simplement de l'ordre de la coïncidence. Dans la Chine ancienne, on croyait d'ailleurs que tous les événements exceptionnels se produisant dans l'empire étaient révélateurs de la situation psychologique à la cour. Ce sujet était « dans le Tao », pour utiliser l'expression chinoise consacrée, et c'est pourquoi il percevait le sens véritable de l'événement.

Nous savons que, pour le Tao, « l'homme bon découvre le sens [Tao] et [...] le dit bon. L'homme sage le découvre et le dit sage. Le peuple s'en sert jour après jour et ne sait rien de lui ». Le SENS de l'univers est certes bonté et sagesse, mais il est aussi, dans son essence la plus intime, au-delà de la bonté et de la sagesse[24]. Les sages de jadis se mettaient en accord avec le SENS et la VIE pour établir l'oracle[25]. Cela vaut aussi pour la compréhension de l'oracle. Nous voyons encore ici que le « sens », contrairement à l'« ordre », concerne l'ultime et le tout de l'univers ; en d'autres termes, il renvoie à la relation avec ce que nous appelons le Soi. Si on les considère naïvement et de façon superficielle, les incidents synchronistiques semblent bien n'être que des coïncidences signifiantes entre un événement intérieur et un ou plusieurs événements extérieurs. Cependant l'aperception consciente de la coïncidence des événements extérieurs constitue aussi en dernier ressort, comme l'a montré Jung, un état psychique qui a pour effet d'interrompre l'état normal. De ce fait un événement synchronistique consiste à proprement parler en ceci : « L'un [l'état psychique] est l'état normal, vraisemblable (c'est-à-dire suffisamment explicable par la causalité) ; l'autre est celui que provoque l'événement problématique, et qui n'est pas déductible du premier par la voie causale[26]. » Il s'agit d'un « savoir inexplicable ou d'une présence de quelque chose » qui fait soudainement irruption dans l'état mental normal et qui s'accompagne en général d'une forte émotion, provoquant ainsi un « abaissement du niveau mental » qui rend possible l'irruption de l'autre état, inhabituel, d'aperception consciente[27].

Il semble qu'il existe dans l'inconscient un savoir *a priori* ou une présence immédiate d'événements dépourvus de cause qui, de temps à autre, font irruption dans notre état « normal »[28]. Jung le dit expressément : « La synchronicité spatiale peut aussi bien être comprise comme une perception dans le temps. Mais, fait notable, il n'est pas aussi facile de comprendre comme spatiale la synchronicité temporelle, car nous sommes impuissants à nous représenter un espace où les événements à venir seraient déjà là objectivement et pourraient être vécus comme présents, par la réduction de la distance dans cet espace[29]. »

Grâce à Einstein nous savons que l'espace et le temps forment une unité inséparable ; une différence semble toutefois subsister dans l'observation que l'annulation du temps ou même son renversement dans la psyché semble plus facilement concevable que l'annulation de l'espace. C'est pourquoi nous sommes tenus de considérer le temps d'un point de vue plutôt psychologique. Le temps mesuré, celui de la montre, est une manière de pensée spécifique à la seule culture occidentale. Il convient plutôt de regarder le temps psychique comme un fleuve ou un flux d'événements intérieurs et extérieurs. Comme je l'ai montré dans un exposé antérieur, l'image archétypale du fleuve du temps est toujours liée à la divinité supérieure de la culture concernée, c'est-à-dire à l'image du Soi. C'est pour ainsi dire la dynamique intrinsèque de l'archétype du Soi qui produit le temps. Le Tao par exemple est innommé, vide encore, mais il est en même temps le « procréateur de tout ce qui procrée », et dans ce sens on le nomme « transformation », comme le dit le *Yi king*[30]. Il est « ce qui initie et maintient le jeu des forces en mouvement ». Et encore : « C'est le *sens* [Tao] qui opère ces effets, sans cependant se manifester aucunement[31]. »

Chez les Aztèques, le dieu suprême est Omoteotl, le maître du temps. Dans la *Bhagavad-Gita*, Vishnou, le dieu suprême indien, se nomme lui-même « le Temps », et c'est aussi le nom que ses adeptes donnent à Shiva. Dieu n'est atemporel et ne crée le temps, ou ne le laisse s'écouler à partir de lui, que dans la seule religion judéo-chrétienne. Lui-même immobile, hors du temps et de l'espace, il reste celui qui suscite le mouvement. Mais même ici le temps reste étroitement lié à l'image d'une divinité suprême et à sa force de création.

Si les événements synchronistiques sont bien ce qu'ils semblent être, ils renvoient à une *création continue* (*creatio continua*) s'effectuant au sein même et selon le cours du temps. Ceci signifierait que le sens (autant qu'il concerne l'*unitas* ou le holon) a besoin du temps en tant que véhicule pour être perçu par l'homme. « Le temps, dit G.J. Whitrow, est l'intermédiaire entre ce qui est possible et ce qui existe[32]. » Il s'agit simplement d'un autre aspect de la notion de *creatio continua.* Il lui faut un cours d'événements extérieurs et intérieurs pour rendre visible le sens caché des modèles archétypiques sous forme d'incidents synchronistiques sporadiques. Chaque fois qu'un tel événement se produit, l'holon de l'existence change. Ce que j'appelle holon ou *unitas,* pour employer un terme des gnostiques de Princeton, est la même chose que ce que Jung a appelé *unus mundus,* le monde Un, qui transcende la dualité psyché-matière.

Comme l'écrit Jung, le mandala[33] est la réplique intérieure de l'*unus mundus,* et les incidents synchronistiques constituent son équivalent parapsychologique. La manière dont ces deux facteurs peuvent être combinés dans ce qu'on a appelé un double mandala divinatoire, c'est ce que j'ai tenté d'expliquer dans mon livre *Nombre et temps,* et je ne souhaite pas recommencer ici ; j'aimerais toutefois approfondir l'expérience du sens tel qu'il nous est procuré par les événements synchronistiques. Comme Jung l'a déjà fait remarquer, les événements synchronistiques paraissent parfois arbitraires ou semblent avoir un but pratique. C'est pourquoi on a pu les assimiler par le passé aux actes d'un dieu ou d'un esprit, d'un saint ou d'un diable, etc. voulant simplement révéler quelque chose. Seuls les Chinois ne considéraient pas le Tao comme un fait personnel. En plus du Tao, les Chinois avaient également une « volonté du ciel » qui, comme un humain, pouvait se montrer bienveillante ou malveillante.

Nos cultures occidentales semblent avoir toujours privilégié un dieu personnel, auquel on attribuait des réactions personnelles, voire humaines et psychologiques. On considérait alors les incidents synchronistiques comme des miracles inspirés par Dieu ou par le diable. Cependant, même dans notre monde occidental, le dieu suprême, que ce soit Yahvé ou le Dieu chrétien, a toujours été représenté sous la forme d'une sphère impersonnelle, symbole de l'ordre mathématique, non pas de n'importe quel ordre partiel mais d'un ordre total, assimilable en somme à une formule du monde.

Pourquoi Dieu ne pourrait-il pas aussi se révéler dans les mathématiques ? demandait Novalis. L'histoire de cette représentation symbolique est très ancienne[34]. Elle a commencé avec Empédocle assimilant Dieu à « une sphère infinie se réjouissant de ses cercles éternels ». Parménide attribuait également à l'être véritable la forme d'un cercle et un caractère infini. Pour Platon, le monde universel des idées n'est pas représentable en soi, mais sa correspondance dans la matière et dans l'univers se présente sous la forme d'une sphère géométrique. La description la plus détaillée de Dieu sous l'aspect d'une sphère parfaite mais infinie nous vient de Plotin[35]. Pour lui, Dieu est l'omniprésence dans la multitude des choses concrètes. Plotin illustre cela par une triple sphère :

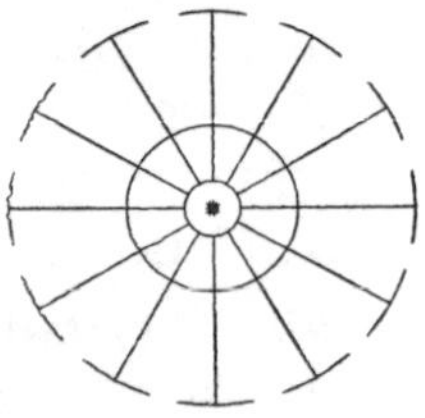

La sphère extérieure est celle, cosmique, des choses nombreuses. Celle du milieu est subdivisée par le rayonnement des différentes idées (*noéta*) et représente l'âme du monde. Celle du centre, immobile, représente l'unité compacte de toutes les idées. Son centre est constitué par la « nature primordiale » de l'âme, son « unité, égalité et totalité » intérieures[36]. Cette image ne constitue cependant qu'un schéma incomplet en comparaison de ce qui est en réalité signifié ici, car il n'établit aucune différence entre la plus petite et la plus grande sphère. En d'autres termes, il n'existe pas ici de véritable étendue ; il pourrait tout aussi bien s'agir d'un point unique.

Salomon ben Gebirol (vers 1020-1070) a exploité cette idée de manière fort pertinente. Son œuvre principale fut traduite en latin sous le titre de *Fons vitas* (la source de la vie). C'est Gebirol qui pour la première fois a donné à la divinité le nom de *sphaera intelligibilis* — sphère spirituelle. La traduction latine de son œuvre vit le jour en Espagne en 1150, et influença Guillaume d'Auvergne (mort en 1249), Jean Scot Érigène, Albert le Grand et beaucoup d'autres encore. Cette tradition trouve son prolongement dans la théologie du Pseudo-Aristote, à l'origine d'un extrait syro-arabe des trois dernières Ennéades de Plotin. On y conçoit avant tout Dieu comme le centre sans dimension, mais aussi comme la périphérie sphérique globale de toute existence[37]. Dieu rayonne dans toutes les choses et reste à la fois une unité sans distinction de temps et d'espace[38]. Il existe enfin un *Liber XXIV philosophorum* (XIIe siècle) anonyme, dont l'apogée tient dans cette affirmation fameuse : « *Deus est sphaera infinita, cuius centrum est ubique circumferentia nusquam.* » Alanus ab Insulis attribua par la suite cette assertion fameuse à Hermès, à cause d'un autre titre attribué à cet ouvrage : *Liber Trismegisti de regulis theologiae*[39].

Le plus célèbre des théologiens à avoir repris cette symbolique à son compte fut Maître Eckhart. « Dieu est un cercle incommensurable et non mesuré, qui embrasse l'esprit étendu de l'homme sous la forme d'un point, lequel — comparé à l'immensité inconcevable de Dieu — est si petit qu'il ne peut guère être nommé[40]. »

Pour lui le Christ, en tant qu'incarnation de Dieu, représente le carré dans le cercle, car « le Christ est quadrangulaire » et parce que le carré du cercle ne peut être qu'une approximation infinie. On retrouve des idées similaires chez des mystiques comme Ruysbroek, Tauler et Seuse. Eckhart a enrichi l'ancienne symbolique de concepts nouveaux, notamment avec l'idée que Dieu est symétrique dans sa totalité, sans plus ni minus : « *Deus est sphaera intellectualis infinita, cuius tot sunt circumferentiae quot sunt puncta* », ou bien « *cuius centrum est ubique et circumferentia nusquam* », ou encore « *qui totus est in sui minimo* ».

Mais c'est encore le mathématicien et mystique Nicolas de Cuse qui a utilisé le plus souvent cette image de Dieu[41]. On voit dans cette « sphère » la droite et la courbure s'unir dans un processus infini de rapprochement[42], Dieu étant ici plutôt représenté par l'aspect courbe et la création par l'aspect droit. C'est pourquoi la sphère infinie est aussi, dans une certaine mesure, une ligne droite (*infinita circularis est recta*). La circonférence est le Saint-Esprit.

Nous en arrivons maintenant à Kepler. Il voyait Dieu au centre plutôt que dans la surface de la sphère, qui représente plutôt le Christ (la manifestation du centre), et dont le rayon représente le Saint-Esprit. Le modèle forgé par Kepler des sphères planétaires est un « miroir de la nature » imitant le « jeu » divin, de même que l'esprit humain, dans sa quête de la vérité, doit imiter ce jeu des sphères[43].

Nicolas Copernic s'est également inspiré de la sphère de Cuse[44], ainsi que plus tard Valentin Weigel, qui a postulé que le centre de la sphère, qui est partout, doit par conséquent se trouver aussi dans les tréfonds de l'âme humaine[45]. « [...] je suis en Dieu, et Dieu est en moi, je suis le ciel, et le ciel est en moi[46]. »

Je passe sous silence les autres adeptes de cette idée comme Johannes Reuchlin, Pascal, Bovillus, Zozzi, Böhme ou encore Henri More[47], et j'en arrive à Leibniz, qui enseignait que, de toutes les monades (âmes), Dieu est la monade originelle, « le centre primitif » à partir duquel toutes les autres monades « fusent comme des éclairs ». Il dit aussi : « On a fort bien dit qu'Il est comme un cercle dont le centre serait à la circonférence, mais la circonférence n'est nulle part » — les monades sont les « centres de l'âme qui expriment l'étendue infinie (du monde) »[48].

Ces centres ne sont pas seulement « des points de rassemblement », mais aussi des centres actifs de rayonnement émettant une représentation individuelle, spontanée, de l'univers.

Je passe encore sous silence le nom d'autres philosophes pour en arriver enfin à J.G. Fichte, qui voyait dans cette image de la sphère infinie le symbole de notre moi créatif et absolu [49] dans la psyché. Tous les ego, du fait de l'amour universel, sont réunis dans cette même grande sphère globale, où Dieu et l'homme ne font qu'Un. À partir de là, il n'y a qu'un pas à franchir pour en arriver à l'interprétation faite par Jung de la sphère comme un symbole du Soi.

On pourrait comparer cette ancienne « *sphaera intelligibilis* » avec le point « sans dimension » des mathématiques modernes, qui conçoivent l'espace comme une multiplicité infinie (l'espace de Hilbert contient cependant déjà une limitation, car ses vecteurs représentent « une suite infinie de nombres réels dont les sommes au carré convergent ») [50].

Ce symbole géométrique représente en somme l'image que se sont formée les mathématiciens de Dieu. Il se montre déterminant dans la connaissance intuitive d'un ordre cosmique global porteur de sens, bien que l'interprétation de cet ordre ait un peu évolué au cours des siècles.

L'image géométrique de Dieu, le mandala, constitue globalement un symbole relativement statique de l'ordre, même s'il inclut un mouvement circulaire interne. En tant que Tout, on le représente le plus souvent immobile. Et, ce qui est encore plus important, on le représente aussi comme quelque chose de parfaitement impersonnel. On peut admirer un mandala ou être touché par son harmonie, mais on ne peut lui parler ni se disputer avec lui. C'est pourquoi, dans la plupart des religions, les divinités sont aussi représentées comme des individus. La *Bhagavad-Gita* nous dit que Krishna est venu parler à l'homme, bien que sous sa forme véritable il se montre absolument terrifiant. Le dieu judéo-chrétien est aussi conçu comme une personne. D'après Jung, cette image personnelle de Dieu présente l'avantage de permettre « [...] une plus grande objectivation de la part de l'interlocuteur [...] ». Sa « qualité émotionnelle » [lui] prête vie et effet. La haine et l'amour, la crainte et la dévotion entrent dans la confrontation et la dramatisent au plus haut degré. Cela change « ce que l'on montre » en un simple « sur quoi on agit ». L'homme dans son entier se voit ainsi interpellé, et sa réalité globale entre dans la bataille[51]. Cela montre à nouveau que le sens est plus totalisant et représente un « holon » plus que ne le pourrait l'ordre. Cela signifie aussi que le sens n'existe pas en dehors de l'individu concerné. L'aperception de l'ordre implique une sage adaptation de la part de l'individu, mais peut aussi avoir pour conséquence la résignation à une sorte de fatalisme stoïque ou épicurien qui constitue, comme le montre Raymond Ruyer, l'attitude généralement adoptée aujourd'hui par les physiciens américains de renom. Il y manque toutefois la confrontation émotionnelle. Le sens en revanche implique des réactions émotionnelles et la prise de décisions éthiques ; il contient de façon intrinsèque une nuance personnelle. À l'origine, le sens et l'ordre étaient unis, comme nous l'avons vu avec l'exemple de la sphère ; c'est seulement le développement de la science moderne de la nature qui les a dissociés.

La dissociation de l'ordre et du sens se manifeste encore par un autre symbole représenté par l'idée d'une machine cosmique, la supposition que l'univers serait une immense machine, comme une horloge. C'est d'abord dans les monastères et les cathédrales que les premières horloges firent leur apparition, car on leur attribuait une sorte de signification religieuse. Nicolas de Cuse affirmait dans sa *Vision de Dieu* (1453) : « Si l'image de l'horloge représente le soi de l'éternité, le mouvement de l'horloge en représente la suite. L'éternité englobe et déploie la suite, car le concept de l'horloge, qui est éternité, englobe et déploie également toutes choses[52]. » On voit ici quelle relation étroite l'horloge entretient avec l'idée de la sphère divine.

Ce sont les sciences de la nature et la philosophie après Descartes qui ont fait du symbole de l'horloge, anciennement représentation de l'univers, l'image d'un mécanisme autonome et sans âme, continuant à jamais de faire bêtement tic-tac jusqu'au moment de sa mort entropique. Cette vue mécaniste a prévalu jusqu'à il y a trente ans à peu près.

L'homme avait oublié qu'il ne peut y avoir d'horloge sans horloger, sans le support d'une intelligence visant à un but déterminé. Si nous examinons la symbolique de la machine telle qu'elle apparaît dans les rêves et dans l'imagination inconsciente, nous pouvons constater qu'elle indique généralement l'existence d'une intelligence consciente de son but et qui agit en cachette dans l'inconscient. Le rêve autour de la vision d'une horloge universelle que Jung a publié dans *Psychologie et alchimie* en constitue un exemple parfait. Dans un autre rêve, nous avons l'image suivante : « Je me trouve dans une cave profonde avec un jeune garçon et un vieil homme. Le jeune garçon a reçu comme cadeau de Noël une installation électrique et me la montre : du plafond de la cave pend une grande marmite en cuivre vers laquelle convergent d'innombrables câbles électriques, qui la font vibrer. Au bout d'un moment, il n'y a plus de câbles ; la marmite vibre seulement grâce aux oscillations électriques qui se propagent dans l'atmosphère [53]. »

Jung a commenté ce rêve dans une lettre [54] : « La symbolisation du Soi par un appareil est curieuse [...] Une "machine" est toujours quelque chose qui a été inventé, construit de façon intentionnelle et dans un but précis [...] Dans le tantrisme, il est dit que les choses représentent la détermination par la pensée divine. La machine est un microcosme que Paracelse appelait "la constellation en l'homme". J'ai toujours le sentiment que ces symboles touchent à de grands mystères, aux "magnalia Dei" [les grandes choses de Dieu]. »

« Être déterminé » constitue le signe distinctif de l'ordre. Quand les physiciens modernes font d'un ordre dans la matière l'objet principal de leur recherche, ils ne font en réalité que scruter la danse chaotique des particules subatomiques pour en trouver le déterminisme. Pour nous, le déterminisme est une conquête de la conscience. Les archétypes de l'inconscient collectif ne connaissent pas de déterminisme ; ils contiennent, voire ils sont seulement un ordre latent préformé. Jung les voyait entourés d'un « nuage diffus de savoir » [55]. C'est seulement quand nous devenons conscients de la présence d'un archétype qu'il nous montre une image un peu plus déterminée. En effet, l'archétype ne se montre pas seulement au travers d'*une seule* image, mais au travers d'un grand nombre d'images. L'archétype de la Grande Mère par exemple peut aussi bien se révéler dans les divinités maternelles que dans le paradis, dans le royaume de Dieu, dans la Jérusalem céleste, comme dans l'Église, la ville, le pays, le ciel, la terre, la forêt, la mer, l'eau dormante, la matière ou la lune ; toutes ces images sont autant de symboles possibles de la Mère, tout comme les lieux de fécondité tels que la corne d'abondance, le champ labouré et le jardin. On peut également l'associer à un rocher, une grotte, un arbre, une source, un puits profond, ou à des récipients divers tels que les fonts baptismaux ou le Graal, ou encore à des fleurs comme la rose et le lotus, ou à des animaux comme la vache, le lapin, l'ours, etc.[56] De cette manière, on ne peut saisir ce que nous considérons comme un archétype qu'à l'aide de tout un ensemble d'images archétypales. Cela vaut pour tous les archétypes, pour celui du héros (pensez seulement au « Héros aux mille visages » de Campbell), de l'arbre de vie, de l'enfant divin, etc. L'archétype devient une chose déterminée dès que nous lui attribuons une signification, ce qui ne vaut pas de la même façon pour le sens. Jung affirme : « Nous n'avons pas la possibilité de connaître ce en quoi consiste le facteur en tant que tel qui nous apparaît comme étant le "sens"[57]. » L'équivalent chinois du sens cosmique est le concept du Tao[58] :

> Le Tao (le sens) produit les choses
> de façon tout à fait nébuleuse.
> Si floues, si nébuleuses
> sont en lui les images
> si floues, si nébuleuses
> sont en lui les choses...
>
> (*Tao tö king*, XXI[59])

Le Tao ne se révèle pas dans le monde des sens, mais simplement les ordonne :

> On cherche à le voir, et ne le voit pas,
> son nom est : transparence aérienne.

On cherche à l'entendre, et ne l'entend pas,
son nom est : ténuité.
On cherche à le saisir, et ne le saisit pas,
son nom est : l'incorporel.
[...]
Il est la forme sans forme
et l'image sans image.

(*Tao tö king*, XIV)

Si le nombre est bien un archétype, comme j'ai essayé de le démontrer, il partage avec tous les autres archétypes ce flou insaisissable dans l'inconscient. Il ne se fait « nombre », dans le sens qu'on lui prête habituellement, que lorsque son ordre latent parvient à notre conscience. Nous ne pouvons y parvenir qu'en appliquant aux nombres les « implications nécessaires » dont j'ai parlé plus haut. C'est ce qui permet au nombre de parvenir dans notre esprit à l'état de détermination et ce qui en fait la base même de la logique mathématique. Il garde cependant une part d'obscurité, comme l'a si justement constaté Weyl qui disait, non sans humour : « Dieu existe parce que les mathématiques sont logiques ; mais le diable existe aussi parce que nous ne pouvons pas prouver leur logique [60]. »

Nous devons donc chercher à établir la relation entre les archétypes des nombres et les autres archétypes, qui se trouvent normalement derrière chaque image mythologique et chaque imagination collective. Diffèrent-ils ou non de ces derniers ? L'examen des diverses traditions culturelles nous montre que les premiers nombres étaient souvent associés à certaines images archétypiques. Le nombre 1 par exemple était celui de la divinité suprême, de la totalité de l'*unus mundus*, des individus élus, etc. L'exemple le plus impressionnant d'un tel système en est celui du *Yi king*. Il utilise les nombres parce que « le langage établi pour communiquer avec les intelligences surhumaines [...] se fonde sur le nombre et sa symbolique [61] ». Le ciel est ici le Un comme l'ultime unité, qui est aussi créatrice ; la terre est le Deux comme le féminin et le réceptif ; le ciel qui embrasse la terre (le 1 embrasse le 2) est le Trois. Le ciel n'est cependant pas simplement le ciel ; il « est rond, il est le prince, il est le père, le jade, le métal, le froid, la glace, le rouge sombre ; c'est un bon cheval, un vieux cheval, un cheval maigre, un cheval sauvage, c'est le fruit d'un arbre ». « Le réceptif est la terre, la mère. C'est une étoffe ; c'est le chaudron, l'économie. Il est égal. C'est un veau avec la vache, c'est un grand char. C'est la forme, la multitude, le tronc. Parmi les différents sols, c'est le sol "noir"[62]. » Nous nous trouvons encore ici en présence du même « nuage de savoir » ou du même ensemble d'images que nous avait déjà procuré l'exemple de l'archétype de la Mère. Malgré ce flou, nous sentons qu'il se dégage un sens de cet ensemble d'images, dont l'association avec les nombres ne paraît en être qu'une parmi beaucoup d'autres.

Toutefois le nombre Un semble, lorsqu'il parvient à la conscience, manifester un « ordre » spécial. De quelle sorte particulière d'ordre s'agit-il ? Les mathématiciens occidentaux ont choisi un ordre — celui de la quantité et du rapport logique entre les ensembles numériques. Les Chinois en revanche ont préféré un ordre temporel, une forme active, dynamique, de l'ordre. C'est pourquoi il est dit dans le commentaire du *Yi king* : « Les transformations n'ont ni conscience ni action ; elles sont paisibles et ne se meuvent pas. Mais si on les excite, elles pénètrent toutes les situations existant sous le ciel[63]. » Le « sens » (le Tao) sert à « explorer les lois du nombre et connaître ainsi l'avenir[64] [...] ». Jung attribuait également aux nombres un facteur temporel quand il disait que « la suite infinie des nombres [...] consiste en [...] des individus, dont rien que les propriétés des dix premiers membres représentent déjà — si tant est qu'elles représentent quelque chose — une cosmogonie abstraite des Monas[65] ». Cela signifie par exemple que le Dieu-unique, ou l'Unitas, précède dans le temps le Dieu de la dualité, etc.

Il se trouve également que les Chinois utilisent le nombre pour exprimer des phases temporelles qualitatives. Pour eux, il existe des moments de l'unité, des instants du deux, des instants du quatre, etc. Le *Yi king* lui-même ne représente rien d'autre que le système symbolique d'un jeu de moments archétypiques exprimés sous la forme de transformations numériques de lignes. Il emploie ainsi

quelque chose que nous-mêmes connaissons aussi mais que nous oublions volontiers, c'est-à-dire que les archétypes ne sont pas seulement des structures relativement permanentes appartenant à la psyché inconsciente, mais qu'ils sont aussi dynamiques. Et s'ils sont dynamiques, c'est-à-dire des figures en mouvement, alors ils font partie du temps. On peut en effet observer des phases temporelles dans la constellation d'un archétype. Quand un archétype est constellé, il apparaît la plupart du temps dans le rêve sous la forme d'une image archétypale. Quand il approche du seuil de la conscience, il apparaît habituellement de façon double, sous la forme de deux images identiques ou presque identiques, de deux personnes, de deux chiens, de deux arbres. Nous acceptons cela comme le signe que le contenu inconscient approche du seuil de la conscience. Cela pourrait constituer la phase deuxième de son « temps ». Le groupement de trois essences symbolise le fait que ce même archétype gouverne activement le moi et lui dicte ses actions ou ses pensées. C'est pour cette raison que les dieux du destin prennent si souvent la forme d'une trinité. Quand ce même contenu émerge dans sa phase quatrième, il a alors atteint sa plus grande possibilité de réalisation dans la conscience (représentée notamment par quatre fonctions).

Vu sous cet angle le nombre n'est plus simplement une quantité, mais possède aussi une qualité temporelle. Le 1 aurait la qualité de l'origine, le 2 la qualité de la polarisation ou de la symétrie, le 3 serait l'action ou le mouvement dirigé, le 4 la limitation ou la consolidation, et ainsi de suite.

Fritjof Capra m'a posé une question importante à ce sujet : Pourquoi nous intéressons-nous tant aux nombres et moins aux structures géométriques ou topologiques ? Je pense que cela vient du fait que la synchronicité reste plus liée au temps qu'à l'espace. Car on peut, comme l'a montré Jung, « comprendre aussi bien la synchronicité spatiale comme une perception dans le temps. Il faut cependant bien remarquer que la synchronicité temporelle ne peut être comprise aussi facilement si elle est aussi spatiale. Il nous est en effet difficile d'imaginer un lieu dans lequel des événements à venir existeraient déjà de façon objective et que la réduction de cette distance spatiale pourrait nous les rendre présents[66] ».

Un exemple : je rêve qu'un ami meurt aux États-Unis. Vingt-quatre heures plus tard cela arrive réellement. On peut envisager que l'image onirique de la mort de cet ami existait déjà dans ma psyché inconsciente (située hors du temps et de l'espace), et que l'événement synchronistique aux États-Unis a eu lieu après mon rêve (on pourrait spéculer ici sur l'idée de la réduction ou de la relativisation du temps). Il est en revanche plus difficile de penser que cet ami était déjà ailleurs et que j'aurais perçu cela grâce à mon rêve et que finalement il soit mort aux États-Unis (ce qui serait une contraction de l'espace). C'est à cause de cette difficulté que Jung s'intéressait au nombre comme indicateur d'une phase temporelle plutôt que comme structure temporelle. Depuis Einstein, nous savons toutefois que le temps et l'espace sont inséparables en tant que facteurs observables. La différence entre l'arithmétique et la topologie me paraît similaire à celle qui existe entre la musique et les arts visuels. Le nombre concerne plutôt le rythme et l'écoulement du temps, les arts visuels concernent plutôt les secrets de l'espace. Mais une combinaison des éléments de l'ordre et du sens existe probablement dans les structures aussi bien temporelles que spatiales. Si nous voulions considérer le temps non pas, comme le font les physiciens, comme un vecteur ou comme un cadre de référence vide, mais, comme en Chine, comme une suite de phases déterminées qualitativement vers laquelle converge une certaine quantité d'événements intérieurs et extérieurs, il nous serait alors facile de le différencier de l'espace, parce qu'il est lié plus étroitement que ce dernier à l'inconscient. L'espace semble être une notion qui découle de l'expérience du temps, et non l'inverse[67]. On peut rattacher cela au fait que la réversibilité du temps (l'opération T) ne se laisse pas réduire à une symétrie parfaite (tandis que l'opération P, la réversibilité spatiale, et l'opération C sont plus fréquentes et moins absurdes que l'opération T)[68].

Dans son exposé sur la théorie de la matrice-S[69] que

Fritjof Capra a eu la gentillesse de m'adresser, il montre que les physiciens, dans la théorie de la matrice-S, refusent « l'idée de briques fondamentales de la matière », et n'acceptent pas non plus « d'unités fondamentales façonnées de quelconque manière [70] ». L'univers est plutôt considéré comme un tissu dynamique d'événements en relation les uns avec les autres [71]. Tout réseau d'événements que nous « observons dans une expérience est cependant structuré par des règles fixes. Ce sont les lois de la conservation. Des réactions ne peuvent se produire que lorsqu'on conserve un ensemble bien déterminé de nombre quantiques [72] ».

Ne sont considérées comme possibles que des réactions montrant un « cours [73] » de nombres quantiques produisant des modèles liés aux quarks, c'est-à-dire cette « dualité » qui est la caractéristique des mésons, la « trinité » des baryons, ainsi que les différentes couleurs qui peuvent être combinées pour former les nombres quantiques des hadrons observés [74]. N'étant pas moi-même physicienne, je ne peux juger les implications qui en découlent. Mais il me semble que l'on peut établir un rapprochement entre cette vision plutôt dynamique de la réalité de la matière avec la vision dynamique des archétypes de l'inconscient développée par Jung. La physique et la psychologie montrent que non seulement les structures topologiques mais aussi les nombres apparaissent comme des propriétés de la matière — tout autant qu'ils se manifestent en tant que qualité de contenus psychiques. La seule différence, me semble-t-il, réside dans l'interprétation de cette qualité par la notion d'ordre ou, comme en psychologie, par la notion de sens. Jusqu'à maintenant, la plupart des physiciens ne relient certainement pas, de façon consciente, la notion de sens avec celle de l'ordre. La « dualité » des mésons n'est pour eux qu'un fait dénué de sens.

Cela nous amène aux différences qui séparent les deux disciplines. J'aimerais vous démontrer cette différence du point de vue de quelques-uns de nos physiciens modernes. D'après le livre de R. Ruyer, *La Gnose de Princeton* [75], certains physiciens modernes voient la réalité de la manière suivante : nous possédons spontanément une conscience immédiate qui consiste dans une certaine quantité d'informations directes. Il ne s'agit pas ici de notre corps, mais de notre « moi ». Toutefois, lorsque nous regardons un autre être vivant ou un objet, nous ne pouvons pas, à proprement parler, le voir réellement, parce que nous ne voyons que son corps, son apparence extérieure que nous appelons matière, et non son intériorité qui est sa nature véritable [76]. L'existence corporelle n'est qu'une illusion ou un produit secondaire de notre perception sensorielle. Nous disposons de deux moyens d'information : l'observation et la participation [77]. Cette dernière consiste à participer à des « thèmes » se situant hors de l'espace. Cette idée est très proche de celle de Jung d'un inconscient collectif qu'il définit comme pouvant se situer en partie hors de l'espace et en partie hors du temps ; ses thèmes sont ce que nous appelons les archétypes [78]. Par exemple, on peut participer à l'existence de Dieu mais on ne peut l'observer [79]. Ruyer donne à quelques-uns de ces thèmes le nom de domaines trans-individuels ou parties d'une conscience universelle. Contrairement à « ce que l'on peut observer », ce « à quoi on peut participer » est considéré comme se situant hors de l'espace [80]. Or c'est justement « ce à quoi on peut participer » qui présente un caractère atemporel faisant que le temps, selon la formulation de Ruyer, n'est plus qu'un enchaînement de structures spatiales ; cela donne au temps une direction, comme une flèche du temps, et un *sens*. Les sciences de la nature « dévoilent » un monde de la participation, mais elles ne le considèrent que de l'« autre » bout [81], celui qui est observable. L'univers révèle un « sens » justement par son existence, par la forme et la vie [82].

Ces idées modernes, spéculatives, sont très proches de celles de quelques physiciens. Ce vers quoi la psychologie jungienne tend avant tout est d'avoir la possibilité de participer et d'étudier l'homme en tant que holon de sens, à l'opposé de certaines tendances psychiatriques qui voient seulement dans l'homme un objet d'observation, ce qui naturellement n'autorise ni l'empathie ni la communication de sens. C'est pourquoi Aniela Jaffé a appelé le mythe de Jung « le mythe du sens ». Il reste néanmoins que de grandes différences séparent encore les deux disciplines. Certains physiciens croient en Dieu comme dans une intelligence ultime se situant hors de l'espace, avec laquelle nous pouvons en quelque sorte jouer en effectuant des expériences scientifiques. Cependant, dans notre âme, nous ne rencontrons pas, ou seulement de façon partielle, cette intelligence ou cet esprit cosmique. C'est pourquoi la plupart de ces physiciens ne croient ni en l'incarnation ni au Christ. Pour Jung en revanche, la rencontre dramatique de l'homme avec l'image personnifiée de Dieu dans sa psyché constitue le sens essentiel de sa vie. Les physiciens de Princeton voient en Dieu une supra-intelligence cosmique dépassant de loin l'intelligence de l'homme, de telle façon qu'elle semble ignorer les détails. Nous dirions également : Oui, le Soi est une supra-intelligence qui dépasse de loin celle de l'homme (Jung l'appelle « le savoir absolu sans sujet, constitué d'images »), mais cette intelligence est celle de l'inconscient collectif. Elle est incommensurable mais non concentrée. Sur cette terre du moins, c'est probablement l'homme qui possède la conscience la plus concentrée ; il peut faire l'expérience de l'aperception claire du sens, plus « réelle » que celle du « nuage de savoir » dissimulé dans l'inconscient. Jung écrit : « Comme une création sans la conscience humaine réflexive n'a pas de sens reconnaissable, l'hypothèse du sens latent procure à l'homme une signification cosmologique, une véritable raison d'être. Mais si on considère le sens latent comme un plan conscient de création défini par le Créateur, on en vient à se poser la question suivante : pourquoi le Créateur devrait-il organiser ce phénomène cosmique puisqu'il sait déjà comment il pourrait se refléter, et pourquoi devrait-il se refléter étant donné qu'il est déjà conscient de lui-même ? À quelle fin devrait-il créer à côté de son *omniscientia* une conscience seconde et moindre ? En quelque sorte, des milliards de miroirs ternis dont il sait déjà par avance quelle image ils peuvent restituer... Il est semblable à l'homme, c'est-à-dire aussi inconscient que lui ou peut-être même encore plus inconscient, étant donné que le mythe de l'incarnation veut qu'il se sente lui-même obligé de devenir homme et de s'offrir à l'homme comme victime[83]. »

Le Dieu des physiciens modernes ressemble plutôt à

celui de l'hindouisme ou plus généralement au Dieu de l'Extrême-Orient dont l'influence est, comme le montre Ruyer, reconnaissable. Le point de vue de Jung se rapproche plutôt du christianisme occidental, bien qu'il le trouve incomplet et qu'il juge nécessaire un nouveau déploiement de son mythe. Ce qui ne signifie pas que l'une de ces représentations de Dieu soit « plus vraie » que l'autre ; la croyance que l'on adopte est une affaire de tempérament : « Pour l'homme occidental, la pensée absurde d'un univers simplement statique est intolérable. Il lui faut présupposer un sens. L'Oriental n'a nul besoin d'une telle présupposition, puisqu'il incarne lui-même ce sens. Tandis que l'Occidental veut parachever le sens du monde, l'Oriental s'efforce de trouver l'accomplissement de ce sens dans l'homme, en se dépouillant lui-même de ce monde et de l'existence [le Bouddha] [84]. »

Comme on peut le voir dans cette citation, Jung considère que la tâche de l'homme est de compléter le sens de la nature par son effort vers la conscience. « *Quod natura relinquit imperfectum, ars perficit* », disaient déjà les alchimistes. Cependant, Jung ne tenait pas le triomphe du sens pour certain. À la fin de sa vie, il écrivait dans ses *Mémoires* :

« L'importance de la conscience est tellement vaste qu'on ne peut s'empêcher de supposer que l'élément sens gisait probablement caché dans toute la mise en scène biologique, monstrueuse et apparemment insensée, sens qui a enfin trouvé, comme par hasard, à se manifester à l'échelon du sang chaud et du cerveau différencié, non pas de façon intentionnelle ni prévue, mais comme pressentie à travers une “impulsion obscure”, intuitive et tâtonnante [85]. »

« Le monde dans lequel nous pénétrons en naissant est brutal et cruel, et en même temps d'une divine beauté. Croire à ce qui l'emporte du non-sens ou du sens est une question de tempérament. Si le non-sens dominait dans l'absolu, l'aspect sensé de la vie, au fur et à mesure de l'évolution, tendrait à disparaître. Or cela n'est pas, ou du moins ne me semble pas être le cas. Comme pour toute question métaphysique, les deux termes sont probablement vrais : la vie est sens et non-sens, ou possède sens et non-sens. J'ai l'espoir anxieux que le sens l'emportera et gagnera la bataille[86]. »

Jung s'engage ici dans des domaines très éloignés du point de vue scientifique à proprement parler, mais il le fait de façon tout à fait consciente, car le langage des mythes, malgré son caractère plutôt vague, mais plus significatif, lui semble plus approprié dans la description des faits psychologiques. Seul le langage mythologique est capable d'exprimer l'indétermination du sens et celle de la fonction du sentiment. Je pense que c'est sur ce point que la psychologie et la physique se verront séparées à jamais. Mais si nous essayons malgré tout de nous rencontrer, c'est parce qu'il ne devrait pas exister de contradictions fondamentales entre des domaines frontaliers comme la psychologie et certaines matières scientifiques. Une psychologie qui n'intégrerait pas les nouvelles connaissances acquises par les autres disciplines scientifiques me semblerait sans valeur. Je pense que le concept de l'ordre rapproche la psychologie jungienne de la physique des particules, surtout parce qu'elle conçoit le nombre comme un archétype et comme une propriété propre à des phénomènes matériels, qu'il s'agisse de nombres quantiques ou de modèles d'interaction des particules. F. Capra écrit : « Lorsque les particules sont disposées selon les valeurs de leurs nombres quantiques, on les voit former de très élégantes figures, des hexagones, des triangles, qui contiennent des octuplets, ou des décuplets, etc.[87]. » On voit apparaître des schémas assez similaires dans les structures produites par l'inconscient. Mais la psychologie ne se contente pas de rechercher l'ordre de ces figures, elle veut aussi connaître leur « sens ». Le nombre me paraît réunir ces deux attributs : l'ordre et le sens. C'est pourquoi il constitue, avec son arrangement topologique dans l'espace en « patterns », un point de rencontre possible entre les deux disciplines. Dans le contexte de « ce à quoi on peut participer », la psychologie doit néanmoins transgresser les frontières tracées jusqu'ici entre elle et les autres sciences, parce qu'elle ne peut exclure de la description de son objet le « sens » et la fonction du sentiment. Cela me semble constituer à la fois la valeur spécifique et la limite de la psychologie. La recherche de l'ordre s'adresse à la fonction de la sensation, à celle de la pensée et également à celle de l'intuition. Mais pour inclure les valeurs du sentiment et avec elles la « globalité », l'impossibilité de définir le « sens » nous oblige à aller plus loin encore que les autres sciences et nous ramène à l'expression d'une sagesse plus ancienne dans l'humanité : le mythe. Cela comporte inévitablement certaines contradictions et un assombrissement de la clarté scientifique. De ce fait, nous comprenons fort bien pourquoi les « théologiens du nombre » ne nous aiment pas et pourquoi les gnostiques de Princeton nous décrivent comme des occultistes. Mais il se trouve que nous avons affaire à l'homme dans sa globalité, et ces conceptions nous sont imposées. Pour moi, cela représente quelque chose de positif. Je regretterais en effet de voir la physique absorber la psychologie et vice-versa. Il me semble qu'il serait plus profitable que chaque discipline conserve ses propres domaines de pensée et d'action, avec cependant un échange des connaissances dans ces espaces frontaliers où nous pouvons nous rencontrer de façon créative.

12.

Le temps et la synchronicité dans la psychologie analytique *

Des études portant sur les notions du temps, de l'entropie et de la théorie de l'information ont récemment incité les chercheurs à inclure les thèmes de la psychologie dans le domaine de la physique [1]. Auparavant, C.G. Jung, dans ses recherches sur l'inconscient et les couches psychoïdes [2] de la psyché humaine, avait déjà mis au jour ce problème : ce que l'on appelle la « psyché » semble lié avec ce que nous nommons habituellement la « matière », ce qui rend l'application du concept du temps en particulier bien problématique. C'est pourquoi je souhaiterais vous faire un court résumé de la découverte pratique faite par Jung, avant d'aborder quelques questions, quelques doutes et quelques propositions en vue des recherches futures qui pourraient éclaircir la relation obscure existant entre la psyché, la matière et l'espace-temps.

1. L'inconscient et ses structures

La plus grande et la plus bouleversante découverte de la psychologie moderne est celle de l'inconscient par Sigmund Freud, à savoir l'existence d'un domaine de la psyché se manifestant de façon relativement indépendante de

---

* *Voices of Time,* Edited by J.T. Fraser, Braziller Publications, New York, 1966, sous le titre « Time and synchronicity in analytical psychology ».

nos structures conscientes. Comme on le sait, une impulsion, un désir, une pensée ou une rêverie peuvent parfois demeurer inconscients, c'est-à-dire oubliés. Mais si cet oubli peut justifier à lui seul l'utilisation de l'adjectif « inconscient », il ne nous permet pas d'en dériver le substantif l'« inconscient » en tant qu'unité indépendante. Des observations ultérieures ont cependant montré que ces contenus inconscients, ou oubliés[3], sont, pendant la phase inconsciente de leur existence, soumis à une transformation spécifique. Ils peuvent par exemple prendre une importance accrue sur le plan des émotions, ou bien devenir automatiques et stéréotypés, ou encore prendre une forme plutôt mythologique et archaïque. Ils peuvent également entrer en relation avec un élément qui leur est à l'origine parfaitement étranger et surgir ainsi à la conscience complètement modifiés. Nous pouvons donc en conclure que l'inconscient est un domaine psychique *sui generis*[4], dont le fonctionnement semble différer de celui de notre conscience. À l'instar de William James, Jung et Pauli[5] ont comparé ce concept à la théorie du champ en physique. Niels Bohr a montré pour sa part que la conscience et l'inconscient existent dans un rapport de complémentarité[6].

Ce domaine psychique *sui generis*, l'inconscient[7], se manifeste essentiellement dans l'homme à l'état de veille par une interruption dans la continuité de son occupation consciente, notamment sous la forme de rêveries, d'erreurs de langage, de gestes involontaires, de voix ou de visions, et même d'hallucinations ; pendant le sommeil, il se manifeste par les rêves.

Ses recherches sur la vie onirique (source principale d'information sur la sphère inconsciente de la psyché) ont permis à Jung de découvrir que la série répétée de motifs oniriques s'apparente de façon étonnante aux thèmes et aux motifs mythologiques tels que les décrit la science des religions comparées[8]. Chaque fois que de tels motifs apparaissent dans les rêves, ils provoquent — ils constellent — chez le rêveur de fortes réactions dynamiques et émotionnelles. Ils mettent en branle des impulsions passionnelles comme des conversions subites, l'émergence de convictions « saintes », des actions fanatiques, des pensées obstinées, etc. Plus positivement, ils peuvent aussi être à l'origine du développement passionnel et créatif d'un thème donné. Jung a donné à la disposition structurelle et inconsciente (et probablement innée) qui provoque ces réactions le nom d'« archétypes »[9]. Sont dits « archétypiques » ses productions dans les rêves et dans les états semi-conscients représentés par les imaginations mythologiques, les pensées, les actes symboliques, etc.[10].

Ces archétypes se conforment pour la plupart à ce que les zoologistes appellent des schémas de comportement. Dans une certaine mesure, on peut aussi voir les archétypes de Jung comme des schémas de comportement humain[11]. Une différence réside cependant dans le fait que, si le zoologiste, dans sa recherche sur les modèles animaux, ne peut travailler que sur des agissements mûs par l'instinct et visibles de l'extérieur, la recherche psychologique sur l'homme nous permet également d'observer « de l'intérieur » les processus subjectifs qui les accompagnent, comme la répétition caractéristique de rêveries, d'imaginations, de sentiments ou d'émotions.

La découverte essentielle de la psychologie des profondeurs, après celle de l'inconscient, est la constatation que les motifs archétypaux contenus dans l'âme renferment un élément qui n'est pas seulement imaginatif mais aussi cognitif. Ce dernier élément influence parfois la conscience sous la forme de compréhensions subites et foudroyantes, comme je le montrerai par la suite[12]. Cet élément cognitif de l'archétype constitue ce que Jung appelle sa « nouminosité », pour le différencier de la conscience diurne ou de la conscience de l'ego[13].

Chez les animaux, les schémas de comportement incluent dans leur rayon d'action les éléments spatiaux aussi bien que temporels. Les animaux disposent ainsi de territoires particuliers, de parcours de migrations, de lieux d'accouplement, c'est-à-dire de conditions spatiales, tandis que d'autres schémas dénotent une sorte de « savoir » des phases futures de l'évolution, c'est-à-dire un facteur temporel[14]. Aussi n'est-il pas surprenant que Jung ait pu découvrir, de façon complètement indépendante, l'existence de faits similaires dans ses recherches sur les archétypes, ou schémas psychologiques des comportements humains.

2. Le temps dans la conscience et dans l'inconscient

Des études portant sur la cybernétique ont permis aux physiciens d'observer que la donnée appelée conscience semble consister en un cours de représentations intrapsychiques[15] qui se meuvent en « parallèle » avec la flèche du temps (qui pourrait même en être à l'origine). Alors que M.S. Watanabe[16] avance avec conviction que le sens du temps est un fait *sui generis*, d'autres, comme par exemple Grünbaum, pensent que c'est l'entropie qui a causé le sens du temps chez l'homme[17]. Costa de Beauregard, sans chercher à expliquer son origine, remarque pour sa part qu'il est parallèle à la flèche du temps en physique : « Le flux intérieur de la vie psychique est lié de manière essentielle à un flux d'informations entrantes[18]. » Pour le psychologue, cette idée que le cours des idées est parallèle au cours du temps n'est acceptable que pour notre psyché inconsciente, ou pour ce que Bergson appelle notre « attention concentrée sur la vie »[19]. Il suffit toutefois de se pencher sur le mode de fonctionnement de la psyché inconsciente pour remettre en cause la validité de cette constatation. On peut en effet généralement observer que les personnes qui n'ont pas réussi à développer un état de conscience concentré ou une « attention orientée de façon précise sur la vie », comme certains groupes de primitifs ou comme les enfants, n'ont pas la capacité « de compter le temps » d'une manière consciente. Ils vivent plutôt dans un cours d'événements qu'ils perçoivent de manière relative et vague, n'en retenant que quelques événements qui ont une importance émotionnelle particulière. Ces derniers servent alors de repères dans un flux de vie non différencié[20].

Quand le psychologue se penche sur les phénomènes produits directement par l'inconscient, comme les visions, les rêveries obsessionnelles, et surtout les rêves, il peut constater que la régularité, la « vitesse » et la différenciation nette du temps deviennent tout à fait incertaines[21], et même totalement discutables. C'est comme si, dans le rêve, on faisait plutôt l'expérience d'un *ensemble* d'événements que l'on perçoit tous à la fois, tandis que le moi conscient, quand il veut les rapporter, doit le faire selon un ordre qui nous apparaît comme une suite temporelle logique. Cela vient renforcer l'idée d'un « bloc d'univers » dont l'expansion coïncide avec celle de l'inconscient[22]. Il semble que la perception consciente du temps comme un flux dirigé devienne dans l'inconscient curieusement relative et même probablement inexistante[23].

En mettant les rêves de côté, on peut voir également que cette constatation se confirme dans les mythes de toutes les époques, dès lors que l'on admet qu'ils sont de nature essentiellement archétypale. Dans la plupart des mythologies et des systèmes primitifs de religions, on trouve l'idée d'un temps primordial ou d'un *illud tempus*, comme le nomme Mircea Eliade[24], d'un temps « autre » qui se situe au-delà de notre temps réel, et dans lequel se forment de merveilleuses cosmogonies, mythiques et symboliques. Cette dimension primordiale du temps a aujourd'hui disparu ou bien existe toujours à côté de notre temps habituel, mais ne peut être expérimentée que lors d'états exceptionnels et inconscients de notre esprit, comme dans le rêve, dans le coma, dans l'extase ou dans l'enivrement. Ce temps primordial est souvent décrit non pas comme un temps mais comme une durée créatrice, dans le sens bergsonien, ou comme une éternité, signifiant par là une étendue du temps dépourvue de continuité[25]. Les primitifs australiens appellent ce temps mythique Aljira, ce qui signifie aussi « rêve », car pour eux il est le continuum dans lequel ont lieu les rêves. Cette image mythologique d'un temps primordial comme dimension des événements oniriques, des visions, etc., semble concorder avec ce que la psychologie des profondeurs moderne appelle l'inconscient collectif. En effet, le contact avec cette dimension n'est rendu possible que par un état inconscient[26].

Les témoignages concernant cette « a-temporalité » relative de l'inconscient ne proviennent pas seulement des primitifs, nous les trouvons aussi dans toutes les expériences mystiques, qui se caractérisent par un sentiment d'union avec l'univers[27] et par leur atemporalité[28]. Ce sentiment de l'atemporalité est propre à l'expérience des couches profondes de l'inconscient, que Jung appelle l'inconscient collectif parce que ses structures sont fondamentalement identiques chez tout homme. Celui qui en a fait l'expérience prétend ainsi souvent pouvoir prédire l'avenir. L'expérience normale du temps avec ses divisions en passé, présent et futur disparaît alors[29]. Il s'agit là d'une expérience « mystique » particulièrement recherchée par de nombreux mouvements religieux en Orient. Le sentiment de l'unité avec toutes choses se fonde probablement sur la nature d'ensemble, voire sur la contamination des contenus inconscients.

Nous trouvons le même phénomène de simultanéité atemporelle dans l'histoire des sciences de la nature lors de l'irruption d'intuitions inconscientes, comme le montre le célèbre exemple d'Henri Poincaré[30] ou encore le témoignage contenu dans une lettre de Karl-Friedrich von Gauss à Olbers, qui affirme avoir trouvé la preuve d'une assertion arithmétique de la façon suivante : « Enfin [...] cela a réussi — non pas grâce à ma recherche pénible mais par la seule grâce de Dieu [...] Telle la foudre qui tombe, l'énigme a été résolue ; moi-même, je ne serais pas capable de mettre en évidence le fil conducteur entre ce que je savais avant [...] et ce grâce à quoi cela fut possible[31]. » Jacques Hadamard[32] et B.L. von der Waerden[33] ont recueilli de nombreux exemples de telles « illuminations » dans le domaine des mathématiques. Harold Rugg[34] a publié des expériences similaires se rapportant à d'autres domaines scientifiques. Le facteur constant de ces expériences, qui nous semble important, réside dans la simultanéité avec laquelle des solutions complètes sont saisies de façon intuitive avant d'être ensuite vérifiées par la pensée discursive. Selon moi, la raison s'en trouve dans le fait que la solution se présente sous la forme d'une sorte de figure ordonnée[35] ou d'une image, d'un modèle archétypal dans la terminologie jungienne, et qu'elle conserve de cette manière quelque chose du caractère relativement atemporel de l'inconscient. Ces exemples mettent également en valeur l'élément cognitif mentionné plus haut dans les modèles archétypaux[36].

On peut aussi observer, comme dans les états de semi-conscience, une diminution de ce sens du temps lors d'états de surexcitation pathologique, comme lors d'un empoisonnement ou à l'occasion de troubles causés par une trop longue solitude[37], qui provoque un ralentissement de l'activité intellectuelle et une intensification de l'activité onirique. Tous ces faits peuvent donner à penser que le cours du temps en tant qu'expérience psychologique subjective est lié au fonctionnement de notre esprit conscient et qu'il devient relatif dans l'inconscient (et même probablement inexistant). C'est pourquoi la proposition faite par Costa de Beauregard de considérer l'inconscient comme intemporellement coextensif au « plan du monde » de Minkowski-Einstein apparaît aux psychologues comme une formulation nouvelle et plus exacte de cette notion (vieille de quelques siècles) d'un « autre temps ».

3. La concordance signifiante d'événements extérieurs perçus de façon consciente et de processus archétypaux inconscients

Grâce à son observation des effets des archétypes activés dans les réactions psychiques de ses patients, Jung a souvent rencontré des cas où des événements purement extérieurs et issus du hasard tendaient à concorder de façon significative avec des images archétypales oniriques. Ceci semble néanmoins ne se produire que dans les cas où un archétype constellé produit des émotions fortement chargées, conscientes ou inconscientes. L'exemple suivant en est une illustration[38] : une femme atteinte d'un complexe de pouvoir écrasant et qui avait une attitude « dévorante » vis-à-vis des autres avait rêvé de trois tigres menaçants assis en face d'elle. Son analyste lui avait indiqué le sens de ce rêve et tenté, grâce à une argumentation causale, de lui faire toucher du doigt la cause de son attitude dévorante. Un peu plus tard dans la journée, la patiente se promenait avec une amie autour du lac de Zurich. Elles y rencontrèrent une foule qui observait trois tigres enfermés dans un hangar — occupants pour le moins inhabituels d'un hangar de fermier !

Dès que l'on considère chaque événement en soi, l'arrière-plan causal semble en être clair. Le déploiement du complexe de pouvoir chez cette femme avait produit ce rêve avec les tigres comme une mise en garde contre ce qui s'était constellé en elle. Les trois tigres se trouvaient dans le hangar parce qu'un cirque était arrivé en ville au cours de la nuit. La coïncidence hautement improbable des trois tigres intérieurs avec ceux de l'extérieur paraissait dépourvue de cause dans la vie de cette femme. Pourtant elle venait de la rencontrer inexorablement comme quelque chose de « plus qu'un simple hasard », un événement en quelque sorte « plein de sens ».

Il n'existe à première vue aucune raison de s'occuper de tels incidents, même s'ils impressionnent la personne concernée, car on peut toujours n'y voir que de simples coïncidences dues au hasard. Jung se montra toutefois impressionné par la répétition relativement fréquente de ces incidents[39], qu'il appelait des événements synchronistiques. La synchronicité peut donc être définie comme une simultanéité à laquelle s'ajoute une relation signifiante entre les événements, contrairement à des événements simplement simultanés. Avant de poursuivre dans l'argumentation de Jung, souvenons-nous que les lois de la nature que nous avons forgées ne sont que statistiques et qu'elles ne sont valables que si on les applique d'un point de vue général, ce qui signifie qu'il existe également une quantité considérable d'exceptions, auxquelles nous donnons le nom de hasard. En outre, nos procédés expérimentaux postulent la nécessité de la répétition, excluant ainsi de prime abord tous les événements uniques, et même la plupart des événements qui ne sont que rares[40].

Nous pouvons donc définir la concordance aléatoire comme l'indépendance d'événements simultanés de toute connexion à une cause commune. Nous pouvons les diviser en deux catégories, à savoir les hasards signifiants et les hasards non signifiants[41]. L'incident synchronistique serait la coïncidence signifiante d'un événement extérieur avec un motif intérieur issu d'un rêve, d'une rêverie ou d'une pensée. Il doit s'agir de deux ou de plusieurs éléments qui, pour l'observateur, ne sont pas liés par une cause mais par leur « sens ». Le facteur « sens » excède notre capacité actuelle de saisir un fait scientifiquement. Le psychologue peut toutefois montrer qu'il a pour condition des processus cognitifs émotionnels et préconscients d'une figure ou d'un modèle naturel. Ces processus semblent déjà avoir formé un « ordre » ou un « système » avant de franchir le seuil de la conscience[42], et semblent dépendre de l'activation d'un modèle archétypal. En d'autres termes, l'archétype organise de façon préconsciente le cours de notre imagination[43]. Les hasards signifiants ne sont nullement rares et ont ainsi attiré l'attention non seulement de Jung, mais aussi de gens comme, récemment, de Paul Kammerer[44], Wilhelm von Scholz[45], W. Stekel[46], J.W. Dunne[47], et celle de divers parapsychologues[48]. J.B. Rhine fut le premier à aborder ce problème avec des méthodes statistiques[49], alors que les autres se sont seulement contentés de collecter des exemples plus ou moins bien documentés, semblables à celui que je vous ai exposé.

4. Tentative philosophique pour formuler l'idée de la synchronicité[50]

L'idée que tous les événements de la nature entretiendraient entre eux une relation signifiante (ce qui est une conception purement anthropomorphique) est apparue pour la première fois en Occident avec le concept du Logos d'Héraclite, et aussi avec l'idée d'Hippocrate d'une *oulomelie* (ou harmonie globale), ou « sympathie » de toutes choses. On retrouve aussi cette idée chez Philon (25 av. J.-C.-42 ap. J.-C.), de même que chez Théophraste. C'est à cette « sympathie » qu'on attribuait la simultanéité d'événements extérieurs et intérieurs similaires quand cette simultanéité n'avait pas de fondement causal. Philon et Théophraste voient en Dieu la cause première de ce principe. Cette idée, après avoir traversé tout le Moyen Âge, était encore défendue par Pic de la Mirandole, Agrippa von Nettesheim, Robert Fludd et Paracelse[51]. On la retrouve également dans la plupart des écrits alchimiques et astrologiques de cette époque. Pour la majorité de ces auteurs, la cause de cette sympathie réside en Dieu ou dans l'âme du monde. Pour Agrippa, par exemple, l'âme du monde, en tant qu'esprit pénétrant toute chose, est responsable de la « pré-science » des animaux. Johann Kepler croyait encore à une *anima terrae* produisant des phénomènes similaires[52].

Le seul à avoir reconnu l'importance du facteur émotionnel dans l'apparition de ces phénomènes fut Albert le Grand. Il avait en effet remarqué que ces « apparitions magiques », comme il les appelait, ne pouvaient survenir qu'au moment de la constellation astrologique adéquate et seulement quand la personne concernée se trouvait dans un état émotionnel exceptionnel[53]. Cette constatation est intéressante dans la mesure où des états émotionnels puissants ne peuvent être constellés que par un archétype, et dans la mesure où Jung a constaté qu'il ne pouvait observer de tels événements synchronistiques que lorsqu'un archétype était activé[54]. Albert lui-même avait repris une idée d'Ibn Sina (Avicenne)[55].

Pas un seul de ces auteurs médiévaux n'a cependant réussi à se libérer tout à fait de la conception vague d'une causalité magique, caractéristique de toute pensée primitive. Le grand philosophe arabe Ibn Arabi est le seul à avoir tenté de donner une description purement acausale de tels événements, même s'il restait attaché à l'idée de Dieu comme *causa prima*. Pour lui, l'univers entier est une théophanie créée par un acte inaugural de l'imagination divine, sans cesse en action. La même imagination divine est à l'œuvre dans l'homme et renouvelle à chaque instant son idée du cosmos[56]. C'est pourquoi une certaine activité intérieure de l'imagination réelle et intelligente chez l'homme (et non une fantaisie creuse) peut soudain entrer en concordance avec des faits extérieurs. La création se représente à chaque instant dans un mouvement pré-éternel et continuel, par lequel le Dieu pré-éternel et post-éternel se manifeste dans tous les êtres vivants. Il n'existe pas d'intervalles entre ces actes de création. Ils durent parce que l'instant de la disparition d'une chose est le même qui voit naître la réplique de cette chose. Si Dieu reste caché dans sa *hecceitas*[57], Il adopte toutefois, dans Sa manifestation, une détermination existentielle[58], ce que rend possible l'activation constante des noms divins[59]. La continuité réside dans ces noms divins, alors qu'il n'y a dans les phénomènes réels qu'une simple relation acausale entre les événements. Ce qui relie un instant à l'autre n'est que la similitude, et non pas la continuité ni une identité réelle et empirique[60]. Ainsi, toute « vision » humaine concernant cette création est créée par le même Dieu qui se révèle à l'homme par la voie intérieure grâce à ses noms différents ou ipséités[61]. Cette conception philosophique constitue, autant que je sache, la tentative la plus remarquable du Moyen Âge pour annuler l'idée de la causalité. Elle s'oblige encore cependant à postuler une cause première commune à toutes choses.

Inspiré par le « Rêve d'un visionnaire » de Kant, Schopenhauer tente d'expliquer la synchronicité dans son traité « Sur l'intentionnalité apparente dans le destin de l'individu ». Il imagine un double modèle d'événements comme les longitudes et les latitudes d'un globe, les lignes longitudinales représentant les connexions causales entre les événements, les lignes de latitude représentant pour leur part les connexions transversales entre des hasards signifiants mais dépourvus de cause. Il pensait que « ces deux sortes de connexions existent simultanément ; que le même événement, étant le maillon de deux chaînes tout à fait différentes, ne s'en insère pas moins avec précision dans l'une et l'autre, de sorte que chaque fois le destin de l'un s'accorde avec le destin de l'autre et que chacun est le héros de son propre drame mais figure aussi dans celui d'autrui : voilà qui dépasse notre entendement et que l'on ne peut concevoir qu'en recourant à la plus singulière *harmonia praestabilita*[62] ».

En ce qui concerne les connexions transversales, Schopenhauer considérait le pôle du globe comme l'origine d'où partent toutes les lignes longitudinales. Le pôle est le « sujet du grand rêve de la vie », à savoir la volonté transcendantale ou la *causa prima* d'où partent toutes les chaînes causales comme autant de méridiens. De cette façon, les parallèles se placent les unes par rapport aux autres dans un rapport significatif de simultanéité.

Jung nous rappelle toutefois que nous ne possédons aucune preuve qu'il n'existe qu'une *seule prima causa* et non une multitude. En outre, l'idée d'un déterminisme absolu, sur laquelle Schopenhauer s'appuyait encore, est dépassée. Le postulat de Schopenhauer selon lequel des événements synchronistiques se produisent de façon régulière et le fait qu'il leur attribue une cause sont l'expression de son désir d'inclure les phénomènes synchronistiques dans une vision déterministe du monde ; or ceci dépasse de loin ce que nous voyons réellement ou ce dont nous pouvons fournir la preuve[63].

Une autre tentative remarquable pour intégrer la synchronicité dans une image de la réalité est celle de Gottfried Wilhelm Leibniz, que l'on pourrait qualifier comme l'inventeur de l'idée d'un parallélisme psychophysique. Il comparait le corps et l'âme à deux montres fonctionnant de manière parallèle. Ses monades ou âmes ne possèdent pas, comme il le disait, « des fenêtres », c'est-à-dire pas de connexions causales transversales, mais se voient placées de façon « synchrone » dans une « harmonie préétablie »[64]. Jung oppose à cette idée l'objection suivante, valable également pour toutes les tentatives d'explicitation que j'ai mentionnées[65] : « Le principe de synchronicité est donc érigé en règle absolue dans tous les cas de simultanéité entre un processus intérieur et un processus extérieur. À l'encontre de cette position nous devons considérer le fait que les phénomènes synchronistiques empiriquement constatables, bien loin de constituer une règle, représentent des exceptions si rares que leur existence même est la plupart du temps mise en doute. À vrai dire, ils sont probablement bien plus fréquents en réalité qu'on ne le pense et qu'on ne peut le prouver ; mais on ne sait pas encore s'ils se produisent — et dans quel domaine de l'expérience — avec une fréquence ou une régularité telles que l'on pourrait parler de loi. Tout ce que nous savons à ce jour, c'est qu'il doit nécessairement y avoir à la base de tous les phénomènes apparentés de cette espèce un principe à partir duquel on pourrait les expliquer[66]. »

Au lieu de postuler une harmonie préétablie de toutes choses, Jung préfère expliquer les événements synchronistiques par l'existence d'un facteur formel, qu'il a nommé « similitude de sens ». Ses réflexions l'ont conduit à penser qu'une seule et même réalité vivante s'exprime aussi bien dans le domaine psychique que dans le domaine physique, mais pas de façon causale. Jung a appelé cette « même réalité », hypothétiquement fondamentale, *unus mundus*[67]. L'*unus mundus* doit être compris comme une unité composée de structures, systèmes ou images potentiels et formels, et d'un savoir qui précède la conscience. Jung appelle ce savoir le « savoir absolu » parce qu'il semble être détaché de la conscience[68]. Nous retrouvons à nouveau l'idée, dans cette hypothèse, d'un certain arrangement préconscient de nos représentations conscientes[69].

5. Quelques réflexions concernant les incidents synchronistiques comme sous-catégorie d'un éventuel principe d'ordre acausal

Selon Jung, il faudrait considérer les incidents synchronistiques comme de simples faits, c'est à dire comme de purs hasards. Il se pose ensuite la question[70] de savoir si le principe d'identité des processus psychiques avec les processus physiques qui, d'après l'expérience qu'il en a faite, se manifeste à l'occasion d'incidents synchronistiques, ne mériterait pas d'être examiné de plus près. Il existe deux exemples bien connus d'un tel arrangement acausal, qui sont la discontinuité en physique et les propriétés mathématiques individuelles attribuées aux nombres entiers[71]. Des événements aussi étranges que l'histoire des tigres rapportée plus haut ne constituent peut-être alors qu'une sous-catégorie rare du principe général d'un ordre acausal, c'est-à-dire « de toutes les similitudes existant entre des processus psychiques et physiques et pour lesquelles l'observateur est en mesure d'identifier le *tertium comparationis* ». Depuis que Jung a écrit ceci, en 1952, l'évolution des sciences de la nature a, me semble-t-il, beaucoup contribué à l'énoncé d'un ordre général acausal comme principe d'explication possible. Needham va même assez loin quand il dit que « nous pourrions, avec les concepts de la science moderne, caractériser les deux seules composantes nécessaires pour la compréhension de l'univers comme d'une part l'organisation[72] et d'autre part l'énergie[73] ».

En coopération avec Pauli, Jung a proposé le schéma suivant pour représenter ces bases :

Quartenité des hypothèses nécessaires pour expliciter la réalité psychophysique unique :

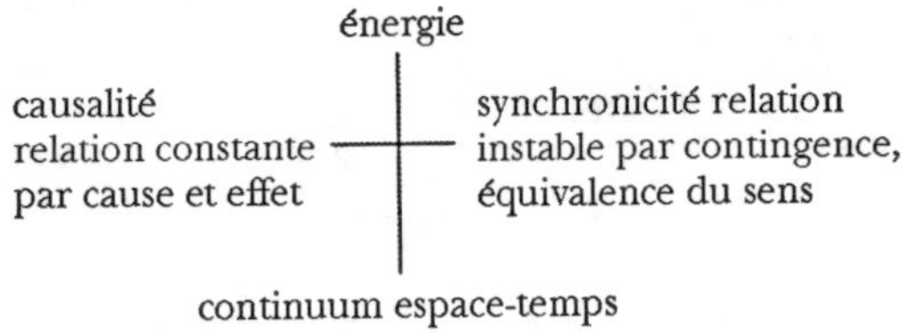

Le principe du hasard ou de l'équivalence du sens ne viendrait en aucun cas remplacer la causalité mais pourrait être considéré comme un complément du déterminisme causal[74].

En physique, la causalité est devenue un principe dont la validité n'est plus que relative. On s'oriente plutôt maintenant vers la recherche de « lois statistiques avec des probabilités primaires »[75]. On pourrait également qualifier ces probabilités primaires de « catalogues d'attente ». De la même façon que nous pourrions qualifier les archétypes de liste de valeurs en attente ou de « probabilités primaires » de certaines réactions de la psyché (et de l'esprit). Alors que la physique quantique ne peut pas mesurer les valeurs avec l'exactitude souhaitée quand elle veut aussi connaître leurs paramètres complémentaires, la psychologie n'est pas non plus en mesure d'effectuer l'observation exacte d'une manifestation unique dans la liste des valeurs psychologiques attendues dès lors qu'elle se heurte à une suite de répétitions dans le temps[76]. L'idée de Niels Bohr que la psyché consciente et la psyché inconsciente forment une paire d'êtres complémentaires se réfère au même problème. L'archétype représente avant tout une probabilité psychique [77], mais suscite curieusement aussi des équivalences non seulement psychiques mais également psychophysiques. C'est pourquoi Jung attribue à l'archétype une qualité psychoïde ou une certaine capacité « de transgression des seuils [78] », car il s'étend à des domaines d'expérience que nous considérons normalement comme s'appliquant à la matière.

L'archétype est habituellement une simple forme d'un ordre psychique préétabli et connaissable par l'introspection. Mais s'il s'accompagne d'une suite synchronistique extérieure, on voit le processus extérieur s'unir à ce même modèle de base, c'est-à-dire s'ordonner de façon signifiante. Cette forme d'arrangement se différencie de l'ordre des propriétés mathématiques attribuées aux nombres premiers ou de celui des discontinuités en physique, car ces deux derniers paramètres sont réguliers alors que les formes de l'arrangement psychique, dans la mesure où elles coïncident avec des événements extérieurs, sont *des actes de création dans le temps* [79]. Elles représentent des actes de création au sein d'un modèle existant de toute éternité, mais qui ne se répète que sporadiquement et qu'il est impossible de dériver de prémisses connues [80]. Les incidents synchronistiques seraient ainsi relativement rares et constitueraient une catégorie spécifique d'événements naturels, alors qu'il faudrait considérer la contingence soit comme un fait universel existant depuis toujours, soit comme la somme d'innombrables actes de création dans le temps [81]. Ces actes de création demeurent pour l'essentiel non prédictibles [82] et donnent ainsi au temps, imprévisible, un tour spécifique [83] en interrompant la continuité de sa flèche. C'est à partir de là que la psychologie en arrive à l'idée d'une *creatio continua* — idée postulée également par A.N. Whitehead et M. Capek quand ils parlent d'un mouvement de la nature progressant de façon créative [84].

L'idée est également apparue récemment que le concept d'information en physique serait identique au phénomène du renversement de l'entropie [85]. En tant que psychologue, il me semble devoir ici ajouter quelques remarques : l'idée que l'information en tant que telle puisse être identifiée à un pouvoir d'organisation [86], annihilant de ce fait l'entropie, ne me paraît pas très convaincante. Je peux voir du désordre sans rien entreprendre à son encontre, du moment qu'aucun facteur émotionnel ne m'incite à y rétablir l'ordre[87]. Le stimulus émotionnel de mise en ordre[88] venant de l'intérieur se manifeste seulement, comme le psychologue peut le constater, quand des modèles de comportements intellectuels préconscients sont activés, ce qui signifie qu'il est issu des archétypes. C'est seulement là que nous pourrions éventuellement découvrir des instances ou des sources de néguentropie[89].

6. Le problème d'un accès méthodique à la synchronicité

Avant de discuter la question de savoir comment il convient de comprendre la sous-catégorie des événements synchronistiques, à savoir leur apparition relativement rare et hasardeuse, il me paraît plus important, ou du moins plus facile, de commencer par chercher un accès mathématique à ce facteur plus général que constitue la similitude de sens entre un processus psychique et un processus physique, dans la mesure où l'observateur est capable d'en reconnaître le *tertium comparationis*[90]. La question se pose donc en ces termes : sommes-nous capables de mathématiser d'une façon quelconque l'expérience psychologique du « sens » ?[91].

Comme Jung le faisait remarquer[92], les psychologues n'ont pu jusqu'ici déterminer que de façon approximative l'intensité des réactions. C'est la « fonction des sensations », remplaçant ici la mesure exacte de la physique, qui leur permet de l'évaluer. Cependant, « les intensités psychiques et leurs différences graduelles indiquent des processus d'un caractère quantitatif... Alors que la constatation psychologique est essentiellement qualitative, elle possède aussi une [...] énergie latente "physique", car les phénomènes psychiques possèdent un certain aspect quantitatif ». Si nous pouvions mesurer ces quantités, on peut penser que la masse et la vitesse seraient des moyens tout à fait adéquats pour décrire la psyché, dans la mesure où cette dernière produit un effet susceptible d'être observé dans le temps et dans l'espace. Les relations les plus intimes des processus psychiques avec les phénomènes matériels semblent relever du domaine de la physique des particules. Mais comment approcher cette relation ?

Cela me semble impossible avec les moyens mathématiques qui sont à notre disposition aujourd'hui, car l'utilisation actuelle de la suite des nombres et de ses abstractions est purement quantitative, ce qui n'en fait pas un instrument approprié pour cette recherche sur le sens, pas plus que ne le serait une pellicule en noir et blanc pour reproduire la couleur. Cette utilisation surtout quantitative des nombres est cependant spécifique à notre façon de voir occidentale. En Chine, on a rarement utilisé les nombres naturels de cette manière, car on les considérait avant tout comme les instruments qualitatifs d'un ordre. D'après Granet[93], les Chinois n'utilisaient pas les nombres comme des quantités mais comme des signes polyvalents ou des symboles servant à exprimer la qualité d'un certain ensemble d'événements et leur ordre intrinsèque hiérarchisé. Pour eux, les nombres possèdent une force descriptive et servent comme facteurs d'ordre dans « des ensembles concrets qu'ils paraissent spécifier par le seul fait qu'ils les situent dans le temps et dans l'espace[94] ». La pensée chinoise met en concordance la nature d'une chose avec sa position dans l'espace-temps, et cette concordance ne peut être exprimée par un nombre[95], car les nombres caractérisent plutôt des « ensembles » que des quantités[96]. Cependant, ces ensembles décrits de façon qualitative représentent aussi (comme nos lois de la nature) des « rapports réguliers entre les choses »[97]. Il apparaît donc que la pensée chinoise montre globalement plus d'intérêt pour la synchronicité que pour la causalité[98], ce qui revient à dire que les Chinois ont observé la concordance d'événements dans le temps et dans l'espace et qu'ils en ont conclu qu'elle représentait plus qu'un simple hasard. Ils ont ainsi notamment mis en évidence certaines dépendances entre les événements réels et le point de vue subjectif (psychique) de l'observateur ou de l'observé[99]. Si la causalité décrit une suite d'événements, la synchronicité, selon la pensée chinoise, s'occupe de la coïncidence des événements. La méthode causale nous raconte une histoire dramatique, celle de D, qui a pris sa source en C, qui existait avant D et qui avait de son côté un père, le B, et ainsi de suite. La manière de voir synchronistique cherche au contraire à donner une image de la coïncidence identiquement signifiante dans toutes ses parties. Comment se fait-il que A', B', C', et D', etc. coïncident au même moment dans un même lieu ? D'abord parce que les événements physiques A' et B' possèdent la même qualité que les événements C' et D', et parce qu'en plus ils sont tous les exposants d'une seule et même situation, dont on suppose qu'elle forme une image lisible et compréhensible[100].

C'est l'utilisation des chiffres binaires combinée à l'idée de la qualité des nombres qui a permis aux Chinois d'inventer la technique du *Yi king* (*Le Livre des tranformations*), en vue d'appréhender grâce aux nombres la concordance des systèmes physiques et psychiques. Costa de Beauregard affirme que le physicien expérimental moderne se comporte face à l'univers comme un joueur de dés dont l'information empirique vient en dernier ressort empiéter sur ce que lui révèlent ses « coups de dés » réussis au sujet d'un univers aux lois essentiellement aléatoires[101]. Les Chinois avaient déjà envisagé tout ceci, et de tels « coups de dés » leur ont justement servi pendant longtemps à rassembler des informations sur la synchronicité. D'après Wang Fou Tch'i (1619-1692), toute l'existence (*Dasein*) ne serait qu'un continuum qui s'est ordonné. Il ne se manifeste par aucun phénomène et ne peut de ce fait être directement observé par la perception sensorielle. Sa dynamique propre se manifeste cependant au moyen d'images dont la structure participe à celle du continuum. Cette idée d'un continuum non représentable et contenant des structures d'images dissimulées constitue un parfait parallèle au concept de Jung de l'*unus mundus*. Les images contenues dans le continuum de Wang Fou Tch'i forment les soixante-quatre situations symboliques qui fondent le *Yi king*. Qu'elles soient ordonnées leur permet de participer au monde des nombres, et les rendent susceptibles d'être appréhendées par un processus numérique. Ce dernier ne peut toutefois fonctionner que si on le manie avec une entière bonne foi[102].

Je ne vous proposerai certes pas d'adopter les conceptions ou les techniques issues d'un développement culturel spécifique à l'Orient. Je préfère suggérer ici un éventuel élargissement de nos notions arithmétiques, et tout particulièrement de notre théorie des nombres, par l'étude de l'aspect qualitatif d'un arrangement des nombres en coopération avec la psychologie des profondeurs, avant de pouvoir utiliser une quelconque méthode numérique dans l'étude des phénomènes synchronistiques.

7. Conclusions

Les événements synchronistiques sont pour Jung la coïncidence signifiante d'événements extérieurs avec des événements intérieurs. Ils semblent se produire de façon aléatoire par rapport au principe de l'explication causale, et constituent probablement une sous-catégorie d'un principe plus général d'arrangement acausal. Les seules tentatives primitives pour tenter d'appréhender la synchronicité se fondaient, tant en Orient qu'en Occident, sur des pratiques divinatoires, la plupart d'entre elles voyant dans les nombres un moyen de comprendre les incidents synchronistiques.

Pour Jung[103], le nombre est un moyen forgé par notre esprit en vue d'introduire un ordre dans le chaos des phénomènes, un instrument prédonné servant soit à créer un ordre, soit à saisir un arrangement (voire un ordre) déjà existant. Il est un élément mental archaïque plutôt qu'un concept. Du point de vue psychologique, nous pouvons définir le nombre comme *un archétype de l'ordre dont on a pris conscience.* Si Jung le considère comme un archétype, c'est d'abord parce que l'inconscient, comme le montrent les intuitions arithmétiques mentionnées au paragraphe 2, utilise souvent les nombres comme facteurs d'ordre, ce qui se répète également au niveau de la conscience[104]. Les ordres numériques peuvent être prédonnés dans la conscience, à l'instar de toutes les autres structures archétypiques, et donc la conditionner plutôt qu'être conditionnés par elle. Le nombre constitue un *tertium comparationis* idéal entre ce que nous appelons habituellement la psyché et la matière, car la quantité dénombrable est une caractéristique des phénomènes de la matière et une « idée de force » irréductible qui soutient toute la démonstration mathématique de notre raison, fondée sur la « non-réfutabilité » des arrangements dans les nombres naturels[105]. C'est pourquoi le nombre constitue un élément fondamental de notre processus de pensée. Il apparaît cependant aussi comme une qualité objective d'objets matériels qui semblent avoir une existence indépendante hors de notre psyché. Ne pouvant être d'accord avec le néopythagorisme de D'Arcy Thompson, qui confère au nombre le pouvoir de créer un monde et le considère de ce fait comme la cause ou comme l'une des causes de l'existence[106], Jung propose plutôt de considérer les nombres naturels comme une manifestation de l'*unus mundus* ou de la réalité *unique* qui, sans être la « cause » des coïncidences entre des structures physiques et psychiques, se manifeste en elles. Cela se produit dans tout acte d'aperception consciente de données intérieures ou extérieures[107]. Si par conséquent nous examinons l'aspect du « sens » de tout nombre naturel individuel, nous approchons peut-être de la compréhension du phénomène plus général de l'arrangement acausal, comme de la possibilité de le représenter en catalogue de réponses attendues.

Cependant, la qualité première des événements synchronistiques me semble toujours consister dans leur non-prévisibilité. Ils sont la preuve évidente d'un facteur créatif fondamental qui apparaît spontanément dans le cours du temps. Il a toujours été question dans la mythologie d'événements ayant le pouvoir d'annuler le temps, c'est-à-dire représentant des instances néguentropiques (qui interrompent la densité mathématique du temps). Je n'oserai cependant pas affirmer leur existence, car selon moi nous n'avons pas encore pénétré assez profondément dans l'étude des conditions qui entourent les événements synchronistiques[108]. L'idée jungienne de la synchronicité n'a en effet été conçue que comme une hypothèse de travail pouvant nous aider à résoudre quelques-unes des énigmes portant sur des coïncidences signifiantes, sans pour autant rejeter la pensée causale [109]. Nous devrions toutefois réviser notre conception du temps si nous voulons pouvoir y inclure non seulement la conception d'un infini, dénombrable ou non, mais aussi son interruption par les actes essentiellement imprévisibles d'une *creatio continua,* actes que l'on ne peut attribuer au seul hasard mais qui surviennent dans le cadre de tout un ensemble de modèles archétypaux et en relation avec les nombres entiers naturels.

Notes

1. Matière et Psyché du point de vue de la psychologie de C.G. Jung

1. *Contre l'agression*, Paris, Stock, 1972.
2. Claude Lévi-Strauss, *La Pensée sauvage*, Paris, Plon, 1962.
3. Gilbert Durand, *Les Structures anthropologiques de l'imaginaire*, Paris, PUF, 1960.
4. Zurich, Stuttgart, Artemis, 1965.
5. Wolfgang Pauli, C.G. Jung, *Naturerklärung und Psyche*, Zurich, 1952. Pour le texte de Jung, voir *Synchronicité et Paracelsica*, Paris, Albin Michel, 1988, et pour le texte de Pauli, voir *Le Cas Kepler*, Paris, Albin Michel, 2002.
6. Rudolf Carnap, *Physikalische Begriffsbildung*, Darmstadt, 1966.
7. *Die Entwicklung des Modellbegriffs in den physikalischen Wissenschaften*, *Studium Generale*, vol. XVIII, 1963.
8. Hermann Weyl, *Über den Symbolismus in der Mathematik und mathematischen Physik*, *Studium Générale*, vol. VI, 1953.
9. *Ibid.*
10. Cf. C.G. Jung, *Synchronicité et Paracelsica*, *op. cit.*, p. 33.
11. « La synchronicité, principe de relations acausales », *ibid.*, p. 39.
12. O. Sumitomo, *Lao Tse, Tao te King*, Zurich, 1945.
13. G.W. Leibniz, *Kleinere philosophische Schriften*, Leipzig, 1883, vol. VI ; cf. aussi G.W. Leibniz, *Principes de la philosophie (Monadologie)*, Paris, Garnier-Flammarion, 1996.
14. Cf. C.G. Jung, *Synchronicité et Paracelsica*, *op. cit.*, p. 108.
15. *Yi king, Le livre des mutations*, Paris, Librairie de Médicis, 1973.
16. D. Rivière, « La physique et le temps », *Die Schweizerische Naturforschende Gesellschaft, 1965.*
17. *Der Modellbegriff in der Mathematik*, *Studium Generale*, vol. XVIII, 1965, 3.
18. M.L. von Franz, *Nombre et temps*, Paris, La Fontaine de Pierre, 1978.

2. *Symboles de l'*unus mundus

1. Lettre sur la synchronicité publiée dans *Zeitschrift für Parapsychologie und Grenzgebiete der Psychologie.* Berne-Munich, 1961, vol. V, n° 1, p. 1 sq.

2. *Ibid.*, p. 4.

3. Cf. C.G. Jung et W. Pauli, *Naturerklärung und Psyche, op. cit.* Le texte de Jung, « La synchronicité, principe de relations acausales », est traduit dans *Synchronicité et Paracelsica, op. cit.*

4. *Op. cit.*, p. 68 sq.

5. *Ibid.*, p. 33 sq.

6. *Ibid.*, p. 79 et 91.

7. C.G. Jung, *Mysterium Conjunctionis*, 1955-1957, vol. II, pp. 33, 312 sq., 318.

8. Cf. John Scot Érigène, *De la division de la Nature* II, 11 et II, 31.

9. *Ibid.*, II, 8, Hugues de Saint-Victor : *Annotations sur l'Évangile de Jean*, cité dans W. Preger ; *Geschichte der deutschen Mystik im Mittelalter*, Munich, 1874, Aalen, 1962, vol. I, p. 238.

10. Il a créé toutes choses en poids, nombre et mesure (Sagesse, XI, 21).

11. *Mysterium conjunctionis*, vol. II, p. 312.

12. *Ibid.*, vol. II, p. 232.

13. Cf. M. Berthelot, *Collection des anciens alchimistes grecs*, Paris, 1887-1888, vol. I, p. 298. Voir aussi *ibid.*, p. 112, l'expression du gnostique égyptien Zosime : *Kai ghinetai illighiosa* (« Et elle devient tourbillonnante »).

14. Cette idée remonte au rituel égyptien des morts où le défunt tourne en tant qu'étoile sans déclin dans la ronde des astres circumpolaires.

15. Cf. Lynn Thorndike, *History of Magic and Experimental Science*, New York, 1929, vol. I, p. 676 sq.

16. Londres, 1964.

17. On doit, dit-il, produire une telle image quand le soleil entre dans Ariès (époque du commencement du monde). Elle se compose de trois métaux : l'or, l'argent et l'airain = (Soleil, Vénus et Jupiter) et de trois couleurs : le vert, l'or et le bleu = (Vénus-Cérès, le soleil et Jupiter).

18. Le mandala était fondé sur la triade, comme celui de Ficin. De même l'attitude fondamentale de Ficin et de Pic de la Mirandole demeure chrétienne, par opposition à Giordano Bruno qui professait un paganisme de style égyptien.

19. Frances Yates affirme que, si Bruno devint un martyr, c'est uniquement parce qu'il était possédé par ce modèle de mandala cosmique au point d'adopter le système de Copernic, qui rappelait son propre

mandala. C'est également pour cela qu'il s'enthousiasma pour la découverte d'un compas par Mordent.

20. Cf. L. Thorndike, *op. cit.*, vol. II, p. 862 sq.

21. On a recommencé récemment à voir à quel point la mémoire n'est pas seulement mécanique, mais est combinée avec des processus relevant de l'imagination créatrice, et comment les « schémas » de Head (qui sont des structures archétypiques) et l'intensité d'intérêt qu'ils provoquent jouent un rôle important. Cf. G.J. Whithrow : *The Natural Philosophy of Time*, Londres-Édimbourg, 1961, p. 89 sq., et p. 95 sq.

22. Joseph Needham avait déjà mis en parallèle la base arithmétique binaire du *Yi king* et son utilisation dans l'électronique moderne : *Science and Civilization in China*, Cambridge, 1954, vol. 2, p. 340 sq. Cf. aussi A. Rump, *Das Problem des Bösen im I-Ging*, p. 22-23.

23. Pour plus de détails voir G. et M. Beadle, *The Language of Life*, New York, 1966, p. 204.

24. Cf. G.J. Whithrow, *op. cit.*, p. 28 sq.

25. Voir mon étude : « Le Songe de Descartes », dans *Rêves d'hier et d'aujourd'hui*, Albin Michel, 1992.

26. Cf. A. Einstein, *Ueber die spezielle und allgemeine Relativitätstheorie*, Braunschweig, 3e éd., 1918.

27. Matrices carrées.

28. M. Granet, *La Pensée chinoise*, Paris, Albin-Michel, 1968, p. 164 sq., p. 175 et p. 284.

29. Voir D. Chin-te Chang, « On the Mathematical Significance of the Chinese Ho-t'ou and Lo-shou », *The American Mathematical Monthly*, 1925, p. 499 sq. Cet article m'a été amicalement signalé par M. Arnold Mindell.

30. M. Granet, *op. cit.*, p. 182 sq.

31. Richard Wilhelm, *Yi king*, p. 306, et M. Granet, *op. cit.*, p. 185 sq.

32. *Op. cit.*, p. 200 sq.

33. *Ibid.*, p. 205 et p. 199.

34. En français dans le texte. (*N.d.T.*)

35. Ce philosophe important a été redécouvert par Hellmut Wilhelm, et sa théorie exposée dans son intéressant article « Der Zeitbegriff im Buch der Wandlungen », *Eranos-Jahrbuch*, 1951, vol. XX, p. 333 sq.

36. Le dénombrement des tiges d'achillée ou des pièces de monnaie.

37. Dans *Synchronicité et Paracelsica*, *op. cit.*, p. 105-108.

38. *Ibid.*, p. 107, note 147.

39. O. Costa de Beauregard, *Le Second Principe de la science du temps*, Paris, Le Seuil, 1963, p. 14 sq.

40. Cf. A. Wenzl, *Die philosophischen Grenzfragen der modernen Naturwissenschaft*, Stuttgart, 3e éd., 1960, p. 127 sq.

41. *Ibid.*, p. 32.

42. H. Weyl, *Temps, espace, matière*, Paris, A. Blanchard, 1979, p. 8.

43. Voir l'ouvrage collectif publié par J.T. Fraser, *Voices of Time*, New York, 1966.

44. *Ibid.*, passim.

45. Flèche du temps.

46. Celle des mythes où les événements se déroulent « en ce temps-là », ou « il était une fois... », en dehors de la durée chronologique. (*N.d.T.*)

47. L'introduction d'un tel « paramètre caché », comme l'a appelé Pauli, peut naturellement toujours être soupçonnée de représenter une projection de l'inconscient collectif.

48. Cf. entre autres J.R. Pierce, *Symbols, Signals and Noise. The Nature and Processus of Communication*, New York, 1961, passim.

49. Cette expression comme les termes d'O. Costa de Beauregard placés entre guillemets sont en français dans le texte, (*N.d.T.*)

50. O. Costa de Beauregard, *op. cit.*, p. 95, 101-102, 112, 123, 141 sq.

51. *Der vierdimensionale Raum*, Bâle-Stuttgart, 1958.

52. J. Hadamard, *The Psychology of Invention in the Mathematical Field*, New York, 1954, passim.

53. On sait que le mot grec *arithmos* (nombre) est étymologiquement parent de *rythmos*. L'un et l'autre viennent de *rhein*, couler. Cf. Whitrow, *op. cit.*, p. 115.

54. D'après Sullivan dans le *New York Times* du 5 février 1967.

55. L. Whyte, *Accent on Form*, New York, 1950, p. 27-28.

56. *Ibid.*, p. 118.

57. J'entends par là quelque chose de distinct de l'idée mathématique de continuum « en devenir » que traduit par exemple la série indéfinie des quantités fractionnelles entre deux nombres réels successifs ou d'autres groupes d'indéfinis. L'idée est entendue ici simplement dans le sens d'un terrain nourricier de quantités susceptibles d'être extraites. Je n'entends pas non plus un continuum sans durée au sens de Weierstrass où le *limes* est identique à chaque élément arbitrairement choisi de la série.

58. E. Anrich, *Moderne Physik und Tiefenpsychologie*, Stuttgart, 1965, p. 8. Il est à noter que dans son ouvrage, qui est fondamental à d'autres égards, Anrich ignore presque entièrement la synchronicité.

59. *Ibid.*, p. 150 et 142. Par contre Anrich refuse d'admettre, de façon surprenante, que le nombre soit une « image première » *(Urbild)*.

60. M. Berthelot, *op. cit.*, vol. III, p. 278 sq.

61. Je ne puis malheureusement m'étendre ici, sur cet aspect.

62. Cf. C.G. Jung, *Mysterium conjunctionis*, *op. cit.*, vol. II, p. 253 sq.

63. Cf. B. Maupoil, *La Géomancie à l'ancienne Côte des Esclaves*, Paris, 1934, p. 34.

64. C. Hentze, *Tod, Auferstehung, Weltordnung*, Zurich, 1955, vol. I, p 15 sq. Cf. aussi J. Needham, *op. cit.*, vol. 3, p. 4 sq.

65. Bi-Yan-Lou, *Niederschrift von der smaragdenen Felswand* (inscription

sur la paroi rocheuse émeraude) publiée par W. Gundert, Munich, 1960, p. 97.

66. Peut-être n'y a-t-il pas non plus un hasard à cela, dans le fait que, comme le cycle de l'année s'achève avec le 12e mois, la vie de Ma parvient également à sa fin à ce moment.

67. Gundert explique : « Dans le soutra cité par le patriarche beaucoup d'autres Bouddhas encore sont nommés avec ces deux et tous ne forment avec les innombrables Bouddhas qui ne sont pas nommés que les facettes d'un seul et même corps de lumière. »

3. Le temps — flux et silence

1. Cf. J.T. Fraser, *The Voices of Time, op. cit.*, et *Of Time, Passion, and Knowledge,* New York, 1975. Voir aussi G.J. Whitrow, *The Natural Philosophy of Time, op. cit.* ; J.B. Priestley, *Man and Time,* Londres, 1964 ; F. Le Lionnais, *Le Temps,* série Science, nº 2 de l'*Encyclopédie essentielle,* Paris, 1959.
2. Cf. B.L. Whorf, *Sprache, Denken, Wirklichkeit,* Hambourg, 1963, p. 104 sq.
3. Cf. J. Piaget, *Le Développement de la notion du temps chez l'enfant,* Paris, PUF, 1982.
4. Cf. R.B. Onians, *The Origins of European Thought,* Cambridge, 1954, p. 206.
5. *Ibid.*, p. 248.
6. *Ibid.*, p. 249.
7. Cf. S.G.F. Brandon, *History, Time and Deity,* Manchester, 1965, p. 376, dans J.T. Fraser, et Lawrence, *The Study of Time,* Proceedings of the First (Second, Third) Conference of the International Society for the Study of Time, 3 vol., Heidelberg/New York, 1972, 1975, 1979, désignées par la suite *Study I, II* ou *III.*
8. Cf. C.A. Campell, *Mithraic Iconography,* New York, 1968.
9. Cf. K. Preisendanz, *Papyri graecae magicae,* 2 vol., Stuttgart, 1973, vol. I, p. 111.
10. *Ibid.*, vol. I, p. 93.
11. Cf. C. de Wit, *Le Rôle et le Sens du lion dans l'Égypte ancienne,* Leyde, Brill, 1951, p. 72, et M.-L. von Franz, *Nombre et temps, op. cit.*, p. 106.
12. Cf. S.G.F. Brandon, *op. cit.*, p. 372.
13. Cf. H. Bonnet, *Reallexikon der ägyptischen Religionsgeschichte,* Berlin, 1952, p. 682, 257 sq., 833 sq.
14. *Bhagavad-Gita,* Arléa, 1992, 11, 29 sq.
15. H. Zimmer, *Mythen und Symbole in indischer Kunst und Kultur,* Zurich, 1951, p. 169, 173.
16. W. Müller, *Indianische Welterfahrung,* Stuttgart, 1976, p. 63 sq.
17. Cf. R. Wilhelm, *Yi king, op. cit.*, p. 324.
18. *Ibid.*, p. 22.

19. M. Granet, *La Pensée chinoise, op. cit.*, p. 101 sq.
20. *Ibid.*, p. 78.
21. Cf. J. Needham, *Time and Eastern Man*, Londres, The Henry Myers Lecture, 1964.
22. Cf. D.G. Morley, *An Introduction to the Study of Maya Hieroglyphs*, Washington, D.C., 1915, p. 72. Cette image provient de J.E.S. Tompson, *Maya Hieroglyph Writing*, Washington, D.C., 1950, p. 142 sq. Je dois cette information au Dr José Zavala.
23. Cf. W. Krickeberg, *et al.*, *Pre Columbian American Religions*, Londres/New York, 1968, p. 65.
24. Cf. M. Léon-Portilla, *La Pensée aztèque*, Paris, Le Seuil, 1985.
25. Cf. G. Quispel, « Zeit und Geschichte im antiken Christentum », *Eranos Jahrbuch*, vol. XX, Zurich, 1952, p. 116.
26. *Ibid.*, p. 133.
27. Cf. Le Lionnais, *op. cit.*, p. 22.
28. Cf. F. Capra, *Le Tao de la physique*, Paris, Tchou, 1979, p. 169 sq.
29. *Ibid.*, p. 176.
30. *Ibid.*, p. 65.
31. *Ibid.*, p. 66.
32. C.G. Jung, *Ma vie*, Paris, Gallimard, 1973, p. 369 sq.
33. F. Capra, *op. cit.*, p. 200.
34. Macrobe, *Saturnalia* I, 22, 6-8.
35. Cf. M. Eliade, « Le temps et l'éternité dans la pensée indienne », dans *Eranos Jahrbuch*, vol. XX, Zurich, 1952, p. 224 sq.
36. *Kaushitaki Upanishad* 4, 5 dans P. Deussen, *Sechzig Upanishad's des Veda*, Darmstadt, 1963.
37. Cf. M. Eliade, *Mensch und Zeit*, p. 249 sq.
38. Cf. M. Eliade, *Le Mythe de l'éternel retour*, Paris, Gallimard, 1989, p. 14 sq.
39. *Ibid.*, p. 23 sq.
40. *Ibid.*, p. 24 sq.
41. R. Wilhelm, *Yi king*, *op. cit.*, p. 246 sq.
42. Cf. M. Granet, *op. cit.*, p. 149 sq.
43. Cf. L. de Saussure, *Les Origines de l'astrologie chinoise*, Archives de sciences physiques et naturelles, 5e série, 1985 ; J. Needham, Ling Wang, *Science and Civilization in China*, 7 vol., Cambridge, 1959 sq., vol. III, passim.
44. M. Léon-Portilla, *op. cit.*, p. 94-95.
45. J. Needham et Wang Ling, *op. cit.*, p. 37-39.
46. Cf. F. Cumont, *Astrology and Religion among the Greek and Romans*, New York, 1912, p. 30 sq.
47. *Ibid.*, p. 28.
48. Platon, *Timée*, Paris, Flammarion, 1992.
49. Dans le sens de Hedwig Conrad-Martius.
50. Cf. G. Böhme, *Zeit und Zahl : Studien zur Zeittheorie bei Platon, Aristoteles, Leibniz und Kant*, Francfort, 1974.

51. D.W. Dauer, « Nietzsche and the concept of time », *Study II, op. cit.*, p. 91.

52. De Solla Price, *Automata and the Origins of Mechanism and Mechanistic Philosophy*, Technology and Culture V, 1964, cité dans C. Haber, « Clockwork before the Clock and Timekeeping », *Study II, op. cit.*, p. 388.

53. Cf. F. Le Lionnais, *op. cit.*, p. 13.

54. *Ibid.*, p. 14, 19.

55. Cf. De Solla Price, *op. cit.*, p. 320.

56. F. Le Lionnais, *op. cit.*, p. 26.

57. J. Needham, *Time and Eastern Man, op. cit.*, p. 52 sq.

58. Cf. C. Haber, « The darwinian revolution in the concept of time », *Study I*, p. 385 sq.

59. Cf. M. Eliade, *Le Mythe de l'éternel retour, op. cit.*, p. 160 sq.

60. Sagesse 11.21. Cf. M.-L. von Franz, *Nombre et temps, op. cit.*, p. 178.

61. Cf. D. Mahnke, *Unendliche Späre und Allmittelpunkt*, Stuttgart, 1939, Neudruck, 1966, passim.

62. Cf. G. Da Fiori, *Tractatus super quattuor Evangelia*, édité par E. Bonaiuti, Rome, 1930, p. xli, lii-liii, 23 sq.

63. Cf. C. Haber, *op. cit.*, p. 387 sq.

64. *Ibid.*, p. 392 sq.

65. *Ibid.*, p. 392.

66. O. Costa de Beauregard, *Le Second Principe et la Science du temps, op. cit.*

67. Cf. C. Haber, *op. cit.*, p. 383-385.

68. CF. aussi K.G. Denbigh, « In defence of the direction of time », *Study I*, p. 148.

69. Cf. J. Purce, *La Spirale mystique*, Paris, Chêne, 1985.

70. C.G. Jung, *Aïon*, Paris, Albin Michel, 1983, par. 248-249.

71. *Ibid.*, par. 403, 406 sq.

72. *Ibid.*, par. 408-410.

73. *Ibid.*, par. 411. Cf. aussi G. Gamov, *Atomic Energy*, Cambridge, 1947, p. 72.

74. C.G. Jung, *Aïon, op. cit.*, par. 413.

75. Cf. G.J. Whitrow, *The Natural Philosophy of Time, op. cit.*, p. 29 ; et « Reflections on the history of the concept of time » dans *Study I*, p. 4 sq.

76. Cf. P.E. Ariotti, « The concept of time in western antiquity » dans *Study II*, p. 75.

77. A. Marshak, *The Roots of Civilization*, New York, 1972.

78. Cf. M. Granet, *La Pensée chinoise, op. cit.*, p. 128 sq.

79. Cf. M.-L. von Franz, *Nombre et temps, op. cit.*, p. 60.

80. *Ibid.*, p. 92.

81. Aetius, *Placita Philosophorum*, I, 7.22 : et H. Diels, *Doxographi graeci*, Berlin, Leipzig, 1929, p. 303.

82. F. Le Lionnais, *op. cit.*, p. 71.

83. *Ibid.*, p. 72.
84. F. Capra, *op. cit.*, p. 246.
85. *Ibid.*
86. *Ibid.*, p. 249.
87. Cf. E. Bünning, *Die physiologische Uhr*, 2e édition, Berlin/New York, 1963, p. 2.
88. *Ibid.*, p. 4.
89. Cf. E. Pöppel, « Oscillations as a possible basis for time-perception », dans *Study I*, p. 221.
90. Bien que parfois des stimuli externes agissent dans le même moment.
91. Cf. E. Bünning, *op. cit.*, p. 40 sq., 52.
92. Cf. C.P. Richter, « Astronomical references in biological rhythms », dans *Study II*, *op. cit.*, p. 52.
93. Cf. G. Schaltenbrand, « Cyclique states as biological space-time fields », dans *Study II*, *op. cit.*, p. 59.
94. Cf. A. Portmann, « Die Zeit im Leben der Organisme », dans *Eranos Jahrbuch*, vol. II, Zurich, 1952, p. 442.
95. *Ibid.*, p. 445 sq.
96. Cf. C.P. Richter, *op. cit.*, p. 39, 52, et la bibliographie indiquée.
97. Dr P. Walder, *Périodicité dans le comportement des schizophrènes*, cf. B.S. Aaronson, « Time, stance and existence » dans *Study I*, *op. cit.*, p. 308.
98. Cf. R. Kastenbaum, « Time, dealth and old age », dans *Study II*, p. 20 sq., et surtout H.B. Green, « Temporal stages in the development of the self » dans *Study II*, p. 1 sq.
99. Cf. F. Le Lionnais, *op. cit.*, p. 103, 107.
100. Cf. G.J. Whitrow, *The Natural Philosophy of Time*, *op. cit.*, p. 105.
101. *Ibid.*, p. 107.
102. *Ibid.*, p. 111.
103. *Ibid.*
104. Trad. de M.S. Watanabe, « Causality and time » dans *Study II*, *op. cit.*, p. 267 sq.
105. Dans Simplicius, *In Aristotelis Physicorum libros Commentarius* dans H. Diehls, *Doxographi graeci*, *op. cit.*, p. 476.
106. Fragment 80 de Clément d'Alexandrie, dans Capelle, *Die Vorsokratiker*, Leipzig, 1935, p. 135. Cf. P.E. Ariotti, *op. cit.*, p. 7.
107. Cf. R.B. Onians, *op. cit.*, p. 332.
108. Cf. Barth, *Descartes Begründung der Erkenntnis*, Diss. Berne, 1913, et M.-L. von Franz, « Le rêve de Descartes » dans *Rêves d'hier et d'aujourd'hui*, *op. cit.*, p. 136.
109. Cf. F. Capra, *op. cit.*, p. 58 sq.
110. *Ibid.*, p. 70 ; cf. aussi p. 137.
111. *Ibid.*, p. 143.
112. *Ibid.*, p. 185 sq. Les dessins de Capra ne sont pas les diagrammes de Feynman.

113. *Ibid.*, p. 188.
114. *Ibid.*, p. 189.
115. *Ibid.*, p. 266.
116. *Ibid.*
117. *Ibid.*, p. 275.
118. *Ibid.*
119. H. Usener, *Götternamen,* Francfort, 1948, p. 279 sq.
120. Cf. M.-L. von Franz, *Nombre et temps, op. cit.*, p. 262 sq.
121. *Ibid.*, p. 121 sq.
122. C.G. Jung, *Collected Works,* I, III sq., que j'ai moi-même traduit de l'anglais, vol. XI, par. 972 sq. car cela est omis dans l'édition allemande.
123. C.G. Jung, *Synchronicité et Paracelsica, op. cit.*, par. 845. p. 40.
124. Cf. M.-L. von Franz, *Nombre et temps, op. cit.*, p. 30.
125. *Ibid.*, p. 32 sq.
126. C.G. Jung, *Synchronicité et Paracelsica, op. cit.*, par. 955.
127. On peut les mesurer d'une manière différente, mais le résultat restera un « il en est juste ainsi ».
128. C.G. Jung, *Synchronicité et Paracelsica, op. cit.*, par. 955 sq. et note par. 557.
129. *Ibid.*, par. 958.
130. Cf. M.-L. von Franz, *Nombre et temps, op. cit.*, p. 35.
131. C.G. Jung, *Synchronicité et Paracelsica, op. cit.*, par. 955.
132. L.L. Whyte, *Accent on Form,* New York, 1954, p. 97 sq.
133. *Ibid.*, p. 101.
134. *Ibid.*, p. 104 sq.
135. F. Capra, *op. cit.*, p. 300.
136. *Ibid.*, p. 240 sq.
137. *Ibid.*, p. 207.
138. *Ibid.*, p. 162.
139. C.G. Jung, *G W.*, vol.8, Walter Verlag, Ölten, p. 240, 439.
140. Cf. M.-L. von Franz, *Nombre et temps, op. cit.*, p. 215 sq.
141. *Ibid.*, p. 241 sq.
142. Cf. M. Granet, *op. cit.*, p. 320 sq.
143. M. Eigen, et R. Winkler, *Das Spiel : Naturgesetze steuern den Zufall,* Munich/Zurich, 1975.
144. Cf. M. Eliade, « Temps et éternité dans la pensée indienne » dans *Eranos Jahrbuch,* vol. XX, Zurich, 1952.
145. Traduit par moi-même de H.D.T. Suzuki, *Studies in the Lankavatara Sutra,* Londres, nouv. édition 1957/1968, p. 304.
146. *Ibid.*, p. 306.
147. *Ibid.*, p. 49. Chao-Lun (Seng Chao) appartient à l'époque qui précède la période Tang.
148. *Ibid.*, p. 110.
149. Bi-Yän-Lu, *op. cit.*, vol. II, p. 81, 97.
150. Étant donné la multiplicité des traductions françaises du *Tao-tö king,* leurs divergences considérables (entre elles et par rapport au texte

allemand de Wilhelm, qui comporte lui-même nombre de variantes...) et parfois leurs obscurités, il a paru préférable de reprendre dans *Synchronicité et Paracelsica* (*op. cit.*, p. 79) les traductions des citations que Jung fait de ce livre à partir du texte de Wilhelm tel qu'il le reproduit ; Wilhelm est son unique référence et c'est à travers lui qu'il saisit l'esprit de l'original chinois (dont le texte, au demeurant, n'a jamais été établi par personne de manière indiscutée). (*N.d.T.*).

151. *Ibid.*, p. 79-80.

152. H. Büttner, *Meister Eckhart, Schriften*, Iéna, 1934, p. 37.

153. *Ibid.*, p. 38 ; cf. aussi p. 41.

4. L'expérience psychologique du temps

1. G.J. Whitrow, *The Natural Philosophy of Time, op. cit.*

2. « Der Bettler und das Paradies », dans *Märchen aus dem Balkans,* Iéna, Sammlung Diederichs, 1919.

3. Cf. P.H. Huber, *Die Wanderlegende von den Siebenschläfern,* Leipzig, 1910, pour le motif « Mille ans sont comme un jour ».

4. Le mathématicien Schläfli et plus tard Riemann ont montré que ces axiomes sont seulement relatifs, car il est toujours possible de construire des figures géométriques qui ne prennent pas en compte cette notion.

5. C.A.E. Moberly and E.F. Jourdain, *An Adventure,* Londres, 1907, nouvelle édition en 1948 ; et A. Jaffé, *Rêves et apparitions,* Paris, Le Mail, 1982.

6. C.G. Jung, *Ma vie, op. cit.*, p. 326-329.

7. Citation de W. von Scholz, *Der Zufall als Schicksal,* Berlin, 1924, p. 151.

8. Jean Piaget, *Le Développement de la notion du temps chez l'enfant, op. cit.*

9. B.L. Whorf, *Sprache, Denken, Wirklichkeit, op. cit.*, p. 15 sq.

10. *Ibid.*, p. 17.

11. *Ibid.*, p. 85.

12. *Ibid.*, p. 104 sq.

13. *Ibid.*, p. 105 sq.

14. Richard Wilhelm, *Yi king, op. cit.*, p. 92 sq.

15. *Ibid.*, p. 360.

16. *Ibid.*, p. 365.

17. *Ibid.*

18. Chang Chung-yuan, *Le monde du Tao, créativité et taoïsme,* Paris, Stock, ch. 2.

19. C.G. Jung, *Correspondance III,* Paris, Albin Michel, 1994, p. 95 (à Smythies, 29 février 1952).

20. *Ibid.*, p. 95 sq.

21 Lao-tseu, *Tao tö king, éd. cit.*, ch. 11.

22. H. Jenny, *Kymatik*, Bâle, 1979, p. 12 et p. 176 sq.
23. Cf. F. Le Lionnais, « Le Temps », *op. cit.*, p. 71 sq.
24. C.G. Jung, *Correspondance I*, Paris, Albin Michel, 1992, p. 189 ; et *Correspondance III, op. cit.*, p. 245 (lettres du 29 janvier 1934 et du 26 mai 1954).
25. *The Bhagavad-Gita, op. cit.*, 1992.
26. M. Berthelot, *Collections des anciens alchimistes grecs, op. cit.*, vol. I, 1887-88.
27. K. Preisendanz, *Papyri graecae magicae*, vol. I, p. 111.
28. R. Wilhelm, *op. cit.*, p. 324.
29. Ceci est une version raccourcie du rêve que j'ai détaillé dans *Psychothérapie, l'expérience du praticien*, Paris, Dervy, 2001.

30. H. Jackobson, « Das göttliche Wort und der göttliche Stein im alten Ägypten », *Eranos Jahrbuch 39*, 1970, p. 217 sq.
31. Lu K'uan Yü, *Ch'an and Zen-teaching*, Londres, 1961, p. 61 sq.
32. *Ma vie, op. cit.*, p. 369-370.
33. C.G. Jung, *Sur l'interprétation des rêves*, Paris, Albin Michel, 1998.
34. *The Ritual Origin of Counting*, Archive for History of Exact Sciences, vol. II (1962-1966), n° 7, p. 10.
35. Platon, *Timée*, Paris, GF-Flammarion, 1992, p. 127 sq.
36. H. Usener, *Götternamen*, Francfort, 1948, p. 279 sq.
37. C.G. Jung, *Synchronicité et Paracelsica, op. cit.*, p. 107.
38. *Ibid.*, p. 107 note 151.
39. *Ibid.*, p. 106.
40. R. Wilhelm, *Yi king, op. cit.*, p. 305 sq. (voir aussi M. Granet, *La Pensée chinoise, op. cit.*).
41. R. Wilhelm, *op. cit.*, p. 305 ; voir aussi M.-L. von Franz, *Nombre et temps, op. cit.*, p. 236 sq.
42. R. Wilhelm, *op. cit.*, p. 310.
43. *Ibid.*, p. 307.
44. *In* M.-L. von Franz, *Nombre et temps, op. cit.*, p. 92.
45. Rhys Davids, « Zur Geschichte des Radsymbols », *Eranos Jahrbuch 2*, 1934, p. 153 sq.
46. F.V. Haber, « The darwinian revolution in the concept of time » dans *The Study of Time, op. cit.*, p. 390.
47. C.G. Jung, *Psychologie et alchimie*, Paris, Buchet/Chastel, 1970, p. 267 sq.
48. *Ibid.*, p. 269 sq.
49. *Ibid.*, p. 274.
50. C.G. Jung, *Psychologie et religion*, Paris, Buchet/Chastel, 1958, p. 147.
51. H. Meyerhoff, « The broken center », T. Ungvar, « Time and the modern self : A change in dramatic form » dans *Study of Time*, vol. 1, p. 475.

52. Cf. M.-L. von Franz, *Nombre et temps, op. cit.*, p. 166 (selon M. Granet, *op. cit.*).
53. C.G. Jung, *Aïon, op. cit.*, p. 186.
54. *Ibid.*, p. 281 sq.
55. *Ibid.*, p. 281.
56. In S.G.F. Brandon, « The deification of time » dans *The Study of Time, op. cit.*, vol. I, p. 378.
57. *Ibid.*, p. 379.
58. C.G. Jung, *Correspondance III*, Paris, Albin Michel, 1993, p. 96-97.
59. *Ibid.*
60. Whorf, *op. cit.*, p. 45.
61. Whorf, *op. cit.*, p. 17.
62. C.G. Jung, *Correspondance III, op. cit.*, p. 96-97.
63. *Ibid.*, p. 97.

5. Psyché et matière dans l'alchimie et la science moderne

1. Cf. Jack Lindsay, *Les Origines de l'alchimie dans l'Égypte gréco-romaine*, Paris, Le Rocher, 1986.
2. Cf. S. Samburski, *Das physikalische Weltbild de Antike, op. cit.*, p. 36, 43, 47, 133 passim.
3. Cf. R. Onians, *The Origins of European Thought, op. cit.*, p. 35 sq.
4. *Schmiede und Alchemisten*, Stuttgart, Klett, 1956, p. 23 sq.
5. Cf. Günther Roeder, *Urkunden zur Religion der alten Agypter*, Iéna, 1923, p. 297 sq.
6. M. Berthelot, *Collection des anciens alchimistes grecs, op. cit.*, vol. I, p. 289 sq.
7. C.G. Jung, *Psychologie et alchimie, op. cit.*, p. 449, 400.
8. *Ibid.*, p. 386.
9. C.G. Jung, *Les Racines de la conscience*, Paris, Buchet/Chastel, 1971, p. 16-17 et 23-24.
10. Cf. son « Épître du soleil à la lune croissante ».
11. *Voyage à Ixtlan*, Paris, Gallimard, Folio, 1974, p. 140.
12. *Ibid.*, p. 142-145.
13. Cf. *Psychologie et alchimie, op. cit.*, p. 442.
14. C.G. Jung, *Correspondance I, op. cit.*, p. 95.
15. *Ibid.*, p. 97.
16. *Psychologie et alchimie, op. cit.*, p. 359 sq.
17. C.G. Jung, *Correspondance I, op. cit.*, p. 119 : « Les dieux ne vivent que par l'acte créateur. »
18. Cf. J. Fraser, *Voices of Time, op. cit.*, passim.
19. Cf. Gerh. Wehr, « Beiträge zur Zeitstruktur » dans *Offene Systeme I*, Stuttgart, éd. Ernst von Weizsäcker, Klett, 1975.
20. C.G. Jung, *Correspondance IV*, Albin Michel, Paris, 1995.
21. Cf. *ibid.*

22. Cf. *Correspondance I, op. cit.*, p. 119.

23. Selon la physique il y aurait, dans un tel cas, « un espace inconscient absolu dans lequel un nombre infini d'observateurs contemplent le même objet ». Mais si l'on se place du point de vue complémentaire de la psychologie des profondeurs, « il n'y aurait au contraire qu'un observateur (situé dans l'inconscient), qui contemplerait une infinité d'objets ». Cet observateur *unique* est ce que Jung appelle le Soi qui cherche à se réaliser en chaque individu (lettre à W. Pauli, *Correspondance I, op. cit.*, p. 223).

24. C.G. Jung, *Correspondance III, op. cit.*, p. 98.

25. *Ibid.*, p. 96 sq.

6. L'idée alchimique du macrocosme-microcosme à la lumière de la psychologie jungienne

1. M. Eliade, *Cosmologie et alchimie babylonienne*, Paris, Gallimard, 1991.

2. *Ibid.* Il n'est pas sûr si les métaux s'appellent ainsi ou bien si on ajoute aux métaux des embryons qui auraient la vertu d'être des « charmes magiques ».

3. Ed. W. Scott. vol. I, p. 176.

4. *Ibid.*, p. 197.

5. M. Berthelot, *Collection des anciens alchimistes grecs, op. cit.*, vol. I, p. 100 : « Sur l'art sacré », par. 51-52.

6. Une variante du texte n'évoque pas le coq mais la taupe.

7. M. Berthelot, *op. cit.*, vol. I, p. 89.

8. C.G. Jung, *Psychologie et alchimie, op. cit.*, p. 459 sq.

9. M. Berthelot, *op. cit.*, vol. I, p. 20 (I.4.1.).

10. *Ibid.*, p. 10.

11. *Ibid.*, p. 80.

12. *Ibid.*, p. 135.

13. Zosime connaît la Bible et se réfère ici à la Genèse.

14. Livre de la Sagesse, M. Berthelot, *op. cit.*, vol. I, p. 213.

15. M. Eliade, *Cosmologie et alchimie babylonienne, op. cit.*, p. 95 ; le texte provient de la bibliothèque d'Assourbanipale.

16. M. Berthelot, *op. cit.*, vol. I, p. 228.

17. *Ibid.*, p. 244.

18. *Ibid.*, p. 84.

19. Gerhard Dorn, élève de Paracelse ; cf. chapitre 2.

20. *Artis Auriferae, quam Chemiam vocant*, Bâle, 1593, vol. II, pars I, p. 322 sq., voir C.G. Jung, *Aïon, op. cit.*, p. 183 sq.

21. Interprété par Jung, *ibid.*, p. 183.

22. Ed. Stapleton, *Memoirs of the Asiatic Society of Bengal*, Calcutta, 1933, p. 174.

23. *Ibid.*, p. 75.

24. *Ibid.*

25. *Ibid.*, 180.
26. *Ibid.*, p. 181.
27. Cf. l'erreur de E.V. Lippmanns dans *Ruska : Tabula Smaragdina*, Heidelberg, 1926, p. 18 sq.
28. Cf. G. Roeder, *Urkunden sur Religion des alten Agypten*, passim.
29. Cf. C.G. Jung, *Mysterium conjunctionis*, *op. cit.*, p. 338.
30. C.G. Jung, *Synchronicité et Paracelsica*, *op. cit.*, p. 43 sq.
31. *Ibid.*, p. 76.
32. *Theatrum Chemicum*, 1602, vol. I, cité par C.G. Jung dans *Psychologie et alchimie*, *op. cit.*, p. 338.
33. C.G. Jung, *Synchronicité et Paracelsica*, *op. cit.*, p. 76.
34. *Ibid.*, p. 106.
35. Je ne puis en apporter la preuve ici, mais il suffit de se reporter aux travaux de Jung.
36. C.G. Jung, *Aïon*, *op. cit.*, p. 260.
37. E. Neumann a établi cette traduction-ci à partir de la notion jungienne d'*unus mundus*.

7. *Quelques aspects historiques concernant l'hypothèse du principe de synchronicité de Jung*

1. C.G. Jung, *Correspondance III*, *op. cit.*, p. 95 sq.
2. C.G. Jung, *Synchronicité et Paracelsica*, *op. cit.*, p. 107 sq.
3. *Ibid.*, p. 104 sq.
4. M.-L. von Franz, *Die Suche nach dem Selbst*, Munich, 1985.
5. *Papyri Graecae Magicae*, Stuttgart, 1974, vol. 2, p. 170.
6. *Ibid.*, p. 169 sq.
7. *Corpus Hermeticum*, éd. W. Scott, *op. cit.*
8. *De alimente*, cité par Jung dans *Synchronicité et Paracelsica*, *op. cit.*, p. 82.
9. Henri Corbin, *Corps spirituel et terre céleste*, Paris, Buchet/Chastel, 1979.
10. *Ibid.*, p. 102 sq.
11. *Ibid.*, p. 112 sq.
12. Cf. Henri Corbin, *L'Imagination créatrice dans le soufisme d'Ibn Arabi*, Paris, Flammarion, 1958.
13. Cf. *Avicenna Latinus Liber de Anima, seu Sextus de Naturalibus*, éd. Simone van Riet, 2 vol., Louvain-Leyde, 1972.
14. *Ibid.*, de Anima IV, 4, *op. cit.*, p. 64-65.
15. Cf. *Albert der Grosse. — Seine Zeit, sein Werk, seine Wirkung*, éd. Albert Zimmermann, Berlin, New York, Walter de Gruyter, 1981 passim.
16. Cf. Thomas d'Aquin, *Nel suo Settimo centenario, Le Fonti del Pensiero di S. Tommaso, Atti del Congresso internazionale*, Ed. Domenicane Italiane, Naples, passim.

17. C.G. Jung, *Synchronicité et Paracelsica, op. cit.*, p. 49-50 ; cf. M.-L. von Franz, *Aurora consurgens*, La Fontaine de Pierre, Paris, 1982.

18. Pour de plus amples détails, voir M.-L. von Franz, *Aurora consurgens, op. cit.*, p. 418 sq.

19. Cf. E. Gilson, *Pourquoi saint Thomas a critiqué saint Augustin*, dans « Archives d'histoire doctrinale et littéraire du Moyen Âge », vol. I, 1926-1927, p. 5 sq.

20. *Ibid.*, p. 38-49, et E. Gilson *Les Sources gréco-arabes de l'augustinisme avicennisant, Archives d'histoire...*, vol. 4, p. 106, 1929.

21. Cf. saint Thomas d'Aquin, *Opus Tertium 29.* Cf. aussi E. Gilson, *Pourquoi saint Thomas..., op. cit.*, p. 41 sq., et : *Les Sources gréco-arabes..., op. cit.*, p. 107.

22. Cf. C.G. Jung, *Réponse à Job*, Paris, Buchet/Chastel, 1990, chap. 3.

23. Cf. Henri Corbin, *op. cit.*, p. 121.

24. *Ibid.*, p. 122.

25. *De Divisione Naturae*, III, 19, Migne, Pat. Lat., tom CXXII.

26. *Ibid.*, Liber I, 5.

27. *Ibid.*, Lib. II, 31.

28. *Ibid.*, Lib. III, 8.

29. Cf. W. Preger, *Geschichte der deutschen Mystik im Mittelalter*, Neudruck, Aalen, 1962, vol. 1, p. 161.

30. « Annot. elucid. in Evang. Joannis », tiré de Preger, *op. cit.*, p. 328.

31. Voir saint Augustin, *De Genesi ad. litt.*, 1, IV, 3 et 8. Pour de plus amples renseignements, voir M.-L. von Franz, *Nombre et temps, op. cit.*, p. 178 sq.

32. *Summa II*, II, 171/173, *De Veritate*, 12, 7/8. Voir Victor White, « St. Thomas' Conception of Revelation », *Dominican Studies*, St. Giles-Oxford, Blackfair Publications, vol. I, janvier 1948, n° 1, p. 5.

33. *Summa I*, Quaest. 64, art.1.

34. Pour plus d'informations, voir M.-L. von Franz, *Aurora consurgens, op. cit.*, p. 176.

35. Neudruck, Stuttgart, 1966, voir plus particulièrement 2, p. 189 sq.

36. Jung, *Synchronicité et Paracelsica, op. cit.*, p. 105 sq.

37. Ce laps de temps au bout duquel la moitié des atomes radioactifs existant à l'origine est désintégrée ; cette demi-vie est une valeur caractéristique présente dans tout noyau radioactif.

38. « Incursion dans le monde acausal » dans *La Synchronicité, l'âme et la science*, Albin Michel, Paris, 1995. Cf. aussi R.A. Wilson, *Die neue Physik, und C.G. Jung* dans *Sphinx Magazin*, Bâle, avril-mai 1986.

39. *Nombre et temps, op. cit.*, p. 119 sq. Martin Schönberger a donné une description détaillée de cette découverte dans : *Verborgener Schlüssel zum Leben*, Francfort, 1977.

40. Cf. Frances A. Yates, *Raymond Lulle et Giordano Bruno*, Paris, PUF, 1999.

41. Cf. Yates, *Giordano Bruno et la tradition hermétique*, Paris, Dervy Livres, 1996.

42. *Ibid.*, p. 157.
43. *Ibid.*, chap. XII.
44. *Ibid.*, p. 371 sq.
45. *Ibid.*, p. 367.
46. *Ibid.*
47. Cf. Paolo Rossi, *Clavis Universalis, Arti Mnemoniche e Logica Combinatoria da Lullo a Leibniz*, Milan, Naples, 1960.
48. Cf. G.W. Leibniz, *Monadologie, op. cit.*
49. *Synchronicité et Paracelsica, op. cit.*, p. 89 sq.
50. Pour de plus amples renseignements, voir M.-L. von Franz, *Nombre et temps, op. cit.*, p. 112 sq.
51. Voir Jung, *Correspondance III, op. cit.*, p. 246 sq.
52. C.G. Jung, *Synchronicité et Paracelsica, op. cit.*, p. 57 sq.
53. *Dans* H. Reeves, M. Cazenave, P. Solié, K. Pribram, H.F. Etter, M.-L. von Franz, *La Synchronicité, l'âme et la science*, Paris, Albin Michel, 1995.
54. *La Science et l'âme du monde*, Paris, Poiesis, 1983, 4e éd., Albin Michel, 1996.
55. *Dans Nombre et temps, op. cit.*
56. Cf. M.-L. von Franz, *La Psychologie de la divination : le hasard signifiant*, Paris, Albin Michel, 1994.

8. Le principe de synchronocité de C.G. Jung

1. La préface de C.G. Jung à ce livre se trouve en français dans *Commentaires sur le mystère de la fleur d'or*, Paris, Albin Michel, 1979.
2. Voir C.G. Jung, « À la mémoire de Richard Wilhelm », dans l'annexe de *Commentaires sur le mystère de la fleur d'or, op. cit.*, 1979.
3. C.G. Jung, *Correspondance IV, op. cit.*
4. C.G. Jung, *Correspondance I, op. cit.*, p. 188.
5. L'idée de la synchronicité sert cependant déjà indirectement de base à l'exposé historique de Jung du symbole du Christ dans *Aïon* et dans *Réponse à Job*, datant de la même année que son travail sur la synchronicité.
6. C.G. Jung, *Synchronicité et Paracelsica, op. cit.*
7. Berlin, Deutsche Buchgemeinschaft, 1924.
8. Dans les expériences menées avec des dés, il est vrai que l'on pourrait faire entrer la télékinésie en ligne de compte, dans le cas où celle-ci serait bien une influence énergétique, ce qui n'est toujours pas démontré de façon certaine.
9. C.G.Jung, *Correspondance III, op. cit.*, p. 254.
10. Cf. également la lettre importante que Jung a adressée à F. Bender le 6 mars 1958 au sujet des expériences de Rhine, dans *Correspondance V*, Albin Michel, 1996.
11. Cf. C.G. Jung, *Synchronicité et Paracelsica, op. cit.*, p. 72.

12. *Ibid.*, p. 74.
13. *Ibid.*, p. 75 sq.
14. Jung, *Correspondance IV, op. cit.*
15. *Synchronicité et Paracelsica, op. cit.*, p. 75 ; et *Correspondance IV, op. cit.*
16. Jung, *Correspondance IV, op. cit.*
17. *Ibid.*, p. 235.
18. *Synchronicité et Paracelsica, op. cit.*, p. 106.
19. Cf. *Les Racines de la conscience, op. cit.*, p. 560.
20. Pour de plus amples renseignements sur le rapport entre la microphysique et la psychologie de l'inconscient collectif, cf. *ibid.*, p. 559.
21. *Ibid.*, p. 564.
22. Voir également la lettre de Jung à Rhine du 25 septembre 1953 (*Correspondance III, op. cit.*, p. 190 sq.), et la lettre de Jung à St. Abrams du 21 octobre 1957 (*Correspondance IV, op. cit.* ; *Correspondance II, op. cit.*, p. 166 sq.).
23. Cf. *Les Racines de la conscience, op. cit.*, p. 564.
24. Cf. l'opinion de Jung concernant le phénomène des matérialisations dans la lettre à C. Bendit du 12 novembre 1945 (*Correspondance II, op. cit.*, p. 129 sq). Jung y tient une extension de la réalité psychique sur la matière pour possible et demande aux scientifiques de créer une nouvelle science de la parapsychologie pour résoudre ces problèmes. Voir également la lettre de Jung à G. Frei du 17 janvier 1949 (*Correspondance II*, p. 287).
25. *Ibid.*
26. C.G. Jung, *Psychologie et éducation*, Paris, Buchet/Chastel, 1990.
27. *Correspondance III, op. cit.*, p. 95 sq.
28. Cf. *Sychronicité et Paracelsica, op. cit.*
29. « Une expérience astrologique », *ibid.*, p. 287.
30. *Ibid.*, p. 76.
31. *Ibid.*, p. 46 sq.
32. *Ibid.*, p. 41.
33. *Ibid.*, p. 536 sq, 518.
34. *Ibid.*, p. 519 sq, 542, chapitre C.
35. Cf. l'introduction de Jung à la version anglaise du *Yi king* (traduction de G. Baynes), dans *Commentaire sur le Mystère de la fleur d'or, op. cit.* Cf. aussi la lettre de Jung à P. Jordan du 10 novembre 1934 (*Correspondance I, op. cit.*, p. 234 sq.).
36. Cf. Jung, *Synchronicité et Paracelsica, op. cit.*, p. 90 ; ainsi que *Correspondance III*, p. 98 sq ; et *Correspondance IV, op. cit.*
37. Cf. Jung, *Synchronicité et Paracelsica, op. cit.*, p. 85-86.
38. H. Driesch, *Die Seele als elementarer Naturfaktor*, Leipzig, 1903.
39. *Synchronicité et Paracelsica, op. cit.*, p. 86.
40. *Ibid.*
41. *Correspondance II, op. cit.*, p. 66 sq.

42. « Das Syndrom des Schwebeerlebnisses unmittelbar nach Kopfverletzungen », *Der Nervenarzt*, n° 17, 1944, p. 181-210.
43. *Synchronicité et Paracelsica, op. cit.*, p. 98 ; voir aussi *Correspondance I*, p. 116.
44. Cf. *Synchronicité et Paracelsica, op. cit.*, p. 30.
45. *Ibid.*, p. 99.
46. *Ibid.*, p. 101.
47. *Ibid.*
48. Jung, *Correspondance IV, op. cit.*
49. Comme le temps joue ici un rôle essentiel, Jung a choisi l'expression « synchronistique ». Voir également *Correspondance IV, op. cit.*
50. Jung, *Synchronicité et Paracelsica, op. cit.*, p. 105-107.
51. Paul Kammerer, *Das Gesetz der Serie*, Stuttgart, Berlin, 1919.
52. Jung, *Synchronicité et Paracelsica, op. cit.*, p. 27 sq.
53. A. Koestler, *Racines du hasard*, Paris, Calmann-Lévy, 1972.
54. Jung, *Synchronicité et Paracelsica, op. cit.*, p. 57.
55. Jung, *Correspondance IV, op. cit.*
56. *Ibid.*
57. Cf. le protocole d'une discussion faisant suite à l'exposé de W. Nowackis, « L'Idée d'une structure de la réalité » du 7 décembre 1957 à l'institut C.G. Jung de Zurich, cité avec la permission de F. Riklin.
58. E. Wigner, *Symmetries and Reflections*, Indiana University Press, 1967.
59. Jung, *Correspondance IV, op. cit.*
60. *Ibid.*
61. *Ibid.*
62. Le plus clairement, par exemple, dans la prémonition ; bien entendu, il peut éventuellement être aussi question du principe synchronistique en tant qu'explication dans des cas où une causalité n'est pas pensable. Simplement il n'est alors pas démontrable avec certitude.
63. *Synchronicité et Paracelsica, op. cit.*, p. 107 sq.
64. *Ibid.*, p. 104 sq. ; *Correspondance I, op. cit.*, p. 232.
65. *Correspondance III, op. cit.*, p. 52.
66. *Ibid.*, p. 29 sq.
67. *Mysterium conjunctionis, op. cit.*, p. 342.
68. *Ibid.*
69. Voir la contribution de W. Pauli dans *Physique moderne et philosophie*, Paris, Albin Michel, 1999.
70. Braziller, New York, 1966.
71. Braziller, New York, 1975.
72. Les deux Daimon, Zurich.
73. *Dans Zeitschrift für Parapsychologie und Grenzgebiete der Psychologie 4, 1960, p. 8-23.*
74. *New Developments in Analytical Psychology*, Londres, 1957 ; *The Objective Psyche*, Londres, 1958.

75. *Zeitgemässe Probleme der Traumforschung,* (Eidgenösische technische Hochschule), Zurich, 1950.
76. Voir C.G. Jung, *Synchronicité et Paracelsica, op. cit.*, p. 90, note 123 p. 117.
77. *Dans Festschrift zum 60. Geburtstag von C.A. Meier,* Zurich, 1965, p. 253-266.
78. *Ibid.*
79. *Dans Verborgene Welt,* 6, 1955, p. 273 sq.
80. *Dans Grenzgebiete der Wissenschaft,* 16, 1967.
81. « Philosophische Aspekte der Synchronizitätstheorie » dans *Grenzgebiete der Wissenschaft,* 17, 1986.
82. Stuttgart, 1963.
83. M.R. Gammon, « Window into eternity. Archetype and relativity », dans *Journal of Analytical Psychology,* 18, 1973, p. 11-24.
84. H. Bender, J. Mischo, « Präkognition in Traumserien » dans *Zeitschrift für Parapsychologie und Grenzgebiete der Psychologie,* 4, 1960-1961, p. 114-120 : H. Bender, « Von sinnvollen Zufällen » dans *Zeitschrift für Parapsychologie und Grenzgebiete der Psychologie,* 15, 1973, p. 203-212 ; Bender, *Verborgene Wirklichkeit,* Freiburg, Olten, 1973.
85. New York, Putnam, 1974.
86. *Racines du hasard, op. cit.*, 1972.
87. *Ibid.*, p. 134 sq.
88. « A psychologists view » dans *Quandrant,* vol. 8, 1975, p. 65-69.
89. *Dans Zeitschrift für Parapsychologie und Grenzgebiete der Psychologie,* 15, 1973, p. 1-14.
90. *Ibid.*, p. 148-158.
91. S. Crohn, « Einige philosophische und theoretische Implikationen der Parapsychologie » dans *Grenzgebiete der Wissenschaft,* 16, 1967, p. 19-26.
92. « Grundzüge einer Theorie paranormaler Phänomäne » dans *Zeitschrift für Parapsychologie und Grenzgebiete der Psychologie,* 17, 1975, p. 73-87.
93. *Op. cit.*
94. Dans ce livre chapitre 12.
95. « Philosophische Aspekte der Synchronizitätstheorie » dans *Grenzgebiete der Wissenschaft,* 17, 19, p. 347-357.
96. M. Porkert, *Wissenschaftliches Denken im alten China Antaios,* 2, 1961, p. 532-551.

9. Une contribution au débat sur l'hypothèse de la synchronicité de C.G. Jung

1. Voir chapitre précédent.
2. J'aimerais remercier ici le rédacteur de la *Zeitschrift für Parapsychologie und Grenzgebiete der Psychologie,* le psychologue Eberhard Bauer,

pour avoir mis à ma disposition les photocopies de nombreux textes critiques et des commentaires de parapsychologues.

3. Je me réfère ici à son travail « La synchronicité, principe de relations acausales » dans *Synchronicité et Paracelsica, op. cit.*, p. 21-119.

4. Cf. par exemple David Bohm : « Discussion » dans France Culture (ed.) ; *Science et conscience*, Paris, Stock, 1980, p. 268, et O. Costa de Beauregard : *La Physique moderne et les Pouvoirs de l'esprit*, Paris, Le Hameau, 1981.

5. Cité par A. Vaugham, « Sychronicity, causality and consciousness as creator » dans W.G. Roll (ed.) : *Research in Parapsychology 1979*, Metuchen, N.J. & Londres, Scarecrow, 1980, p. 21.

6. H. Bender, « Transcultural uniformity of poltergeist patterns as suggestive of an "archetypal" arrangement » dans W.G. Roll (ed), *op. cit.* Voir les propos de C.G. Jung dans une interview, « On the future of Parapsychology. A Symposium » dans *International Journal of Parapsychology*, 4 (N° 2, 1962), p. 5-26 (le texte entier n'est disponible que de manière miméographiée). Stephen Braude dans *ESP and Psychokinesis. A Philosophical Examination*, Temple University Press, Philadelphie, 1979, p. 24, déclarait cependant sans hésiter que toute explication *doit* (!) être une explication causale, ce qui est un pur préjugé. Cela est d'autant plus étrange que *explanare* signifie « élargir, aplanir » et non « fonder » causalement.

7. B. Honegger, « Spontaneous waking-state psi as interhemispheric verbal communication : is there another system ? » dans W.G. Roll (ed.), *op. cit.*, p. 19-21.

8. Cf. Sir John Eccles, *The Human Psyche*, Berlin/Heidelberg/New York, Springer, 1980, en particulier p. 97 sq., 49, 53, 47 sq., 240, et K. Pripram, « Esprit, cerveau et conscience » dans France Culture (ed.), *Science et Conscience, op. cit.*, p. 393-408, en particulier p. 171 (discussion) ; voir également W.H. Harmann, « Les implications pour la science et la société des découvertes récentes dans le champ de la recherche psychologique et physique », *ibid.*, p. 431-440, en particulier p. 435 sq.

9. Un cas qui s'est produit dans ma clientèle.

10. J. Eisenbud, « Synchronicity, psychodynamics and psi » dans W.G. Roll (ed.), *op. cit.*, p. 25-26. Eisenbud reproche aussi à Jung d'ignorer le rôle de l'observateur, ce qui n'est pas le cas ; Jung, dans son écrit, dit sans équivoque son avis à ce sujet.

11. De la même manière Stephan Braude affirme (*ESP and Psychokinesis, op. cit.*, p. 24) que des désirs inconscients de l'observateur pourraient produire causalement de tels événements.

12. S.E. Braude, « The synchronicity confusion » dans W.G. Roll (ed.), *op. cit.*, p. 26-28.

13. S.E. Braude, *ESP and Psychokinesis, op. cit.*

14. *Ibid.*, p. 233.

15. *Ibid.*, p. 238.

16. Cf. la contribution « Sens et ordre », p. 324 sq.

17. Lettre à E. Neumann du 10 mars 1959, dans *Correspondance V*, Albin Michel, 1995.

18. Pour des exemples, voir mon exposé « Sens et ordre », passim.

19. « Von sinnvollen Zusammenfällen » dans *Zeitschrift für Paraspychologie und Grenzgebiete der Psychologie*, 15, 1973, p. 203-212 (édité aussi dans H. Bender, *Zukunftsvisionen, Kriegsprophezeigungen, Sterbeerlebnisse. Aufsätze zur Parapsychologie II*, Munich, Piper, 1973) et « Die transkulturelle Gleichförmigkeit von "Spuk"-Mustern (...) » dans *Zeitschrift für Parapsychologie und Grenzgebiete der Psychologie*, 21, 1979, p. 133-139 ; et en particulier aussi « Meaningfull coincidences in the light of the Jung-Pauli theory of synchronicity and parapsychology » dans B. Shapin, & L. Coly (eds.), *The Philosophy of Parapsychology*, New York, Parapsychology Foundation, 1977, p. 66-81.

20. Cf. W. Gauger, « Zum Phänomen des sinnvollen Zufalls » dans *Zeitschrift für Parapsychologie und Grenzgebiete der Psychologie*, 21, 1979, p. 77-97 (édité aussi dans *id.*, « *Y* » — *Paranormale Welt, Wirklichkeit und Literatur*, Berlin, Henssel, 1980, p. 154-187). Cf. aussi A. Vaughan, *Incredible Coincidence : the Baffling World of Synchronicity*, Philadelphia, Lippincott, 1979. Vaughan suppose néanmoins qu'une sorte de « conscience » cosmique « produit » les phénomènes de synchronicité, ce qui ne me paraît pas démontré.

21. C. Tart, « Causality and synchronicity : steps toward clarification » dans *Journal of the American Society for Psychical Research* 75, 1981, p. 121-141.

22. Sheldrake, *Une nouvelle science de la vie, l'hypothèse de la causalité formative*, Paris, éd. du Rocher, 1985.

23. *In Journal of the Society for Psychical Research*, 49, 1977, p. 537-582.

24. A. Koestler, « Réflexions sur des problèmes qui dépassent notre compréhension actuelle » dans *Hasard et l'Infini*, Paris, Tchou, 1977.

25. Information provenant de ma correspondance privée.

26. *In Cahiers de psychologie Jungienne*, n° 29, 2e trimestre, 1981, p. 1 sq.

27. Pour plus de détails sur le paradoxe EPR, voir aussi B. d'Espagnat, *À la recherche du réel : le regard d'un physicien*, Paris, Gauthier-Villars, 1980, p. 26 sq.

28. Pour une exploitation de cette connaissance eu égard à l'hypothèse de la synchronicité, voir l'excellent travail de M. Cazenave, « À la recherche de la synchronicité » dans *Cahiers de psychologie jungienne*, 29, 2e trimestre 1981, p. 8 sq.

29. Pour la discussion, cf. B. d'Espagnat, *op. cit.*, p. 117.

30. Publié sous France Culture (ed.) : *Science et conscience*, *op. cit.* ; cf. aussi D.S. Kothari, « Reality and Physics, some Aspects », dans *Proceedings of the International Conference* (6-12 et 13-21 janvier 1977), ed. Anluck, Kothary, Ananda, McMillan Co. (India), 1978, p. 199 sq. Je suis redevable de la connaissance de cet article au Dr Willy Just.

31. R. Frétigny, « Embryologie de la connaissance » dans *Science et conscience, op. cit.*, p. 197-209.
32. D. Bohm, « Discussion », *ibid.*, p. 235.
33. Cf. J.S. Bolen, *Le Tao de la psychologie*, Le Mail, 1983.
34. *Nombre et Temps, op. cit.*, 1978.
35. Cf. Jung, *Synchronicité et Paracelsica, op. cit.*, p. 86.
36. Cf. Jung, « Réflexions théoriques sur la nature du psychisme » dans *Les Racines de la conscience, op. cit.*, p. 506.
37. Cf. P. Solié, « Ouverture sur l'unité du Monde » dans *Synchronicité. Cahiers de psychologie jungienne*, n° 28 (1er trimestre 1981) ; cf. aussi J.S. Bolen, *Le Tao de la psychologie, op. cit.*
38. Titre : « Zur entwicklungsgeschichtlichen Bedeutung von biologischen Form-Funktionsbeziehungen am Beispiel des Schulterblattes bei höheren Primaten. »
39. *Dans La Synchronicité, l'âme et la science*, Paris, Albin Michel, 1995.
40. *Synchronicité et Paracelsica, op. cit.*, p. 107.
41. Lettre à Wolfgang Pauli du 29 octobre 1934 dans *Correpondance I, op. cit.*, p. 232.
42. Il s'agit du mathématicien Pascual Jordan (1903-1980) : voir ses « Remarques positivistes quant aux phénomènes parapsychiques » dans *Zentralbaltt für Psychotherapie und ihre Grenzgebiete*, 9, 1936, p. 1-17.
43. Souligné par moi.
44. Souligné par moi.
45. Pour plus de détails, voir M.-L. von Franz, *Savoir venant de la profondeur. Des oracles et de la synchronicité*, Munich, 1987.
46. Cf. J.F. Zavala, « Quelques aspects de la synchronicité en relation avec le calendrier divinatoire mexicain *Tonalamatl* » dans *Science et conscience, op. cit.*, p. 253-265.
47. Un petit groupe, il est vrai, s'est déjà occupé, au niveau privé, de ce problème avant 1961, mais n'a jusqu'à ce jour pas publié de résultats.
48. Cf. E. Russel, *Psychological Modes*, manuscrit, mars 1982 ; ainsi que U. Gantenbein, *Katastrophen*, thèse pour un diplôme ETH 1978-1979 (multigraphisme), p. 94 sq.
49. Cf. chapitre 2.
50. Les mathématiques, la physique, la biologie, l'astrophysique.

10. Quelques réflexions sur la synchronicité

1. Jung appelle la dimension psychique collective : inconscient collectif ou psyché objective. Je préfère dans mon contexte la dernière expression parce qu'elle implique qu'il s'agit d'une réalité indépendante (non subjective), dans le sens que donne B. d'Espagnat à ce terme (cf. *À la recherche du réel*, Paris, Gauthiers-Villars, 1979).
2. Cf. Paul Kugler, « Remarques sur les rapports de la théorie des archétypes et du structuralisme », *Cahiers de Psychologie jungienne*, n° 29,

1981. Pour la physique, voir F. Capra, *Le Tao de la physique*, Paris, Tchou, 1979, et Gary Zukav, *La Danse des éléments*, Paris, Laffont, 1982.

3. Cf. C. G. Jung, Collected Works, vol. 8, p. 3-67.
4. Cf. W. Pauli, *Physique moderne et philosophie*, Albin Michel, 1999.
5. D'Espagnat, *op. cit.*, p. 40 sq. & 45 et p. 19.
6. Cf. *Mysterium conjunctionis*, Albin Michel, Paris, 1980-1982, par. 662. Cet aspect unitaire de la psyché objective se manifeste par les symboles du mandala ou de l'homme cosmique (*Purusha-Atman*, *Anthropos* gnostique, *Pan-ku* Chinois, etc.).
7. Cf. Paul Dirac : *Grundprobleme der Physik*, Vortrag gehalten auf der Nobelpreisträger-Tagung in Lindau 1971. Je dois la connaissance de cet article à l'amabilité du Dr Hermann Strobel.
8. Cf. *La Synchronicité, l'âme et la science*, *op. cit.*, p. 11 à 19.
9. Cf. M.-L. von Franz, *Nombre et temps*, p. 154.
10. *Synchronicité et Paracelsica*, *op. cit.*, par. 965.
11. Cf. plus longuement sur ce point, *infra*, p. 258.
12. Cf. M.-L. von Franz, *Nombre et temps*, *op. cit.*, p. 126 : forces nucléaire, électromagnétique, interaction faible et gravitation.
13. D'Espagnat, *op. cit.*, p. 49.
14. Cf. *infra*, p. 252 et 253.
15. Voir les « zig-zag de Feynman », cf. O. Costa de Beauregard, « Cosmos et conscience », dans *Science et conscience*, Paris, Stock, 1980, Colloque de Cordoue, p. 68 et al.
16. Prigogine propose de le remplacer par un opérateur, dans *La Nouvelle Alliance*, Paris, Gallimard, 1979, p. 256.
17. Pour ce terme, voir *infra*, p. 253 et 254.
18. *Wholeness and Implicate Order*, Londres, 1980, p. 183.
19. *Ibid.*, p. 212.
20. *Ibid.*, p. 254.
21. *Synchronicité et Paracelsica*, *op. cit.*, par. 948. Cf. aussi *Correspondance III*, *op. cit.*
22. Cf. *La Synchronicité, l'âme et la science*, *op. cit.*, p. 21 à 68.
23. *Nombre et temps*, *op. cit.*
24. Cf. Jung, *Mysterium conjunctionis*, *op. cit.*, par. 663, 759, 767.
25. Il ne s'agit pas forcément d'une coïncidence synchrone, c'est-à-dire d'une exactitude à la seconde, ou même d'une ou deux heures.
26. *Synchronicité et Paracelsica*, *op. cit.*
27. Cf. M. Cazenave, *La Synchronicité, l'âme et la science*, *op. cit.*
28. *Correspondance III*. Voir aussi Cazenave, *op. cit.*
29. *Ibid.* ; voir aussi l'extrait et commentaire de M. Cazenave, *op. cit.*
30. *Synchronicité et Paracelsica*, *op. cit.*, par. 963.
31. Cf. *Wholeness and the Implicate Order*, *op. cit.*, *passim* et « Ordre involué-évolué de l'univers et la conscience » dans *Science et conscience*, *op. cit.*, p. 99 sq.
32. *Wholeness*, *op. cit.*, p. 47 sq.
33. *Ibid.*, p. 49.

34. *Ibid.*, p. 61.
35. *Ibid.*, p. 149.
36. Cf. G. J. Whitrow, *The Natural Philosophy of Time*, *op. cit.*, p. 111 sq.
37. *Wholeness*, *op. cit.*, p. 151.
38. *Op. cit.*
39. *Aïon*, chap. XIV.
40. Cité de T. Izutsu, « Matière et conscience dans les philosophies orientales » dans *Science et Conscience*, *op. cit.*, p. 353 sq., p. 365.
41. Traduit de Bohm : « Issues in Physics, Psychology and Metaphysics. A conversation with John Welwood » dans *The Journal of Transpersonal Psychology*, vol. 12, n° 1, 1980, p. 25 sq.

Cf. aussi David Bohm, « Insight, Knowledge, Science and Human Values » dans *Education and Human Values*, Douglas Sloan éd., New York/Londres, Teachers College Press, Columbia Univ., 1980. Je dois la connaissance de ces articles à l'amabilité du Dr Willy Just.

42. Voir aussi Bohm dans *Science et conscience*, *op. cit.*, p. 108 et spécialement p. 119.
43. *Le Second Principe de la science du temps*, *op. cit.*, p. 14, 75, 80, 121, 159.
44. M. Cazenave, *op. cit.*
45. Bohm, *Wholeness*, *op. cit.*, p. 72.
46. *Synchronicité et Paracelsica*, *op. cit.*, par. 930.
47. Cf. les remarques de Willis Harman dans : *Science et conscience*, *op. cit.*, p. 437, et de Ullman, *ibid.*, p. 235.
48. *On the Nature of the Psyche*, coll. W., vol. 8, par. 388 ff.
49. *Ma Vie*, *op. cit.*, p. 851. Ce texte porte « brouillard diffus de savoir », ce qui est mal traduit.
50. Voir H. Reeves, *op. cit.*, *passim*, pour la définition de cette notion.
51. Cf. R. Frétigny, « Embryologie de la connaissance », dans *Science et Conscience*, *op. cit.*, p. 201.
52. Voir l'exemple de la *Cetonia Aurata*, dans Jung, *Synchronicité et Paracelsica*, *op. cit.*, par. 843 sq.
53. Bohm, Dirac, *op. cit.*
54. M. L. von Franz, *Sens et ordre*, *op. cit.*, p. 11.
55. *Wholeness*, *op. cit.*, p. 160 sq.
56. *Ibid.*, p. 164.
57. *Ibid.*, p. 165, citation traduite par l'auteur.
58. Pour ces questions, voir M.-L. von Franz, *Nombre et temps*, *op. cit.*
59. Il s'agit là de mon idée dérivée de la pensée de Jung, mais non pas formulée par Jung lui-même.
60. *Nombre et temps*, *op. cit.*, p. 26 sq.
61. Voir M. Granet, *La Pensée chinoise*, Paris 1968, p. 236, et M.-L. von Franz, *Nombre et Temps*, *op. cit.*, p. 41 sq.
62. *Science et Conscience*, l.c., p. 113, voir aussi p. 107.

63. Cf. aussi Georges Elie Humbert, *Une pratique du Sens* dans *Science et Conscience, op. cit.*, p. 217 sq.
64. *Sens et ordre, op. cit.*, p. 16.
65. *Ma Vie, op. cit.* p. 353.
66. J. Campbell, *Le Héros aux mille visages*, Paris, Robert Laffont, 1979.
67. Voir *La Synchronicité, l'âme et la science, op. cit.*, p. 19.
68. Il me semble que Reeves a mécompris l'argument astrologique de Jung, qu'il rejette. Or, Jung démontre lui-même que la statistique ne fonctionne pas dans ce domaine, mais qu'elle est au contraire « truquée » par la synchronicité. Il confirme donc en fin de course l'opinion propre de Reeves.
69. Pour celui-ci, voir José Zavala dans *Science et conscience, op. cit.*, p. 253.
70. *Correspondance, I, op. cit.* ; cf. M. Cazenave, *op. cit.*
71. *Correspondance, III,* p. 494.

11. Sens et ordre

1. C.G. Jung, *Ma vie, op. cit.*, p. 353.
2. Cf. par exemple B.G. Fregge, *Grundgesetze der Arithmetik* (Neudruck), Hildesheim, 1962, p. VII et XIV.
3. *Ibid.*, p. XVII, XVIII.
4. *Funktion, Begriff, Bedeutung*, Vandenhoeck, 1975, p. 17 sq., 44f., et 83.
5. *Ibid.*, p. 67.
6. Voir H. Weyl, *Philosophy of Mathematics and Natural Science*, Princeton, 1945.
7. Tiré de E. Nagel et J.R. Newmann, « Goedel's Proof », *Scientific American*, juin 1956, p. 81. Je dois la connaissance de cet article à une aimable indication du Dr Willy Just.
8. *Op. cit.*, p. 86.
9. C.G. Jung, *Ma Vie, op. cit.*, p. 353.
10. Cf. C.G. Jung, *Synchronicité et Paracelsica, op. cit.*, p. 57.
11. Cf. T. Danzig, *Number : the Language of Science*, New York, 1954, p. 234.
12. Eugene Wigner, *Symmetries and Reflections*, Cambridge, Mass., 1970.
13. *Ma vie, op. cit.*, p. 353.
14. C.G. Jung, *Correspondance IV, op. cit.*
15. Comme l'affirme de manière erronée A. Jaffé.
16. C.G. Jung, *Correspondance IV, op. cit.*
17. C.G. Jung, *Synchronicité et Paracelsica, op. cit.*, p. 106, par. 955.
18. *Ibid.*, p. 106.
19. Rajouté par moi.
20. *Synchronocité et Paracelsia, op. cit.*, p. 106.

21. *Ibid.*, p. 108, par. 558.
22. C.G. Jung, *Correspondance IV*, *op. cit.*
23. Liu Guan-Ying, « Die ungewöhnliche Naturerscheinungen der Tang Annalen und ihre Deutung » dans *Symbolon*, Bâle, 1961, II, p. 34 sq.
24. *Yi king*, *op. cit.*, p. 337.
25. *Ibid.*, p. 302.
26. *Synchronicité et Paracelsica*, *op. cit.*, p. 46.
27. *Ibid.*, p. 48
28. *Ibid.*, p. 48
29. *Ibid.*, p. 47
30. *Yi king*, *op. cit.*, p. 338.
31. *Ibid.*, p. 336.
32. G.J. Whitrow, *The Natural Philosophy of Time*, *op. cit.*, p. 295 sq.
33. C.G. Jung, *Mysterium conjunctionis*, II, *op. cit.*, p. 254.
34. La représentation suivante est tirée de D. Mahnke, *Unendliche Sphähre und Allmittelpunkt*, Stuttgart, Neudruck, 1966.
35. *Ibid.*, p. 230-235, 215 sq.
36. *Ibid.*, p. 219.
37. *Ibid.*, p. 199.
38. *Ibid.*, p. 202.
39. *Ibid.*, p. 175.
40. *Ibid.*, p. 167.
41. *Ibid.*, p. 141.
42. *Ibid.*
43. *Ibid.*, p. 139.
44. *Ibid.*, p. 127.
45. *Ibid.*, p. 125.
46. *Ibid.*
47. *Ibid.*, p. 18.
48. *Ibid.*, p. 17.
49. *Ibid.*, p. 8 et 10
50. M.-L. von Franz, *Nombre et Temps*, *op. cit.*, p. 132.
51. *Ma vie*, *op. cit.* p. 379.
52. Voir F.C. Haber, « The Darwinian Revolution in the Concept of Time », dans *The Study of Time*, Berlin/Heidelberg, 1972, I, p. 383.
53. C.G. Jung, *Correspondance II*, *op. cit.*, p. 52.
54. *Ibid.*, p. 51.
55. *Ma vie*, *op. cit.*, p. 351.
56. C.G. Jung, *Psychiatrische Studien*, *G.W.*, vol. 1, Zurich, Walter Verlag, 1966.
57. *Synchronicité et Paracelsica*, *op. cit.*, p. 78, par. 906.
58. *Ibid.*, p. 78, par. 907.
59. *Ibid.*, par. 911.
60. Tiré de Morris Kline, « Les fondements des mathématiques », *La Recherche*, n° 54, mars 1975, p. 207.

61. *Yi king, op. cit.*, p. 303.
62. *Ibid.*, p. 314.
63. *Ibid.*, p. 253.
64. *Ibid.*, p. 338.
65. *Ma vie, op. cit.*, p. 353.
66. « Sur la synchronicité », dans C.G. Jung, *Synchronicité et Paracelsica, op. cit.*, 1988.
67. Il s'agit du point de vue du *Yi king* : le ciel dispose, en tant qu'esprit, du temps comme champ d'action, la terre disposant de l'espace en tant que principe subordonné.
68. R. Ruyer, *La Gnose de Princeton*, Paris, Fayard, 1974, p. 120.
69. Fritjof Capra, *Quark Physics without Quarks : a Review of Recent Developments dans S-Matrix Theory* (reprint).
70. *Ibid.*, p. 29.
71. *Ibid.*, p. 121.
72. *Ibid.*, p. 10.
73. C'est moi qui souligne.
74. F. Capra, *op. cit.*, p. 17.
75. *Ibid.*
76. *Ibid.*, p. 34.
77. *Ibid.*, p. 123 sq.
78. Ruyer les compare à des modèles de comportement animaux : *op. cit.*, p. 124.
79. *Ibid.*, p. 129.
80. *Ibid.*, p. 128.
81. *Ibid.*, p. 130.
82. *Ibid.*, p. 131.
83. C.G. Jung, *Correspondance IV, op. cit.*
84. *Ma vie, op. cit.*, p. 360.
85. *Ibid.*, p. 385.
86. *Ibid.*, p. 408.
87. F. Capra, *op. cit.*, p. 157.

12. Le temps et la synchronicité dans la psychologie analytique

1. Dans *Le Second Principe de la science du temps, op. cit.*, p. 130, Olivier Costa de Beauregard a tenté d'intégrer la cybernétique au domaine des problèmes généraux d'épistémologie de la physique, avant d'en arriver à la conclusion que la physique est contrainte d'entrer dans un dialogue actif avec la psychologie pour pouvoir construire une science plus englobante. Avec une approche différente, il répète en réalité le postulat de Wolfgang Pauli qui, connaissant la psychologie des profondeurs de C.G. Jung, exprimait l'espoir que nous soyons enfin en mesure de créer un nouveau langage, abstrait et neutre, grâce auquel certaines découvertes en psychologie et en physique pourraient enfin se rejoin-

dre dans un concept commun : cf. W. Pauli, *Science et archétypes*, Paris, Albin Michel, 2000. Dans sa contribution au symposium « L'unité de la connaissance » (*The Unity of Knowledge*, New York, Lewis Leary, éd. 1955), Niels Bohr proposait d'introduire son concept de complémentarité dans la psychologie. Il voulait que l'on considère la psyché consciente et inconsciente comme un couple d'opposés complémentaires. Voir aussi Max Knoll, « Transformation of science in our age », *Man and Time*, New York, Eranos Yearbook, 1957, p. 264 ; et Ernst Anrich, *Moderne Physik und Tiefenpsychologie*, Munich, 1963.

2. Jung appelle « psychoïdes » les sphères de l'inconscient où les phénomènes psychiques se confondent avec la matière ou se transforment en elle (voir plus loin). Ce domaine psychoïde est très proche de ce que P. Vignon et O. Costa de Beauregard appellent un « infrapsychisme » (cf. *Le Second Principe*, *op. cit.*, p. 80).

3. La psychologie nomme « contenu » une pensée, un désir, une impulsion, une rêverie, etc., c'est-à-dire toute unité relativement définie et identique à elle-même dans le domaine du continuum psychique.

4. Cf. C.G. Jung, *Les Racines de la conscience*, *op. cit.*, p. 502.

5. Cf. W. Pauli, *Physique moderne et philosophie*, Paris, Albin Michel, 1999 ; voir aussi William James, *Les formes multiples de l'expérience religieuse*, Chambéry, éd. Exergue, 2001.

6. The Unity of Knowledge, *op. cit.*, cf. aussi Pascual Jordan, *Verdrängung und Komplementarität*, Hambourg, 1947.

7. Contrairement à certains, Jung préfère l'expression « inconscient » à celle de « subconscient » : nos connaissances ne sont pas assez étendues pour que nous puissions employer des concepts se référant à une éventuelle localisation ou évaluation de nos contenus psychiques.

8. Par exemple G. Van der Leeuw, *Religion in Essence and Manifestation*, Londres, 1938, où de tels motifs récurrents apparaissent à chaque chapitre.

9. Freud appelait ces modèles des « restes archaïques » ou des « traces », à l'opposé des « images archétypiques » de Jung.

10. L'archétype en lui-même ne peut être représenté mais seulement décrit de façon abstraite, contrairement à ses produits : les images, les actes symboliques, les formes de pensées, etc. Pauli fournit dans ses écrits un excellent tableau de l'évolution de l'idée jungienne des archétypes.

11. Cf. Jung, *Les Racines de la conscience*, *op. cit.*, p. 521.

Tout instinct a une forme, car il contient en lui l'image complète d'une situation, c'est-à-dire que l'instinct d'une fourmi d'Amérique coupant des feuilles est un modèle qui comprend l'image de la fourmi, de la feuille, du fait de couper, du transport, du jardin aux champignons, etc. Sans tous ces éléments, l'instinct ne peut fonctionner. Une telle image est donnée *a priori*. L'instinct humain fonctionne de façon similaire et contient également des images, notamment des images archétypales.

12. Comme le montre H. Poincaré dans *La Science et l'Hypothèse*, Paris, Flammarion, coll. Champs, 1992, chapitre 3, de telles « illuminations » ne s'avèrent fécondes que lorsqu'elles arrivent dans un esprit préparé et exercé.

13. Cf. C.G. Jung, *Les Racines de la conscience, op. cit.*, p. 521. La conscience d'un contenu psychique n'est toujours que relativement consciente, de la même manière que son inconscience n'est elle aussi que relative. Un rêve, par exemple, n'est pas un événement complètement inconscient puisqu'on peut le raconter. Cf. C.J. Jung, *op. cit.*, p. 516, et W. Pauli, *Science et archétypes, op. cit.* Comme le souligne Pauli, le rêve est aussi un fait psychophysique parce qu'il s'accompagne de processus cérébraux.

14. Cf. aussi A. Portmann, « Time in the Life of the Organism » dans *Man and Time, op. cit.*, p. 310. Voir p. 318 : « De même que l'animal adulte réagit de façon instinctive, le plasma régule de façon "instinctive" la série temporelle des processus formatifs. »

15. Peut-être vaudrait-il mieux dire « fleuve de représentations ».

16. S. Watanabe, « Le concept de temps en physique moderne et la durée pure de Bergson », *Revue de métaphysique et de morale*, V, 56, 1951, p. 128.

17. Voir O. Costa de Beauregard, *Le Second Principe de la science du temps, op. cit.*, p. 114.

18. Je n'ose pas décider de cette question avec le peu de faits qui sont à notre disposition à ce jour, mais j'irais plutôt dans le sens du professeur Watanabe selon lequel le « sens du temps » n'est pas nécessairement causé par la loi de l'entropie.

19. Voir aussi O. Costa de Beauregard, *Le Second Principe, op. cit.*, p. 115 : « Étant entendu que l'univers matériel des relativistes doit être obligatoirement conçu comme déployé à la fois dans toute son épaisseur temporelle, nous proposerions volontiers la métaphore suivante : dans l'espace-temps de Minkowski, l'attention portée à la vie de Bergson serait analogiquement comparable à l'attention portée à la lecture d'un livre, les "états tridimensionnels du genre espace" successifs tenant un rôle comparable à celui des feuillets du livre. Et de même que, pour assimiler un raisonnement, notre attention se voit contrainte d'étudier le texte dans l'ordre où il est écrit, "l'attention portée à la vie", pour s'insérer effectivement dans "l'écriture" du cosmos quadridimensionnel, se verrait également obligée de "feuilleter" les états tridimensionels de l'univers dans l'ordre de la probabilité croissante. »

20. De la sorte, la vieille interrogation philosophique n'est toujours pas tranchée : le temps ne constitue-t-il qu'une catégorie de notre esprit conscient (Kant), ou bien existe-t-il aussi objectivement ? Cela signifie simplement que la perception exacte de ce que nous appelons aujourd'hui le temps dépend du fonctionnement de notre conscience.

21. Voir aussi O. Costa de Beauregard, *Le Second Principe, op. cit.*, p. 124 : « Si la nature même de la conscience est d'explorer toujours

dans le même sens, de proche en proche et sans lacune, l'épaisseur de la dimension temporelle du cosmos, en traînant après elle ce sillage de mémoire qui, n'étant ni méthodique, ni logique, n'a aucune raison d'être assujettie à la même loi, ne pourrait-on dire de lui qu'il est coextensif à l'épaisseur temporelle du cosmos ? »

22. O. Costa de Beauregard dit (*ibid.*, p. 123) : « Il est devenu impossible de comprendre le temps de l'univers matériel comme un front allant de l'avant. Le temps de l'univers matériel est constitué, comme son espace, d'une étendue. Le paramètre qui sert à étudier cette "quatrième dimension" est une coordonnée au même titre que celle du paramètre espace. » Et *ibid.*, p. 124 : l'inconscient connaîtrait la même expansion que « l'étendue actuelle ».

23. Cf. C.G. Jung, *Les Racines de la conscience, op. cit.*, p. 516 sq.

24. M. Eliade, *Le Mythe de l'éternel retour,* Paris, Gallimard, 1989. Cf. aussi G. Van der Leeuw, « Primordial Time and Final Time », *Man and Time, op. cit.*, p. 324.

25. Cf. aussi p. 326.

26. C.G. Jung, *Psychologie et orientalisme,* Paris, Albin Michel, 1985, chap. 7 : « Commentaire du *Livre tibétain de la Grande Délivrance* écrit pour W.Y. Evans-Wentz », p. 142.

27. Jung affirme : « C'est parce que l'inconscient est la matrice spirituelle qu'il détient la qualité de la créativité. Il est le lieu de naissance des formes de pensées... Comme les formes de l'inconscient n'appartiennent à aucun temps déterminé et semblent donc éternelles, elles procurent une impression singulière d'"intemporalité" lorsqu'elles sont réalisées au niveau de la conscience » (*ibid.*, p. 145). Et plus loin : « Une attitude introvertie, où l'accent est mis non pas sur le monde extérieur (le monde de la conscience), mais sur le facteur subjectif (l'arrière-fond de la conscience), provoque nécessairement des manifestations caractéristiques de l'inconscient, notamment sous la forme de pensées archaïques, entremêlées à des sentiments "ancestraux" ou "historiques" et surtout à un sentiment d'indétermination, d'intemporalité et d'unité. Ceci [...] vient [...] de la contamination générale des représentations entre elles, qui se renforce avec l'abaissement du niveau mental [...] C'est pourquoi on peut penser que la sensation particulière de l'unité provient de notre connaissance latente de la cohésion de toutes choses dans l'inconscient » (*ibid.*, p. 146).

28. Cf. aussi p. 158 : « J'ai déjà expliqué l'intemporalité comme étant une qualité propre à l'expérience de l'inconscient collectif. Il semble que la pratique du "Yoga de l'autodélivrance" permette de réintégrer dans la conscience tout le "savoir" oublié du passé. Le modèle de l'apokatasis (rétablissement) apparaît dans de nombreux mythes de délivrance. Il constitue aussi un aspect important de la psychologie de l'inconscient, qui révèle une quantité extraordinaire de matériaux archaïques dans les rêves et les fantasmes spontanés d'individus sains autant que de malades mentaux. L'analyse systématique d'un individu,

le réveil spontané des formes ancestrales (en tant que compensation) provoque un rétablissement [...] L'inconscient possède certainement son "propre" temps, pour autant que le passé, le présent et le futur y soient mêlés. »

29. *Ibid.*

30. H. Poincaré, *op. cit.*, chapitre III.

31. Dans K.F. Gauss, *Werke*, Band 10, p. 25, cité dans B.L. Van der Waerden, *Einfall und Überlegung*, « Drei kleine Beiträge zur Psycholgie des mathematischen Denkens », Bâle-Stuttgart, 1954, p. 132.

32. J.H. Hadamard, *Essai sur la psychologie de l'invention dans le domaine mathématique*, Paris, Gauthiers-Villars, 1975.

33. Van der Waerden, *op. cit.*

34. *Ibid.*

35. S. Lancelot L. Whyte, *Accent on Form*, New York, 1954, p. 155.

36. À ce sujet voir C.G. Jung, *Les Racines de la conscience*, *op. cit.*, p. 560 sq. : « Les archétypes n'apparaissent dans l'observation et dans l'expérience que parce qu'ils ordonnent les représentations, ce qui se produit toujours de façon inconsciente et pour cette raison n'est reconnu qu'*a posteriori*. Ils assimilent le matériau de l'imagination dont la provenance du monde phénoménal ne peut être niée, ce qui les rend visibles et psychiques. » À cause de la présence de cet élément cognitif dans l'inconscient, P. Vignon avait même pensé à donner à son « infrapsychisme » le nom de « surconscient ». Cf. O. Costa de Beauregard, *op. cit.*, p. 120.

37. Voir les expériences de J.P. Zubeck à l'institut de l'université de Manitoba à Winnipeg.

38. Exemple cité avec l'autorisation de la patiente.

39. Dans Wilhelm von Scholz, *Der Zufall — eine Vorform des Schicksals*, Stuttgart, 1924, on trouve une collection documentée de tels phénomènes de hasard.

40. L'impulsion énergétique d'une particule, par exemple, n'est gouvernée que par la probabilité. Je suis d'accord ici avec l'argumentation d'O. Costa de Beauregard (*Le Second Principe*, *op. cit.*, p. 23, 27 ; voir aussi p. 45, 47) selon laquelle le hasard doit être considéré comme un facteur objectif et non seulement comme un « hasard de l'ignorance ». Voir aussi W. Pauli, « Wahrscheinlichkeit und Physik », *Dialectica*, vol. 8, n° 2, 1954, p. 114, qui met l'accent sur le fait que la perception isolée d'un événement fortement improbable est considérée, à un certain niveau, comme pratiquement impossible.

41. Si j'éternue au moment où un avion s'écrase devant mes yeux, il s'agit certes bien d'un hasard dépourvu de signification. Si en revanche j'ai fait un mauvais rêve au sujet d'un avion et que je vois ensuite un avion s'écraser devant moi, je vais être impressionnée par cette coïncidence signifiante, malgré le fait qu'il nous faut bien ici aussi supposer une totale indépendance des causes ayant provoqué ces deux événements.

42. Lorsque nous analysons des scientifiques créatifs ou des artistes, nous pouvons souvent observer que leurs rêves anticipent, sous une forme symbolique, leurs découvertes et inventions conscientes à venir. Harold Rugg (voir *supra* p. 300) en parle comme d'une « activité créative préconsciente de l'esprit transliminale ».

43. Cf. Jung, *Les Racines de la conscience, op. cit.*, p. 560 sq.

44. P. Kammerer, *Das Gesetz der Serie*, Stuttgart-Berlin, 1919, cité par Jung dans *Synchronicité et Paracelsica, op. cit.*, p. 26-27. Kammerer s'est spécialisé dans la collection de « sérialités ». Cf. aussi L. Kling, « Irrational occurrencies in psychotherapy and tendentious aperception », *Journal of Existential Psychiatry*, vol. 4, n° 15, 1964.

45. W. von Scholz, *Der Zufall — eine Vorform des Schicksals, op. cit.*

46. W. Stekel, « Die Verpflichtung des Namens », *Zeitschrift für Psychotherapie und medizinische Psychologie*, vol. 3, 1911, p. 110.

47. J.W. Dunne, *An experiment with Time*, 2e édition, Londres, 1938.

48. Charles Richet, Xavier Dariex, Frank Podmore, W.H. Myers, Camille Flammarion. Pour les titres qui se rapportent aux exemples donnés, voir C.G. Jung, *Synchronicité et Paracelsica, op. cit.*, p. 32, 267.

49. Voir S.G. Soal et F. Bateman, *Modern Experiments in Telepathy*, Londres, 1954, et J.B. Rhine, *The Reach of the Mind*, 1954 ; ainsi que C.G. Jung, *Synchronicité et Paracelsica, op. cit.*, p. 33 sq.

50. Ce chapitre constitue principalement une version abrégée du troisième chapitre de Jung sur la synchronicité, sauf l'exposé sur les vues d'Ibn Arabi.

51. Pour les détails, voir C.G. Jung, *Synchronicité et Paracelsica, op. cit.*, p. 82 sq.

52. Cf. W. Pauli, *Science et archétypes, op. cit.*

53. *De mirabilibus mundi*, première édition de Cologne, 1485.

54. J'ai pu constater au cours de ma pratique que de tels événements et la perception aiguë des événements synchronistiques augmentent rapidement dans les états borderline, ce qui semblerait à nouveau lié à « l'émotion exceptionnelle » qui prévaut lors de l'apparition de tels phénomènes.

55. Dans son *De Anima* (chapitre 4) sont exposées les mêmes idées (voir *Avicenne perhypatetici philosophiae medicorum facile primi : Opera*, etc., Venetiis, 1508, qui était la seule traduction latine à la disposition d'Albert le Grand).

56. Voir H. Corbin, *L'Imagination créatrice dans le soufisme d'Ibn Arabi*, Paris, Flammarion, 1958, p. 140.

57. *Hecceitas* signifie ici l'essence pure, insaisissable de Dieu, c'est-à-dire justement cette même substance dans le sens aristotélicien du mot, en opposition à l'existence.

58. H. Corbin, *op. cit.*, p. 150 : « Une héccéité éternelle est revêtue d'une détermination existentielle... Et tout cela advient dans l'instant *(al-ân)* d'un temps indivisible (même s'il est divisible dans la pensée), cet atome de temporalité que l'on désigne comme le "présent" (amân

hadir, non pas le *nunc* qui est la limite idéale du passé et de l'avenir et qui est négativisme pur), sans que les sens ne perçoivent aucun intervalle. »

59. Les noms divins dans le système d'Ibn Arabi sont de pures potentialités formelles ; ils correspondent très étroitement au concept des archétypes de Jung, tout en faisant plutôt montre (comme les idées platoniciennes) d'un caractère intellectuel.

60. H. Corbin, *op. cit.*, p. 150.

61. H. Corbin, *op. cit.*, p. 146. Les « ipséités » sont des aspects (potentiels, tout en étant sans cesse identiques à eux-mêmes) de l'insaisissable, de l'inaltérable substance de Dieu. Elles agissent comme agent intermédiaire entre Dieu et la création.

62. C.G. Jung dans *Synchronicité et Paracelsica, op. cit.*, p. 29 sq.

63. C.G. Jung, *op. cit.*, p. 29 : « Ni la réflexion philosophique ni l'expérience ne garantissent l'existence régulière de ces deux sortes de connexions où une seule et même instance serait à la fois sujet et objet. »

64. *Ibid.*, p. 89, note 111. Arnold Geulincx développait des idées similaires.

65. Seul Ibn Arabi échappe à cette objection. Même O. Costa de Beauregard postule encore un « Grand Esprit » comme source et « origine première » au sein de ses vues néofinalistes.

66. C.G. Jung, *Synchronicité et Paracelsica, op. cit.*, p. 90 sq. Cf. aussi note 123 : « Je dois souligner ici encore une fois qu'il serait peut-être possible de comprendre le rapport entre l'âme et le corps comme un rapport de synchronicité. Ce n'est là qu'une simple supposition ; mais si jamais elle venait à être confirmée, il faudrait corriger mon opinion actuelle qui fait de la synchronicité un phénomène relativement rare. » Voir aussi les observations de C.W. Meier dans « Zeitgemässe Probleme der Traumforschung », ETH Zurich, *Kultur- und staatswissenschaftliche Schriften*, 75, 1950, p. 22, et « Psychosomatic medicine from the Jungian point of view », *The Journal of Analytical Psychology*, vol. 8, n° 3, Londres, 1963, p. 103.

67. L'idée de Jung d'un *unus mundus* ne doit pas être confondue avec la « réalité unique » d'Erich Neumann (« Die Psyche und die Wandlung der Wirklichkeitsebenen », *Eranos Jahrbuch*, vol. 21, 1952, p. 169), qui signifie la fusion des individus avec leur environnement par leurs schémas de comportement. L'*unus mundus* oppose à cela une réalité seulement potentielle qui serait un conglomérat de structures archétypales, lesquelles ne se sont pas encore transformées de façon dualiste en phénomènes psychiques ou matériels (ou les deux). Cf. C.G. Jung, *Mysterium conjunctionis, op. cit.*, p. 339.

68. Cette idée d'un pré-savoir est à attribuer à Hans Driesch, *Die Seele als elementarer Naturfaktor*, Leipzig, 1903. Cf. aussi O. Costa de Beauregard, *Le Second Principe, op. cit.*, p. 137, qui postule une « source d'information » précédant tous les événements cosmiques (voir aussi p. 131).

69. Cf. C.G. Jung, *Les Racines de la conscience, op. cit.*, p. 560 sq., et le commentaire de W. Pauli, *Physique moderne et philosophie, op. cit.* Nombre de nos représentations peuvent parfaitement être expliquées par une excitation des sens, même quand elles sont perçues de façon inconsciente. Mais les structures ordonnées par les archétypes ne paraissent pas avoir de fondement causal extérieur. L'élément cognitif contenu dans ces images est soumis à des prises de conscience subites, intuitives et créatives.

70. C.G. Jung, *Synchronicité et Paracelsica, op. cit.*, p. 105 sq.

71. L'existence des nombres premiers, ou du nombre 2 comme l'unique nombre premier pair, ou du 6 comme un nombre « parfait » dans un système décimal. Autant de faits qui, logiques en apparence, ne peuvent être dérivés d'autres facteurs. Ces faits existent *a priori* et sont prédonnés, comparables en cela aux caractéristiques mathématiques des ensembles ou à l'observation qu'il est impossible de trouver la solution à une équation algébrique de degré plus élevé que 4.

72. Certains scientifiques préfèrent le mot « système » à celui d'organisation.

73. J. Needham, « Biochemical aspects of form and growth » dans *Aspects of Form*, ed. L.L. Whyte, Blooming, Indiana University Press, 1951.

74. C'est-à-dire qu'entre eux et les déroulements causals il n'existe pas de relation codifiée par une loi.

75. W. Pauli, *Physique moderne et philosophie, op. cit.*

76. Cette impossibilité se réfère à ce que l'on appelle l'effet de diminution, à savoir que la répétition semble fatiguer la participation émotionnelle. S'inspirant des expériences bien connues de J.B. Rine, qui avait engagé des recherches sur le problème de la prémonition en se fondant sur des bases expérimentales et statistiques, Jung a tenté d'aborder la même problématique avec des moyens statistiques. Son idée était qu'il fallait d'abord établir si deux événements indéniables mais n'ayant pas de relation causale pouvaient avoir tendance à concorder avec une fréquence se situant au-delà de la probabilité mathématique. Le mariage de deux personnes est un fait indéniable, au même titre que les constellations astrologiques de la conjonction Soleil-Lune et de la conjonction Vénus-Mars sont des faits indubitables, que l'on « croie » ou non à l'astrologie. Il est hautement improbable que les planètes puissent exercer une influence causale sur les intentions humaines. Mais si ces deux faits devaient concorder plus souvent que la probabilité du hasard ne le prédit, on pourrait alors parler d'incidences synchronistiques. L'analyse statistique de Jung a d'abord produit des résultats remarquables. Mais au fur et à mesure que l'intérêt de Jung s'émoussait, on pouvait constater que les résultats devenaient également moins frappants. Un phénomène identique a pu être observé lors des expériences faites par Rhine. Seules des personnes dont la participation émotionnelle est fortement stimulée peuvent arriver à des résul-

tats significatifs dans le domaine de la perception extrasensorielle. C'est probablement ce qui explique que les phénomènes d'ESP (perception extrasensorielle) échappent à l'analyse statistique, car une même personne ne peut reproduire trop souvent la même expérience. Il y a deux raisons à cela : la volonté seule ne nous permet pas d'atteindre un état émotionnel intense qui, même activé, ne résiste pas à la répétition. Au début, les résultats obtenus par Jung étaient invraisemblablement bons (se situant bien au-delà de la probabilité mathématique). Mais finalement tout cela semble n'avoir consisté qu'en un simple événement synchronistique. Le résultat de l'expérience dans sa totalité s'est révélé fort improbable, et même finalement hasardeux. Il constituait toutefois un résultat signifiant, justement en raison de son caractère synchronistique et non pas par la régularité statistique espérée. Jung se vit alors contraint de réfléchir à nouveau sur la notion du fondement épistémologique de la causalité et de la probabilité statistique. Il en arrive à cette conclusion (qui n'existe pas dans l'édition allemande !) que : « La statistique n'aurait pas de sens sans les exceptions... Comme la méthode statistique ne montre que la moyenne, elle crée de la réalité une image artificielle et avant tout conceptuelle. Pour cette raison nous avons besoin, pour décrire et expliquer la nature d'une manière plus complète, d'un principe complémentaire » (*Synchronicité et Paracelsica, op. cit.*, p. 72).

77. *Ibid.*, p. 104.

78. *Ibid.* : « Ils sont, il est vrai, liés aux incidents causaux, ou sont "portés" par eux, mais ils dépassent les cadres d'une façon que j'appellerai transgressive, en ce sens qu'ils peuvent être constatés avec ambiguïté, pas seulement dans le domaine psychique mais aussi dans des circonstances non psychiques... »

79. *Ibid.*, p. 106. C'est pour cette raison, poursuit Jung, qu'il a appelé ces événements des événements synchronistiques.

80. *Ibid.*, p. 108 sq. Jung dit : « Il faut bien entendu se garder de considérer comme acausal tout ce que l'on voit se produire sans en connaître la cause. Ainsi que je l'ai souligné, il n'est correct de conclure à l'acausalité que dans les cas où l'existence d'une cause n'est même pas pensable. Assurément cette notion du pensable et de l'impensable doit être soumise à la critique la plus rigoureuse [...] Les coïncidences signifiantes sont pensables en tant que purs hasards ; mais à mesure qu'elles s'accumulent, que la correspondance devient plus exacte et plus poussée, leur probabilité décroît et elles deviennent de plus en plus impensables, c'est-à-dire qu'il n'est plus possible de les considérer comme simples hasards, mais qu'en absence de toute possibilité d'explication causale il faut voir en elles les manifestations d'un ordre [...] "l'impossibilité d'expliquer" ne réside pas dans le simple fait que la cause est inconnue, mais en ce qu'une cause quelconque n'est même pas pensable avec les moyens de notre entendement. C'est nécessairement le cas lorsque l'espace et le temps perdent leur sens, en d'autres

termes quand ils sont devenus relatifs, car dans ces conditions il n'est plus possible d'établir l'existence d'une causalité ni même de penser celle-ci puisqu'elle présuppose le temps et l'espace. »

81. *op. cit.*, p. 108.

82. Cf. O. Costa de Beauregard, *op. cit.*, p. 137 : « Nous ne croyons pas, comme Bergson, que "ce qui arrive" (en phylogenèse ou dans l'activité individuelle des vivants) soit essentiellement imprévisible, sinon précisément à l'infrapsychisme de la phylogenèse (s'il existe) ou au psychisme individuel des vivants. » Nous pouvons être d'accord avec ceci car ici le psychologue observe justement l'émergence d'événements synchronistiques. Ce qu'O. Costa de Beauregard appelle, après Vignon, « infrapsychisme », coïncide presque parfaitement avec ce que Jung appelle la nature psychoïde des archétypes.

83. Il convient ici de faire une mise en garde contre l'habitude de la pensée magico-causale. Je me heurte sans cesse à des malentendus concernant l'idée de Jung de la synchronicité. Dans la plupart des cas, la raison s'en trouve dans une régression vers la très ancienne et puissante habitude humaine de penser à l'aide de concepts comme celui de la causalité magique. J'ai souvent entendu parler de « causalité synchronistique » ou d'archétypes qui causeraient les incidents synchronistiques, alors qu'ils ne deviennent visibles qu'au sein d'un seul ou de plusieurs ensembles d'événements synchronistiques. Selon moi, des notions comme celles de la télépathie ou de la télékinésie impliquent aussi vaguement l'idée de base d'une « transmission d'énergie » qui induit en erreur.

84. *Science and the Modern World*, New York, 1926, p. 304, et M. Capek, « Bergson et l'esprit de la physique contemporaine », *Bulletin de la Société française de philosophie*, 53, année 1939, numéro spécial « Bergson et nous », Paris, mai 1959, p. 53.

85. O. Costa de Beauregard, *op. cit.*, p. 133 : « Ce qui se fait, à travers et aux dépens de la néguentropie du cosmos qui se défait, c'est l'information des psychismes incarnés dans la matière. »

86. *Ibid.*, p. 76.

87. *Ibid.*, p. 79 : « Action et organisation, dans notre thèse, c'est tout un. » Et p. 78 : « Nous arrivons à la conclusion qu'il n'existe pas de différence essentielle entre la représentation-image de ce que l'on perçoit et la représentation-image de ce que l'on veut faire, soit entre la représentation qui suit et la représentation qui précède une situation physique. » Cf. H. Reichenbach, *The Direction of Time*, Berkeley, University of California Press, 1956, qui place les deux choses au même niveau.

88. Ce qu'O. Costa de Beauregard (*op. cit.*, p. 95) appelle la « conscience volitive », fondée sur des faits émotionnels, en opposition à la « conscience cognitive » qui se fonde sur l'observation de la causalité.

89. Comme l'a déjà affirmé W. Pauli, il est possible que des mutations « signifiantes » (c'est-à-dire des mutations qui sont, selon l'homme, appropriées à une situation), postulées par certains évolu-

tionnistes, puissent être reconnues comme des événements synchronistiques (*Physique moderne et philosophie*). Il pensait en parlant ainsi aux néofinalistes et à certains scientifiques comme B. Rensch et A. Pauly (voir aussi Cuénot, *Invention et finalité en biologie*, Paris, 1941 ; P. Vignon, *Introduction à la biologie expérimentale*, Paris, 1930 ; O. Costa de Beauregard, *Le Second Principe*, *op. cit.*, p. 120). Pauli soulignait que la compréhension moderne de l'évolution (les événements aléatoires ajoutés à la sélection) ne deviendrait valide que lorsqu'on pourrait démontrer que la formation aléatoire « adéquate » aurait eu assez d'occasions d'émerger au cours du temps de vie connu sur notre planète. Les biologistes tendent cependant à évacuer cette notion par leur attachement à des conceptions vitalistes ou par l'idée que toute mutation inadéquate finit par s'éteindre d'elle-même. Alors que les résultats de la génétique aboutissent à des lois statistiques, on peut penser que les événements rares ou même uniques peuvent aussi jouer un rôle important dans l'évolution biologique. C'est pourquoi Pauli suppose (*op. cit.*) que la synchronicité pourrait jouer un rôle dans l'évolution.

90. Le problème se réduit à la question suivante : quelle est la nature de l'arrangement préconscient de notre imagination et en quoi consiste sa relation avec l'ordre évident ou la qualité d'un système concernant les faits extérieurs ? Le concept du déterminisme causal semble être lié à une adaptation préconsciente de notre psyché, à la loi de l'entropie et la flèche du temps implicite (voir O. Costa de Beauregard, *op. cit.*, p. 112). D'autre part le concept de la synchronicité semble fondé sur la notion d'une expression préconsciente de notre psyché sous la forme de systèmes, structures ou figures que l'on définit comme une « totalité » simultanément présente ou comme un « ordre ».

91. Étant donné que ceci n'est toujours pas possible à ce jour, de nombreux travaux en cybernétique tendent à passer sous silence le facteur du sens. Mais comme le souligne O. Costa de Beauregard, nous ne pouvons pas simplement nous contenter d'éliminer la « résonance psychique », *op. cit.*, p. 75.

92. C.G. Jung, *Les Racines de la conscience*, *op. cit.*, p. 563 sq.

93. M. Granet, *La Pensée chinoise*, *op. cit.*, p. 150.

94. *Ibid.*, p. 153 ; voir aussi p. 159 et p. 174.

95. *Ibid.*, p. 158.

96. *Ibid.*, p. 173. Le nombre 5, par exemple, signifie en Chine le centre d'une structure quaternaire.

97. « Des rapport réguliers des êtres », *op. cit.*, p. 174.

98. Comme le montre Manfred Porkert dans « Wissenschaftliches Denken im alten China — Das System der energetischen Beziehung », *Antaios*, vol. 2, n° 6, 1961. Le concept de Jung de la synchronicité nous donne une clé pour comprendre quelques-uns des aspects de la médecine et des sciences naturelles chinoises, jusqu'ici méprisées parce que considérées comme des superstitions.

99. « Einführung zum I Ging » dans *Erfahrung mit dem I Ging*, Cologne, 1984, p. 175.

100. C'est moi qui le souligne.

101. O. Costa de Beauregard, *Le Second Principe, op. cit.*, p. 74.

102. Cf. aussi Helmut Wilhelm, « The concept of time in the book of changes », dans *Man and Time, op. cit.*, p. 219. Leibniz était familier de cette notion et a également tenté d'utiliser un système de calcul binaire personnel à de telles fins (voir son échange de lettres avec Peter Bouvet). Voir aussi H. Wilhelm, *Leibniz and the I Ching,* Collectanea Commissionis Synodialis 16, Pékin, 1943, p. 205 ; et J. Needham, *Science and Civilisation in China,* Cambridge University Press, 1954, vol. 2, p. 340.

103. C.G. Jung, *Synchronicité et Paracelsica, op. cit.*, p. 57.

104. *Ibid.*, p. 57 ; L.B. Van der Waerden (*op. cit.*, p. 9) souligne qu'en raison de l'origine parfois inconsciente des théorèmes arithmétiques, nous devons bien supposer que l'inconscient est en mesure de penser et de juger.

105. Comme le souligne W. Pauli avec justesse (*Physique moderne et philosophie, op. cit.*), les intuitions mathématiques *a priori* appartiennent à la catégorie des représentations dites par Jung archétypiques, comme par exemple l'idée arithmétique de la suite infinie des nombres ou le continuum géométrique, car ce sont des idées qui reviennent de façon régulière. Étant donné que l'ordre logique intrinsèque à l'analyse ne peut être prouvé de manière formelle à partir de ses propres prémisses, Pauli ajoute que nous devons trouver ses racines à l'extérieur de la mathématique. Cela semble constituer un fait naturel lié à la fonction de notre esprit. On retrouve ici l'idée d'un ordre préconscient de notre imagination.

106. D'Arcy Thompson, *Growth and Form,* Cambridge University Press, 1942. Dans « Biochemical aspects of form and growth » dans Whyte, *Aspects of Form,* p. 79, J. Needham soulève des objections, car les « diables cachés du vitalisme » se cachent trop souvent dans ces formes mathématiques. Je serais d'accord avec lui si ces « formes » étaient vues comme des « causes », mais en désaccord si on les considère comme des modèles se manifestant par des phénomènes synchronistiques.

107. Je préférerais employer ici la notion d'« information ».

108. Il me semble que, lorsque le concept quantitatif du nombre pourra être révisé (à savoir ne plus être utilisé que comme un instrument pour compter), tant dans le domaine mathématique que cybernétique, et que les nombres, en coopération avec la psychologie des profondeurs, pourront être examinés comme des aspects possibles d'un élément d'ordre qualitatif préconscient dans notre esprit (sans pour autant régresser vers des modes de causalité magique, comme le suggère en partie la conception chinoise des nombres), alors nous pourrons peut-être travailler à l'élaboration d'une méthode visant à saisir l'arrangement acausal sous une forme plus exacte. Il pourrait se montrer utile que des biochimistes initient des recherches pour savoir dans quelle mesure les nombres jouent un rôle dans leur discipline. Ceci

nous permettrait probablement de mieux cerner l'aspect « matériel » des modèles de comportement instinctif ainsi que leur facteur émotionnel intrinsèque.

109. Cela peut nous aider à éviter de tomber dans le piège de cette ancienne idée aristotélicienne, en soi contradictoire, d'une *causa finalis*, qui a réapparu dans les théories néofinalistes.

Bibliographie

AARONSON, B.S., « Time, Stance & Existence », voir FRASER et LAWRENCE, *Study I.*

ALBERTUS MAGNUS, *De mirabilibus mundi,* première parution Cologne, 1485.

ANRICH, Ernst, *Moderne Physik und Tiefenpsychologie,* Stuttgart, 1963.

ARIOTTI, P.E., « The Concept of Time in Western Antiquity » ; voir FRASER et LAWRENCE, *Study II.*

AUGUSTIN, « De Genesi » dans *Opera omnia,* 11 vol., ad. litt. 1, vol. IV, chap. 3 et 8, Paris, 1836-1838.

BARTH, Karl, *Descartes' Begründung der Erkenntnis,* Diss. Bern, 1913.

BATEMAN, F., voir SOAL S. G.

BEADLE, G. et M., *Le Langage de la vie, introduction à la génétique,* Paris, Dunod, 1970.

BELOFF, John, « Psi Phenomena, Causal versus Acausal Interpretation » dans *Journal of the Society for Psychical Research,* 49, 573-582, 1977.

BENDER, M., MISCYHO, J., « Präkognition in Traumserien » dans *Zeitschrift für Parapsychologie und Grenzgebiete der Psychologie,* 4, 1960-1961.

BENDER, H., *Étonnante parapsychologie,* Paris, CELT, cop., 1977.

BENDER, H., « Von sinnvollen Zufällen » dans *Zeitschrift für Parapsychologie et Grenzgebiete der Psychologie,* 15, 1973.

BENDER, H., « Meaningful coincidences in the light of the Jung-Pauli theory of synchronicity and parapsychology » dans SHAPIN B. & COLY L. (eds.), *The Philosophy of Parapsychology,* New York, Parapsychology Foundation, 1977.

BENDER, H., « Transcultural uniformity of poltergeist patterns as suggestive of an archetypal arrangement » dans ROLL, W. G. (ed.), *Research in parapsychology, 1979,* Metuchen N. J., Londres, 1980.

BENDER, H., *Spektrum der Parapsychologie – Édition spéciale pour le 75e anniversaire de Hans Bender,* Fribourg-en-Brisgau, Aurum-Éditions, 1983.

BERINGER, voir JANTZ.

BERTHELOT, M., *Collection des anciens alchimistes grecs,* vol. 1, Paris, G. STEINHEIT, 1887-1888.

Bhagavad-Gita, Paris, Arléa, 1992.
BI-YÂN-LU, *Niederschrift von der smaragdenen Felswand*, Munich, éd. Wilhelm Gundert, 1960.
BOHM, David, « Discussion » dans *Science et conscience*, voir CAZENAVE M., Paris, éd. France Culture / Stock, 1980.
BOHM, David, *La Plénitude de l'univers*, Monaco / Paris, Le Rocher, 1987.
BOHM, David, « Issues in Physics, Psychology & Metaphysics. A Conversation with John Welwood » dans *Journal of Transpersonal Psychology*, 1980.
BÖHME, G., *Zeit und Zahl, Studien zur Zeittheorie bei Platon, Aristoteles, Leibniz & Kant*, Francfort, 1974.
BOHR, Niels, voir LEARY Lewis, éd.
BOLEN, J.S., *Le Tao de la psychologie*, Le Mail, 1983.
BONNET, M., *Reallexikon der ägyptischen Religionsgeschichte*, Berlin , 1952.
BRETON, S.G.F., *History Time and Deity*, Manchester, 1965 ; voir FRASER et LAWRENCE, *Study I.*
BRETON, S.G.F., « The Deification of Time » ; voir FRASER et LAWRENCE, *Study 1.*
BRAUDE, Stephen, *ESP and Psychokinesis — A Philosophical Examination*, Philadelphie, Temple University Press, 1979.
BRAUDE, S.E., « The synchronicity confusion » dans Roll W.G. (ed.), *Research in Parapsycholoy*, N.J., Londres, Metuchen, 1980.
BÜNNING, E., *Die physiologische Uhr*, 2e tirage, Berlin / New York, 1963.
BÜTTNER, H., *Meister Eckharts Schriften*, Iéna, 1934.
CAMPBELL, C.A., *Mithraic Iconography*, New York, 1968.
CAMPBELL, Joseph, *Le Héros aux mille et un visages*, Paris, R. Laffont, 1977.
CAPEK, M., « Bergson et l'esprit de la physique contemporaine » dans *Bulletin de la Société française de philosophie* (édition spéciale, Bergson et nous), Paris, mai 1959.
CAPELLE, W., *Die Vorsokratiker*, Leipzig, 1935.
CAPRA, Fritjof, *Le Tao de la physique*, Paris, Tchou, 1979.
CARNAP, Rudolf, *Physikalische Begriffsbildung*, Darmstadt, 1966.
CAZENAVE, Michel (dir.), *Science et conscience*, Paris, éd. France Culture / Stock, 1980.
CAZENAVE, Michel, « À la recherche de la synchronicité » dans *Cahiers de psychologie jungienne*, 2e trimestre 1981.
CHANG, Chung-Yuan, *Le Monde du Tao, créativité et taoïsme*, Paris, Stock, 1979.
CHIN-TE CHENG, D., « On the mathematical significance of the Chinese Ho-t'u et Lo-shu » dans *The American Mathematical Monthly*, 1925.
CORBIN, Henri, *L'Imagination créatrice dans le soufisme d'Ibn' Arabi*, Paris, Flammarion, 1958.
CORBIN, Henri, *Corps spirituel et terre céleste*, Paris, Buchet / Chastel, 1979.
Corpus Hermeticum (*Hermetica*), Oxford, Ed. W. Scott, 1924-1936.
COSTA DE BEAUREGARD, O., *Le Second Principe et la Science du Temps*, Paris, Le Seuil, 1963.
COSTA DE BEAUREGARD, O., *La Physique Moderne et les Pouvoirs de l'esprit*, Paris, Le Hameau, 1981.

COSTA DE BEAUREGARD, O., « Cosmos et conscience » dans *Science et conscience,* voir CAZENAVE M., éd. France Culture / Stock, Paris 1980.

CUENOT, *Invention et finalité en biologie,* Paris, 1941.

CUMONT, F., *Astrology and Religion among the Greeks et Romans,* New York, 1912.

DA FIORI, G., *Tractatus super Quattuor Evangelia,* Rome, Éd. E. Bonaiuti, 1930.

DANZIG, T., *Number, The Language of Science,* New York, 1954.

D'ARCY THOMPSON, *Forme et croissance,* Paris, Le Seuil / CNRS, 1994.

DAUER, D.W., « Nietzsche and the Concept of Time » ; voir FRASER et LAWRENCE, *Study 1.*

DAVIDS, Rhys, « Zur Geschichte des Radsymbols » dans *Eranos Jahrbuch,* 1934.

DENBIGH, K.G., « Defence of the Direction of Time », voir FRASER et LAWRENCE, *Study 1.*

DE SOLLA PRICE, « Automata and the Origins of Mechanism and Mechanistic Philosophy » dans *Technology and Culture,* V, 1964 ; cité dans HABER C., « Clockwork before the Clock and Timekeepers before Timekeeping » ; voir FRASER et LAWRENCE, *Study II.*

DEUSSEN, P., *Sechzig Upanishad's der Veda* (Kanshitaki Upanishad), Darmstadt, 1963.

DIELS, H., *Doxographi graeci,* Berlin-Leipzig, 1929.

DIRAC, Paul, *Grundprobleme der Physik,* conférence lors du colloque des prix Nobel, Lindau, 1971.

DORN(EUS), G., dans *Theatrum Chemicum,* chap. VII, Philosophia / Chemica, Ursel, 1602.

DRIESCH, H., *Die Seele als elementarer Naturfaktor,* Leipzig, 1903.

DUNNE, J.W., *An Experiment with Time,* 2e tirage, Londres, 1938.

DURET, Gilbert, *Les Structures anthropologiques de l'imaginaire,* Paris, PUF, 1960.

EIBL-EIBESFELD, Irenäus, *Contre l'agression,* Paris, Stock, 1972.

EIGENN, M. et WINKLER, R., *Das Spiel, Naturgesetze steuern den Zufall,* Munich/Zurich, 1975.

EINSTEIN, Albert, *Über die spezielle und allgemeine Relativitätstheorie,* Braunschweig, 3. A., 1918.

EISENBUD, J., « Synchronicity, psychodynamics and psi » dans ROLL W.G. (ed.), *Research in parapsychology 1979,* Metuchen, N.J. & Londres, 1980.

ELIADE, Mircea, « Le temps et l'éternité dans la pensée indienne » dans *Eranos Jahrbuch,* vol. 20, Zurich, 1952.

ELIADE, Mircea, *Le Mythe de l'alchimie,* Paris, L'Herne, 1990.

ELIADE, Mircea, *Le Mythe de l'éternel retour, archétypes et répétition,* Paris, Gallimard, 1992.

D'ESPAGNAT, B., *À la recherche du réel, le regard d'un physicien,* Paris, Gauthier-Villars, 1980.

ETTER, Hansueli, *La Science et l'âme du monde,* Paris, Imago, 1983.

EVANS-WENTZ, W.Y., *Le Livre tibétain de la Grande Libération ou La Méthode pour réaliser le Nirvâna par la connaissance de l'esprit*, commentaires C.G. Jung, Paris, éd. Adyar, 1991.

FORDHAM, Michael, *New Developments in Analytical Psychology*, Londres, 1957.

FORDHAM, Michael, *The Objective Psyche*, Londres, 1958.

VON FRANZ, Marie-Louise, *Aurora Consurgens*, Paris, La Fontaine de Pierre, 1982 .

VON FRANZ, Marie-Louise, *Nombre et temps*, Paris, La Fontaine de Pierre, 1978.

VON FRANZ, Marie-Louise, *Psychothérapie, l'expérience du praticien*, Paris, Dervy, 2001.

VON FRANZ, Marie-Louise, *La Psychologie de la divination, le hasard signifiant*, Paris, Albin Michel, 1994.

VON FRANZ, Marie-Louise, « Meaning and Order-Concerning meeting points and differences between depth psychology and physics » dans *Quadrant*, New York, C. G. Jung Foundation for Analytical Psychology, 1981.

VON FRANZ, Marie-Louise, *Die Suche nach dem Selbst*, Munich, 1985.

VON FRANZ, Marie-Louise, *Rêves d'hier et d'aujourd'hui*, Paris, Albin Michel, 1992.

FRASER, J.T., éd., *Voices of Time*, New York, 1966.

FRASER, J.T., éd., *Of Time, Passion and Knowledge*, New York, 1975.

FRASER, J.T. et LAWRENCE, N. (éd.), *The Study of Time*, Proceedings of the First (Second, Third) Conference of the International Society for the Study of Time, Heidelberg / New York, 1972, 1975, 1979.

FREGE, G., *Les Fondements de l'arithmétique*, Paris, Le Seuil, 1970.

FRETIGNY, R., « Embryologie de la connaissance » dans *Science et conscience*, voir CAZENAVE, M., éd. France Culture / Stock, Paris 1980.

FREY-WEHRLIN, C.T., « Ein prophetischer Traum » dans *Spectrum Psychologiae*, édition spéciale pour le 60e anniversaire de C.A. Meier, Zurich, 1965.

FRIEDRICHS, K., « Über Koinzidenz und Synchronizität » dans *Grenzgebiete der Wissenschaft*, 1967.

GAMMON, M.R., « Window into eternity, Archetype and relativity » dans *Journal of Analytical Psychology*, 1973.

GAMOV, G., *Atomic Energy*, Cambridge, 1947.

GANTENBEIN, U., *Katastrophen*, diplôme de l'ETH 1978/79 (multigraphisme).

GAUGER, W., « Zum Phänomen des sinnvollen Zufalls » dans *Zeitschrift für Parapsychologie und Grenzgebiete der Psychologie*, 21, 1979 ; reproduit également dans *« Y » — Paranormale Welt, Wirklichkeit und Literatur*, Berlin, Henssel, 1980.

GAUSS, K.F., *Werke*, voir VAN DER WAERDEN B. L.

GILSON, E., *Pourquoi saint Thomas a critiqué saint Augustin*, Archives d'histoire doctrinale et littéraire du Moyen Âge, 1926-1927.

GILSON, E., *Les Sources gréco-arabes de l'augustinisme avicennisant*, Archives d'histoire doctrinale et littéraire du Moyen Âge, 1929.

GRANET, Marcel, *La Pensée chinoise,* Paris, 1948.

GREEN, H.B., « Temporal Stages in the Development of the Self » ; voir FRASER et LAWRENCE, *Study II.*

GRUYTER, Walter de, voir ZIMMERMANN, Albert.

GUNDERT, Wilhelm, éd., voir BI-YÄN-LU.

HABER, C., « The Darwinian Revolution in the Concept of Time » ; voir FRASER et LAWRENCE, *Study I.*

HADAMARD, Y.J., *Essai sur la psychologie de l'invention dans le domaine mathématique,* Paris, Gauthiers-Villars, 1975.

HARMAN, W.M., « Les implications pour la science et la société des découvertes récentes dans le champ de la recherche psychologique et physique » dans *Science et conscience,* voir CAZENAVE, M., Paris, éd. France Culture / Stock, 1980.

HENTZE, Carl, *Tod, Auferstehung, Weltordnung,* Zurich, 1955 ; *Réponse à M. Salmony et à M. Soper* (au sujet d'un compte rendu de l'ouvrage de l'auteur, *Tod, Auferstehung, Weltordnung),* Mayence, éditions Der Rheingold, 1957.

HONEGGER, B., « Spontaneous waking-state psi as interhemispheric verbal communication, is there another system ? » dans ROLL, W.G. (éd.), *Research in Parapsychology 1979,* N.J. & Londres, Metuchen, 1980.

HUBER, P.M., *Die Wanderlegende von den Siebenschläfern Motiv, Tausend Jahre wie ein Tag,* Leipzig, 1910.

IBN SINA, *Avicenna Latinus Liber de Anima seu Sextus de Naturalibus,* éd. Simone van Riet, Louvain-Leyde, 1972.

Yi king. Le livre des transformations, Paris, Librairie de Médicis, 1973 ; réédit. 2001.

IZUTSU, « Matière et conscience dans les philosophies orientales » dans *Science et conscience,* voir Cazenave, M., Paris, éd. France Culture / Stock, 1980.

JACKOBSON, M., « Das göttliche Wort und der göttliche Stein im alten Ägypten » dans *Eranos Jahrbuch,* 1970.

JAFFE, Aniela, *Rêves et apparitions,* Paris, Le Mail, 1982.

JAFFE, Aniela, « C. G. Jung & die Parapsychologie » dans *Zeitschrift für Parapsychologie und Grenzgebiete der Psychologie,* 1960.

JAFFE, Aniela, éd., *C.G. Jung, Ma vie,* Paris, Gallimard, 1991.

JAFFE, Aniela, *Der Mythus vom Sinn im Werk von C. G. Jung,* Zurich, éd. Daimon, 1983.

JAFFE, Aniela, *Themen bei C.G. Jung,* Zurich, éd. Daimon, 1985.

JAMES, William, *Les Formes multiples de l'expérience religieuse,* Chambéry, éd. Exergue, 2001.

JAMMER, Max, *Die Entwicklung des Modellbegriffs in den physikalischen Wissenschaften, Studium Generale,* vol. XVIII, 1965, H. 3, Heidelberg.

JANTZ et BERINGER, « Das Syndrom des Schwebeerlebnisses unmittelbar nach Kopfverletzungen » dans *Der Nervenarzt,* 1944.

JENNY, H., *Kymatik,* Bâle, 1976.

JORDAN, Pascual, « Positivistische Bemerkungen über die parapsychischen Erscheinungen » dans *Zentralblatt für Psychotherapie und ihre Grenzgebiete,* 9, 1936.

JORDAN, Pascual, *Verdrängung und Komplementarität,* Hambourg, 1947.

JOURDAIN, E.F., voir MOBERLY, C.A.E.

JUNG, C.G., *Ma vie,* Paris, Gallimard, 1973.

JUNG, C.G., *Gesammelte Werke* ; vol. 1, *Psychiatrische Studien,* Olten, 1971.

JUNG, C.G., *Dialectique du moi et de l'inconscient,* Paris, Gallimard, 1986.

JUNG, C.G., *Les Racines de la conscience,* Paris, Librairie générale française, 1995.

JUNG, C.G., *Aïon,* Paris, Albin Michel, 1983.

JUNG, C.G., *Psychologie et orientalisme,* Paris, Albin Michel, 1985.

JUNG, C.G., *Psychologie et alchimie,* Paris, Buchet/Chastel, 1995.

JUNG, C.G., *Mysterium conjunctionis,* I et II, Paris, Albin Michel, 1980-1984.

JUNG, C.G., *Gesammelte Werke,* vol. 15, *Über das Phänomen des Geistes in Kunst et Wissenschaft* ; traduction française partielle dans *Synchronicité et Paracelsica,* Paris, Albin Michel, 1988, et dans : *Problèmes de l'âme moderne,* Paris, Buchet/Chastel,1960.

JUNG, C.G., *Gesammelte Werke,* vol. 17, *Über die Entwicklung der Persönlichkeit.*

JUNG, C.G., « Une expérience astrologique » dans *Synchronicité et Paracelsica,* Paris, Albin Michel, 1988.

JUNG, C.G., « L'avenir de la parapsychologie » dans *Synchronicité et Paracelsica,* Paris, Albin Michel, 1988.

JUNG, C.G., *Correspondance I-V, 1906-1961,* Paris, Albin Michel, 1992-1996.

JUNG, C.G., *Psychologie et religion,* Paris, Buchet/Chastel, 1996.

JUNG, C.G., *Psychologie et éducation,* Paris, Buchet/Chastel, 1990.

JUNG, C.G., *Kinderträume, Seminare Olten* ; traduction française pour la partie méthodique, *Sur l'interprétation des rêves,* Paris, Albin Michel, 1998 ; pour les rêves d'enfants eux-mêmes, *Le Rêve de l'enfant, séminaires 1933-1941,* tome I, Paris, Albin Michel, 2002 ; tome II à paraître.

JUNG, C.G., et PAULI, Wolfgang, *Naturerklärung und Psyche,* Zurich, 1952 ; traduction française pour Jung, *Synchronicité et Paracelsica,* Paris, Albin Michel, 1988 ; pour Pauli, *Le Cas Kepler,* Paris, Albin Michel, 2002.

KAMMERER, Paul, *Das Gesetz der Serie,* Stuttgart-Berlin, 1919.

KARGER, Friedberg, « Paraphysik und Physik » dans *Zeitschrift für Parapsychologie und Grenzgebiete der Psychologie,* 15, 1973.

KASTENBAUM, R., « Time, death and old age » ; voir FRASER et LAWRENCE, *Study II.*

KLINE, Morris, « Les fondements des mathématiques » dans *La Recherche,* mars 1975.

KLING, L.C., « Archetypische Symbolik und Synchronizitäten im Weltgeschehen » dans *Verborgene Welt,* 6, 1955.

KLING, L.C., « Irrational occurrences in psychotherapy and tendentious aperception » dans *Journal of Existential Psychiatry,* 1964.

KNOLL, Max, « Transformation of Science in our Age » dans *Man and Time*, 1957, en allemand, *Eranos Jahrbuch*, vol. 17, 1949.

KOESTLER, A., *Racines du hasard*, Paris, Calmann-Lévy, 1972.

KOESTLER, A., « Physik und Synchronizität » dans *Zeitschrift für Parapsychologie und Grenzgebiete der Psychologie*, 15, 1973.

KOESTLER, A., « Spéculation concernant des problèmes au-delà de notre compréhension actuelle » dans HARDY A., MARVIE A. et KOESTLER A., *Le Hasard et l'Infini*, Paris, Tchou, 1977.

KORNWACHS, K., voir LUCADON W. von.

KOTHARI, D.S., « Reality and Physics, some Aspects » dans *Proceedings of the International Conference & Winter School on Frontiers of Theoretical Physics, New Delhi*, 6-12 janv. et 13-2 janv. 1977, éd. Anluck, Kothari, nanda, McMillan Co. (India), 1978.

KRICKEBERG, W. *et al.*, *Pre-Columbian American Religions*, Londres-New York, 1968.

KROHN, Sven, « Einige philosophische und theoretische Implikationen der Parapsychologie » dans *Grenzgebiete der Wissenschaft*, 16, 1967.

KUGLER, Paul, « Primacy of Archetypal Structures » dans *Alchemy of Discourse*, Bucknell University Press, 1982.

LAO TSE, *Tao tö king*, Paris, Librairie de Médicis, 2001.

LAWRENCE, N., voir FRASER J.T.

LEARY, Lewis, éd., *The Unity of Knowledge*, New York, 1955 .

LEEUW, V.D., G., *Religion in Essence and Manifestation*, Londres, 1938.

LEEUW, V.D., G., « Urzeit und Endzeit » dans *Der Mensch und die mythische Welt, Eranos Jahrbuch*, vol. 17, 1949.

LEIBNIZ, G.W., *Kleinere philosophische Schriften*, Leipzig, 1883.

LEIBNIZ, G.W., *Principes de la philosophie (Monadologie)*, Paris, Garnier-Flammarion, 1996.

LE LIONNAIS, F., *Le Temps*, série Science n° 2 de l'Encyclopédie essentielle, Paris, 1959.

LEON-PORTILLA, M., *La Pensée aztèque*, Paris, Le Seuil, 1985.

LEVI-STRAUSS, Claude, *La Pensée sauvage*, Paris, Plon,1962.

LINDSAY, Jack, *Les Origines de l'alchimie dans l'Égypte gréco-romaine*, Paris, Le Rocher, 1986.

LIPPMANN, E.V., Ruska, Tabula Smaragdina, Heidelberg, 1926.

LIU GUAN-YING, « Die ungewöhnlichen Naturerscheinungen der Tang Annalen und ihre Deutung » dans *Symbolon*, II, Bâle, 1961.

LUCADON, W., VON, et KORNWACHS, K., « Grundzüge einer Theorie paranormaler Phänomene » dans *Zeitschrift für Parapsychologie und Grenzgebiete der Psychologie*, n° 17, 1975.

LU K'UAN YO, *Ch'an and Zen-teaching*, Londres, 1961.

MACROBE, *Saturnalia*, Lyon, 1556.

MAHNKE, D., *Unendliche Sphären und Allmittelpunkt*, Stuttgart, 1939 ; nouvelle édition 1966.

MARSHAK, Alexander, *Les Racines de la civilisation*, Paris, Plon, 1972.

MAUPOIL, B., *La Géomancie de l'ancienne Côte des Esclaves*, Paris, 1943.

MEIER, C.A., *Zeitgemässe Probleme der Traumforschung*, Kultur und Staatswissenschaftliche Schriften, 75, ETH Zurich, 1950.

MEIER, C.A., « Psychosomatic Medicine from the Jungian Point of View » dans *The Journal of Analytical Psychology*, Londres, 1963.

MEIER, C.A., *Experiment and Symbol*, Olten, 1976.

MEYERHOFF, H., « The Broken Center » dans UNGVAR, T., « Time and the Modern Self, A Change in Dramatic Form » ; voir FRASER et LAWRENCE, *Study I*.

MISCHO, J., voir BENDER H.

MITCHELL, Edgar, *Psychic Exploration*, New York, 1974.

MOBERLY, C.A.E. et JOURDAIN, E.F., *An Adventure*, Londres, 1907 ; nouvelle édition 1948.

MORIENUS, *Artis Auriferae quam Chemian vocant*, Bâle, 1593.

MORLEY, S.G., *An Introduction to the Study of Maya Hieroglyphs*, Washington D.C., 1915.

MOLLER, Gerd, *Der Modellbegriff in der Mathematik*, Studium Generale, Vol. XV111, 1965.

MÜLLER, W., *Indianische Welterfahrung*, Stuttgart, 1976.

NAGEL, E. et NEWMAN, J.R., « Goedel's Proof » dans *Journal Scientific American*, juin 1956.

NEEDHAM, Joseph, « Biochemical Aspects of Form and Growth » dans *Aspects of Form*, ed. L.L. Whyte, Bloomington, Indiana University Press, 1951.

NEEDHAM, Joseph et WANG, Ling, *Science and Civilisation in China*, Cambridge, 1954 (7 Bände) / Cambridge, 1959 ; extrait en français : *La Science chinoise et l'Occident*, Paris, Seuil, 1973.

NEEDHAM, Joseph, *Time and Eastern Man*, Londres, The Henry Myers Lecture, 1964.

NEUMANN, Erich, « Die Psyche und die Wandlung der Wirklichkeitsebenen » dans *Eranos Jahrbuch*, 1952.

NEUMANN, J.R., voir NAGEL, E.

PAULI, Wolfgang, *Le Cas Kepler*, Paris, Albin Michel, 2002.

PAULI, Wolfgang, « Wahrscheinlichkeit und Physik » dans *Dialectica*, 1954.

PAULI, Wolfgang, *Physique moderne et philosophie*, Paris, Albin Michel, 1999.

PIAGET, J., *Le Développement de la notion du temps chez l'enfant*, Paris, PUF, 1985.

PIERCE, J.R., *Symbols, Signals and Noise. The Nature and Process of Communication*, New York, 1961.

PLATON, *Timée*, 37 C.D., Paris, Flammarion, 1992.

POINCARE, H., *Science et méthode*, Paris, éd. Kimé, 1999.

POPPEL, E., « Oscillations as a possible basis for time-perception » ; voir FRASER et LAWRENCE, *Study I*.

PORKERT, Manfred, « Wissenschaftliches Denken im alten China — Das System der energetischen Beziehungen », dans *Antaios*, 1961.

PORTMANN, Adolf, « Die Zeit im Leben der Organismen » dans *Eranos Jahrbuch*, 1952.

PREGER, W., *Geschichte der deutschen Mystik im Mittelalter*, Munich, 1874 / Aalen, 1962.

PREISENDANZ, K., *Papyri Graecae Magicae* (2 Bände), Stuttgart, 1973-1974.

PRIBRAM, K., « Esprit, cerveau et conscience » dans *Science et conscience* ; voir CAZENAVE, M., Paris, éd. France Culture / Stock, 1980.

PRIGOGINE, Ilja, *La Nouvelle Alliance*, Paris, Gallimard, 1979.

PURCE, J., *La Spirale mystique*, Paris, Chêne, 1985.

QUISPEL, G., « Zeit und Geschichte im antiken Christentum » dans *Eranos Jahrbuch*, vol. 20, 1952.

REEVES, Hubert, « Incursion dans le monde a-causal » dans *Cahiers de psychologie jungienne*, n° 29, sq., 2e trimestre, 1981.

REEVES, H., CAZENAVE, M., SOLIÉ P., PRIBRAM, H., ETTER, H.U., FRANZ, M.-L. von, *La Synchronicité, l'âme et la science*, Paris, éd. Poiesis, 1984.

REICHENBACH, H., *The Direction of Time*, Berkeley University of California Press, 1956.

RHALLY, M., « Varieties of paranormal cognition » dans *Édition spéciale pour le 60e anniversaire de C. A. Meier*, Zurich, 1965.

RICHTER, C.P., « Astronomical References in Biological Rhythms » ; voir FRASER et LAWRENCE, *Study II.*

RIVIÈRE D., « La physique et le temps », débat dans *Die Schweizerische Naturforschende Gesellschaft*, 1965.

ROEDER, Günther, *Urkunden zur Religion der alten Ägypter*, Iéna, 1923.

ROSSI, Paolo, *Clavis Universalis-Arti Mnemoniche a Logica Combinatoria da Lullo a Leibniz*, Milan / Naples, 1960.

RUMP, A., « Das Problem des Bösen im I Ging », dissertation non publiée.

RUYER, R., *La Gnose de Princeton*, Paris, Le Livre de poche, 1977.

SAMBURSKY, S., *Das physikalische Weltbild in der Antike*, Zurich / Stuttgart, Artemis, 1965.

SAUSSURE, L. de, « Les origines de l'astrologie chinoise » dans *Archives des sciences physiques et naturelles*, période 5, vol. 1 sq., Genève E. A., 1919.

SCOT ÉRIGÈNE, Jean, *De la division de la nature*, Paris, Presses universitaires de France, 2000.

SEIDENBERG, « The Ritual Origin of Counting » dans *Archive for History of Exact Sciences*, vol. II, n° 7, 1962-1966.

SENIOR (Mohamed IBN UMAIL), *De chemia Senioris antiquissimi philosophi libellus*, Francfort-sur-le-Main, s.d. (1566 ?) ; voir aussi *Bibliotheca chemica Curiosa*, vol. XI.

SENIOR (Mohamed IBN UMAIL) dans *Memoirs of the Asiatic Society of Bengal*, Calcutta, 1933.

SHELDRAKE, R., *Une nouvelle science de la vie, l'hypothèse de la causalité formative*, Paris, Le Rocher, 1985.

SIMPLICIUS, *In Aristotelis Physicorum libros Commentarius* ; voir DIELS, H., *Doxographi graeci.*

SOAL, S.G., et BATEMAN, F., *Modern Experiments in Telepathy*, Londres, 1954

SOLIE, P., « Ouverture sur l'unité du monde » dans « Synchronicité », *Cahiers de psychologie jungienne,* n° 28, 1er trimestre 1981.
Spektrum der Parapsychologie – Edition spéciale pour le 75e anniversaire de Hans Bender, Aurum Editions, Fribourg-en-Brisgau, 1983.
SUMITOMO, O., *Lao Tse, Tao tö King,* Zurich, 1945.
SUZUKI, D.T., *Studies in the Lankavatara Sutra,* Londres, 1930 ; nouvelle édition, 1957-1968.
« Symbolon », *Jahrbuch für Symbolforschung,* vol. I, Bâle, éd. Schwabe, 1960.
SCHALTENBRET, G., « Cyclic States as Biological Space-Time Fields » ; voir FRASER et LAWRENCE, *Study II.*
SCHÖNENBERGER, Martin, *Verborgener Schlüssel zum Leben,* Francfort, 1977.
SCHWARTZ, Nathan, « A psychologists view » dans *Quadrant,* vol. 8, New York, 1975.
STEKEL W., « Die Verpflichtung des Namens » dans *Zeitschrift für Psychotherapie und medizinische Psychologie,* vol. 3, 1911.
TART, C., « Causality and synchronicity, steps toward clarification » dans *Journal of the American Society for Psychical Research,* 75, 121-141, 1981.
THOMPSON, J. E. S., *Maya Hieroglyph Writing,* Washington, D. C., 1950.
THORNDIKE, LYNN, *History of Magic and Experimental Science,* vol. I, New York, 1929.
UNGVAR, T., voir MEYERHOFF, H.
URBAN, Peter, « Philosophische Aspekte der Synchronizitätstheorie » dans *Grenzgebiete der Wissenschaft,* 17, 1968.
USENER, Hermann, *Götternamen,* Francfort, 1948.
VAUGHAN, A., *Incredible Coincidence, The Baffling World of Synchronicity,* Philadelphie, 1979.
VAUGHAN, A., « Synchronicity, causality and consciousness as creator » dans ROLL, W.G. (ed.), *Research in Parapsychology, 1979,* N. Y. & Londres, Metuchen, 1980.
VIGNON, *P., Introduction à la biologie expérimentale,* Paris, 1930.
WAERDEN VAN DER, B.L., *Einfall und Überlegung, Drei kleine Beiträge zur Psychologie des mathematischen Denkens,* Bâle / Stuttgart, 1954.
WATANABE, S., « Le Concept du temps en physique moderne et la durée pure de Bergson » dans *Revue de métaphysique et de morale,* V, 56, 1951.
WATANABE, S., « Causality and Time » ; voir FRASER et LAWRENCE, *Study II.*
WEHR, Gerh., « Beiträge zur Zeitstruktur » dans *Offene Systeme,* I, Stuttgart, ed. Ernst von Weizsäcker, 1975.
WEITZENBÖCK, Rolet, *Der vierdimensionale Raum,* Bâle / Stuttgart, 1958.
WENZEL, A., *Die philosophischen Grenzfragen der modernen Naturwissenschaft,* 3e édition, Stuttgart, 1960.
WEYL, H., *Philosophy of Mathematics and Natural Science,* Princeton, 1945.
WEYL, Hermann, *Über den Symbolismus in der Mathematik und mathematischen Physik, Studium Generale,* vol. VI, 1953.
WEYL, Hermann, *Temps, espace, matière,* Paris, A. Blanchard, 1979.
WHITE, Victor, « St. Thomas' Conception of Revelation » dans *Dominican Studies,* Blackfriar Publications, vol. I, n° 1 St. Giles-Oxford, janvier 1948.

WHITEHEAD, A.N., *La Science et le monde moderne,* Monaco / Paris, Le Rocher, 1994.

WHITROW, G.J., *The Natural Philosophy of Time,* Londres-Édimbourg, 1961 ; aussi, Oxford, 1980.

WHITROW, G.J., « Reflections on the History of the Concept of Time » ; voir FRASER et LAWRENCE, *Study I.*

WHORF, B.L., *Sprache, Denken, Wirklichkeit,* Hambourg, 1963.

WHYTE, Lancelot, *Accent on Form,* New York, 1954.

WIGNER, Eugene, *Symmetries and Reflections,* Cambridge, Mass., 1970.

WILHELM, Hellmuth, *Leibniz and the I Ching, Collectanea Commissionis Synodalis,* 16, Pékin, 1943.

WILHELM, H., « Der Zeitbegriff im Buch der Wandlungen » dans *Eranos Jahrbuch.,* vol. 20, 1951.

WILHELM, Richard, *Das Geheimnis der goldenen Blüte,* préface de C.G. Jung, Berlin, 1929.

WILHELM, Richard, *Yi king,* Paris, Librairie de Médicis, 2001.

WILHELM, Richard, traduction, *Einführung zum I Ging,* Cologne, Diederichs, nouvelle édition 1984.

WILSON, R.A., « Die neue Physik und C. G. Jung » dans *Sphinx Magazin,* Bâle, avril-mai 1986.

WINKLER, R., voir EIGEN, M.

WIT, C. DE, *Le Rôle et le sens du lion dans l'Égypte ancienne,* Leyde, 1951.

YATES, Frances A., *Giordano Bruno et la tradition hermétique,* Paris, Dervy-Livres, 1996.

YATES, Frances A., *Raymond Lulle et Giordano Bruno,* Paris, PUF, 1999.

ZAVALA, J.F., « Quelques aspects de la synchronicité en relation avec le calendrier divinatoire mexicain "Tonalamatl" » dans *Science et conscience,* voir CAZENAVE M., Paris, éd. France Culture / Stock, 1980.

ZIMMER, H., *Mythes et symboles dans l'art et la civilisation de l'Inde,* Paris, Payot, 1951.

ZIMMERMANN, Albert, et GRUYTER, Walter de (direction), *Albert der Grosse — Seine Zeit, sein Werk, seine Wirkung,* Berlin / New York, 1981.

Index des noms de personnes

DU MÊME AUTEUR

Alchimie et imagination active, Jacqueline Renard, 1989.
Alchimie : une introduction au symbolisme et à la psychologie, La Fontaine de Pierre, 2000.
L'Âne d'or, interprétation du conte d'Apulée, La Fontaine de Pierre, 1978, 1997.
Aurora consurgens : traité alchimique (tome 3 du Mysterieum Conjunctionis), La Fontaine de Pierre, 1982.
C.G. Jung et la voie des profondeurs (ouvrage collectif), La Fontaine de Pierre, 1980.
C.G. Jung, son mythe en son temps, Buchet/Chastel, 1975, 1996.
La Délivrance dans les contes de fées, Jacqueline Renard, 1998.
La Femme dans les contes de fées, La Fontaine de Pierre, 1984, Albin Michel, 1992, Jacqueline Renard, 1999.
Le Fleuve et la roue, Éditions du Chêne, 1978.
L'Homme et ses symboles (ouvrage collectif), Robert Laffont, 1992.
L'Interprétation des contes de fées, La Fontaine de Pierre, 1980, Dervy-Livres, 1987, Jacqueline Renard, 1990.
L'Interprétation des contes de fées ; suivi de *L'Ombre et le Mal dans les contes de fées*, Albin Michel, 1995, le Grand livre du mois, 2000.
La Légende du Graal (en coll. avec Emma Jung), Albin Michel, 1988.
Les Modèles archétypiques dans les contes de fées, La Fontaine de Pierre, 1999.
Mysterium conjunctionis (2 vol.) Carl Gustav Jung ; avec la collaboration de Marie-Louise von Franz, Albin Michel, 1989, 1992.
Les Mythes de création, La Fontaine de Pierre, 1982.
Nombre et temps : psychologie des profondeurs et physique moderne, La Fontaine de Pierre, 1998.
L'Ombre et le Mal dans les contes de fées, La Fontaine de Pierre, 1980, Jacqueline Renard, 1990, repris dans *L'Interprétation des contes de fées*, Albin Michel, 1995.
La Passion de Sainte Perpétue : un destin de femme entre deux images de Dieu, essai d'interprétation psychologique ; suivi de *Les Expériences archétypiques à l'approche de la mort*, Jacqueline Renard, 1991.
La Princesse chatte : un conte sur la rédemption du féminin, La Fontaine de Pierre, 2001.
La Psychologie de la divination : le hasard signifiant, Poiesis, 1986, Albin Michel, 1994.
Psychothérapie : l'expérience du praticien, Dervy-Livre 2001, le Grand livre du mois, 2001.
Reflets de l'âme, Éd. Entrelacs.
Les Rêves et la Mort – ce que nous apprennent les rêves des mourants, Fayard, 1985.

Rêves d'hier et d'aujourd'hui : de Thémistocle à Descartes et à C.G. Jung, Jacqueline Renard, 1990, Albin Michel, 1992.
La Synchronicité, l'âme et la science (ouvrage collectif), Poiesis, 1984, Albin Michel, 1995.
Le Temps, le fleuve et la roue, Chêne, 1979.
Les Visions de Saint Nicolas de Flue, Dervy-Livres, 1988.
La Voie de l'individuation dans les contes de fées, La Fontaine de Pierre, 2001.

« Bibliothèque jungienne »
Collection dirigée par Michel Cazenave

ŒUVRES DE JUNG

Aïon. Études sur la phénoménologie du Soi.
Commentaire sur le Mystère de la Fleur d'Or.
Correspondance, 1906-1961 (5 vol.).
Essais sur la symbolique de l'esprit.
L'Âme et le Soi. Renaissance et individuation.
La Vie symbolique. Psychologie et vie religieuse.
Mysterium conjunctioni – Études sur la séparation et la réunion des opposés psychiques dans l'alchimie (2 vol.).
Psychologie du transfert.
Psychogenèse des maladies mentales.
Psychologie et orientalisme.
Les Rêves d'enfants. Séminaires 1936-1939 (vol. 1).
Sur l'interprétation des rêves.
Synchronicité et Paracelsica.

ESSAIS

Les Analyses d'enfants – Une clinique jungienne, Denyse Lyard.
La Blessure de Narcisse ou les enjeux du soi, Geneviève Guy-Gillet.
La Femme et son ombre – Le masculin et le féminin dans la femme d'aujourd'hui, Silvia di Lorenzo
La Légende du Graal, Emma Jung et Marie-Louise von Franz.
Le Sacrifice, fondateur de civilisation et d'individuation, Pierre Solié.
Perspectives jungiennes, Luigi Aurigemma.
Psychanalyse et alchimie – Une cure analytique chez une femme d'aujourd'hui, Robert Grinnell.

La composition de cet ouvrage
a été réalisée par Nord Compo
à Villeneuve-d'Ascq
l'impression et le brochage ont été effectués
sur presse Cameron dans les ateliers
de ***Bussière Camedan Imprimeries***
à Saint-Amand-Montrond (Cher),
pour le compte des Éditions Albin Michel.

Achevé d'imprimer en septembre 2002.
N° d'édition : 20934. N° d'impression : 024059/4.
Dépôt légal : octobre 2002.
Imprimé en France